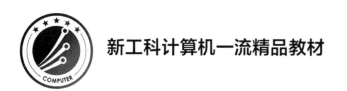

新工科计算机一流精品教材

工科离散数学
（第2版）

◎ 牛连强　　陈　欣　　张胜男　　杨德国　　编著

电子工业出版社
Publishing House of Electronics Industry
北京·BEIJING

内 容 简 介

本书共 8 章，以数理逻辑为基础，介绍命题逻辑、谓词逻辑、集合论基础、关系、函数、运算与代数系统、图和初等数论基础的相关内容，配套微课视频、电子课件、知识导图、部分习题参考答案等。

本书内容不求大求全，根据工程教育的要求，着重介绍有应用价值的理论，避免理论上的缠绕，内容讲解通俗明了，同时还增加了相当数量的工程应用方面的简介，使学习者能够快速了解这些理论的实际工程用途。

本书可作为高等学校计算机科学与技术、软件工程、信息与计算科学，以及其他信息领域相关专业离散数学课程的教材，也可供相关领域读者自学使用。

图书在版编目 (CIP) 数据

工科离散数学 / 牛连强等编著. —2 版. —北京：电子工业出版社，2023.8
ISBN 978-7-121-46029-6

Ⅰ. ①工⋯　Ⅱ. ①牛⋯　Ⅲ. ①离散数学－高等学校－教材　Ⅳ. ①O158

中国国家版本馆 CIP 数据核字（2023）第 138708 号

责任编辑：王羽佳
印　　刷：天津千鹤文化传播有限公司
装　　订：天津千鹤文化传播有限公司
出版发行：电子工业出版社
　　　　　北京市海淀区万寿路 173 信箱　　邮编：100036
开　　本：787×980　1/16　印张：13.5　字数：400 千字
版　　次：2017 年 2 月第 1 版
　　　　　2023 年 8 月第 2 版
印　　次：2024 年 7 月第 3 次印刷
定　　价：54.00 元

凡所购买电子工业出版社图书有缺损问题，请向购买书店调换。若书店售缺，请与本社发行部联系，联系及邮购电话：(010) 88254888，88258888。

质量投诉请发邮件至 zlts@phei.com.cn，盗版侵权举报请发邮件至 dbqq@phei.com.cn。

本书咨询联系方式：(010) 88254535，wyj@phei.com.cn。

前　　言

　　离散数学是研究离散量的结构及其相互关系的一门学科，是由逻辑学、集合论、关系理论、图论、抽象代数、布尔代数，甚至算法设计、组合分析、离散概率、数论和计算模型等汇集起来的一门综合学科。按照《中国计算机科学与技术学科教程 2002》标准，离散数学是计算机科学与技术专业的核心基础课程，也是美国 IEEE&ACM 中计算机专业的核心课程。

　　应该说，计算机及其相关专业的绝大部分课程，都是直接以离散数学作为理论基础的，也可以说是离散数学的直接运用，需要依靠离散数学课程中建立的观点、方法和逻辑思维能力去解决具体问题。因此，离散数学课程的教学目的就是要建立逻辑（数学）推理能力，了解重要的离散对象与结构，构建和应用解决离散问题的模型并分析求解等。

　　本书的写作目的是为普通高等学校的计算机、软件工程及其相关专业提供一本易于理解、易于自学，有一定工程应用背景和实际问题引导的教材。因此，本书不追求体系的完整、内容的全面和对理论的深入探讨，为了达到目标，体现自身的特点，我们注重如下问题：

- **内容按教学实际取舍**。舍弃中学学过的简单组合计数、离散概率、组合设计和形式语言等内容，以及数据结构等课程中涵盖的算法，并尽量避免与后续课程重复，不使内容冗余。

- **次序编排突出逻辑思维**。以逻辑学而不是集合论为出发点，用命题逻辑和谓词逻辑主导解决后续所有问题的思维，以便强化分析、解决问题的逻辑性和能力。

- **对问题平实、透彻讲解**。离散数学是数学，内容抽象。通过信息相关领域实例、问题引导、分析、评价、辨析等步骤，将知识点讲解透彻，甚至利用"理解"标签予以提示并展示应理解的程度，避免读者需要花过长的时间思考或借助参考书才能读懂。特别地，对大量值得注意或需要认真分析的关键问题，通过"辨析"标签给出讨论和警示。

- **概括、突出问题核心**。对解决一类问题的核心内容突出给予总结和概括，说明此类问题的实质和解决方法的关键，而不是仅给出一个具体题目的解法。

- **适当引入工程问题**。选取相关领域中有代表性的工程应用实践问题作为示例或习题，理论联系实际，激发学习和解决实际问题的兴趣。

- **对思考和应用进行引导**。作为教材，对于新的成果、大量的相关问题及其解决方案不可能面面俱到。对于很多问题，通过"拓展"标签指出其发展方向、实际应用案例、存在的解决方法等，并列出可供参考的资料，以引导学生自己探索。当然，这些内容作为课堂的延伸，以辅助学习和思考为主，研究为辅。

- **精简定理与习题**。过多罗列已有的结果令人眼花缭乱，还会误导学生机械记忆，而不是由基本概念出发进行主动思考、探究和发现结果。同时，尽管多做习题有助于问题的理解，但需要大量时间和精力。为此，本书尽量精简了定理与习题。考虑到本课程中概念（定义）对内容理解和题目求解的重要性，故将重要概念纳入习题，直接提醒学生深刻理解这些核心定义。

　　本书的编写基于教学实际情况、教学要求及人才培养要求等因素。我们认为，在把更多的时间、思考、总结、发现等交给学生时，教师要能使学生学会学习，教材要有助于学生自主学习。教材既不能包罗万象，求深求全，也不能只是"干巴巴"的纲。考虑到目前离散数学课程多在大学一年级开设，我们只给学有余力的读者列出了部分建议性的编程问题，没有对算法的描述以及程序实现提出过多要求，以免徒增额外负担且冲淡主题。

全书分为 8 章，分别是命题逻辑、谓词逻辑、集合论基础、关系、函数、运算与代数系统、图、初等数论基础。这种章节次序安排的目的是期望以严密的逻辑思维贯穿各部分内容，使思考和推理更富有理论依据。全书建议学习 64 个学时。

本次再版，我们适当融入了课程思政的元素；对相容关系和对偶图等部分做了删减，增补了数学证明和数论的初步知识；将划分、覆盖与容斥原理融合，以直接体现前者的应用；删减并合并了 2 个运算的代数结构内容。此外，对重点内容、每章的知识结构和各思考与练习的部分习题分别增加了微课视频讲解、知识结构导图和解题导引，可以通过扫描书中的二维码自主学习。

本书的作者都有多年课程教学经验，且未间断地从事本科离散数学课程的教学工作，无论对课程内容、体系、教学方法和安排，还是工程教育的发展方向与普通高等学校工科的实际情况均有着深刻的理解，使得本书的写作更富有针对性。我们期望通过本书使离散数学的内容更容易理解、学习和掌握，更便于促进学习者技能的提高，但囿于个人见解，仍会存在诸多缺憾，欢迎读者指出其不足，也期待能与读者进行更多交流（niulq@sut.edu.cn）。

此外，作为学校的重点规划教材，本书的出版和再版得到了沈阳工业大学的支持，以及诸多老师的支持和帮助，我们深表感谢！

作　者

2023 年 1 月

目　　录

第 1 章　命 题 逻 辑

逻辑（logic）是生活中最常用的词汇之一，含义是"思维"和"表达思考的言辞"，本质上是指思维的规律。假如一个人说："他中午 12:00 在沈阳，准备下午 12:30 到北京参加会议。"我们会觉得他的话不合逻辑，因为不可能在半小时内从沈阳到达北京，也就是说他的话不符合思维规律。

逻辑学是研究逻辑或者说思维形式及思维规律的科学，在日常的因果分析、计算机设计、人工智能、程序设计等多方面都有直接应用，是所有数学推理和机器自动推理的基础。

逻辑分为辩证逻辑（dialectical logic）和形式逻辑（formal logic）。辩证逻辑是指以辩证法认识论为基础的逻辑学，形式逻辑则是指依据对思维的形式结构和规律进行形式上的推演构成的逻辑学。这里的形式是相对于内涵（或内容）而言的，形式逻辑只从形式上进行推导，只关心前提和结论之间的逻辑关系而不关心内涵是否真实，故为形式上的逻辑。

形式逻辑所研究的思维形式结构就是指概念、判断和推理之间的结构和关系。其中，概念（concept）是指反映事物本质属性的思维形式，是思维的基本单位。概念用于给一个名词做界定，也是对其公共属性所做的抽象。例如，"商品是用来交换的劳动产品"就描述了一个"商品"的概念。

判断（judgment）是指对事物是否具有某种属性，即是否符合某个概念进行肯定或否定的回答。例如，根据商品的概念，"手机是商品"是一个判断。当然，判断也用于对事物之间是否存在某些关系做回答。推理（reasoning）是指由一个或几个判断推出另一个判断的思维形式。

现代形式逻辑是利用数学方法或者说借助符号体系进行推理规律研究的，因此，也称为数理逻辑（mathematical logic）或符号逻辑（symbolic logic），这是"离散数学"课程所讨论的范畴。最早提出用数学方法来描述和处理逻辑问题的学者是德国数学家莱布尼茨（G.W.Leibnitz），经过乔治·布尔（George Boole）、弗雷格（G.Frege）、怀特海（A.N.Whitehead）和罗素（B.Russell）等人的创造性工作，使数理逻辑发展成专门的学科。1938 年，克劳德·艾尔伍德·香农（Claude Elwood Shannon）在《继电器和开关电路的符号分析》一文中提出利用布尔代数对开关电路进行相关分析，证明了可以通过继电器电路来实现布尔代数的逻辑运算，并给出了实现加、减、乘、除等运算的电子电路设计方法，开启了数理逻辑在开关电路理论和计算机科学方面的应用，也使其成为计算机科学的基础理论之一。

1.1　命　　题

推理是对判断之间的关系进行的逻辑推导，这里的判断称为命题。命题是构成逻辑的基本部件。

[定义 1-1] 表达判断的可判别真假的陈述句称为命题（proposition 或 statement）。简言之，命题是指能够判断真假的陈述句。一个命题所表达判断的或真或假的结果称为命题的值或真值（truth）。真值为真的命题称为真命题，真值为假的命题称为假命题。

定义说明，命题是一个或真或假的陈述句，是一个陈述事实的句子，应该能够肯定对或错，不能非真非假，也不能既真又假。

[辨析] 真值就是值，只是一种称呼方法，不是真的意思。真值可以是真或假。

命题一般用字母来标记，如 p 或 P。例如：

$$p：沈阳是一个大城市。$$

或

$$P：人工智能技术应用十分广泛。$$

如果一个命题的真值为真，可用 T、1 或真（true）表示；若真值为假则可用 F、0 或假（false）表示。可见，p 和 P 的真值都为 1。

[辨析] 用 T/F 表示逻辑值直观，用 1/0 表示则更接近计算机，也便于演算，本书主要采用此种表示方法。这种量在计算机内部或程序设计语言中多用 1/0 表示，称其为逻辑量。

作为代表命题的符号，这里的 p 是命题常量（常元，proposition constant），因为它代表一个确定的命题。如果符号 p 可以任意指代，则称为命题变元（变量，proposition variable）。很明显，任意一个命题变元只有 1 或 0 两种可能的取值。

不可再拆分的命题称为原子命题（atom）或简单命题，否则是复合命题（compound proposition），换言之，复合命题是由原子命题与联结词构成的命题。

例 1-1 判别下列陈述是否为命题。若是，说明其真值。

(1) 中国人民是伟大的。　　　　　　　(2) 雪是黑的。

(3) $1+101=110$。　　　　　　　　　(4) 火星上有生物。

(5) 一个偶数可表示成两个素数之和。　(6) $x+y=z$。

(7) 动作快点！　　　　　　　　　　　(8) 天安门真雄伟啊！

(9) 请给我一杯茶。　　　　　　　　　(10) 你掌握命题的概念了吗？

(11) 我正在说谎。　　　　　　　　　　(12) 我只给不给自己刮胡子的人刮胡子。

(13) 如果不与时俱进，就不能跟上新时代。

解 (1) 是命题，值为 1。一个人可能不伟大，但人民都是伟大的，判断命题的真假要以事实为依据，不能掺杂个人喜好和感情色彩。

(2) 是命题，值为 0。不要管有没有污染，应是客观真相。

(3) 是命题，在二进制条件下值为 1，否则为 0。

(4) 是命题，值目前不能确定，但终究有一天会确定。

(5) 是命题，其值有待证明。此即哥德巴赫猜想。

(6) 不是命题，因为语句中的量都是变量，值不确定。

(7)(8)(9)(10) 不是命题。祈使句、感叹句和疑问句都不是陈述句，自然不是命题。

(11)(12) 不是命题。这是一类特殊的句子，称为悖论。悖论虽有命题的形式，但不能表示判断，无法确定真假。

[辨析] 悖论近乎诡辩，无法确定真假。若假定其为真，由字面可推出值为假，反之亦然。或者说，悖论不能自圆其说，总存在漏洞。例如，对于(12)，我们无法回答：“我的胡子”应由谁来刮？

(13) 是命题。复合命题，其值要依据两个原子命题的值才能确定。　■

涉及命题的逻辑领域称为命题逻辑或命题演算，主要以对象的属性及其关系作为研究对象。

在逻辑学中，命题与判断是两个既有联系又有区别的概念，命题是对事物情况的陈述，判断是对思维对象有所断定的思维形式，是断定者在一定时空条件下对一个命题是真或假的断言。因此，判断一定是命题，而命题不一定是判断。例如，"火星上有生物"是命题，但没有经过证实，不是判断。

思考与练习 1.1

1-1 何谓形式逻辑？形式逻辑、数理逻辑与符号逻辑是什么关系？我们学习的是什么逻辑？

1-2 何谓命题？何谓命题的真值？如何表示命题的值？何谓复合命题？

1-3 何谓判断？何谓推理？

1-4 下述语句是否为命题？若是，是何种命题，命题的真值是什么？

(1) 英勇救人的男孩真勇敢啊！

(2) 英勇救人的男孩真勇敢。

(3) $3x+2>0$。

(4) 2 是素数或合数。

(5) 港珠澳大桥是世界上最长的跨海大桥。

(6) 你下午有时间吗？如果有，请到我这儿来一下。

(7) 如果角 a 与角 b 是对顶角，则角 a 等于角 b。

(8) 做你的作业。

(9) $1+1 > 2$。

(10) 本语句为假。

1-5 找出命题中的所有原子命题并用符号表示它们。

(1) 李雨春一边看书一边听音乐。

(2) 我不去旅游。

(3) 只有努力才能取得成功。

(4) 杨明既不在教室，也没在寝室，他出去了。

(5) 当山花开的时候，你爹就回来了。

1.2 逻辑联结词

为了由一个或两个原子命题直接构成复合命题，可以定义 9 个逻辑联结词（logical connectives）。自然地，只要联结词使用正确，就可以由原子命题构成新的复合命题。在符号演算时，联结词代表着运算符，命题是参与运算的量。

1.2.1 基本联结词

[定义 1-2] 否定¬。若 p 为命题，新命题¬p 是对 p 的否定（negation，not）。¬p 的值与 p 相反，读作"非 p"。

这是唯一一个一元联结词。C 和 Java 等语言中体现为逻辑否定运算，用!表示。

例 1-2 令 p：沈阳是一个大城市，给出命题¬p 的描述。

解 ¬p 可以有多种叙述方式。例如：

(1) 沈阳不是一个大城市。

(2) 沈阳是一个不大的城市。

(3) 沈阳是一个大城市不真。　　　　　　　　　　　　　　　　　　　　　　■

[辨析] 由此例可理解采用符号表示（数学方法）的好处：表示简单且具有唯一性，而用自然语言描述则存在着多种说法，也不严格。

通常，原子命题对应着肯定形式的命题，含有"不""非"等联结词的命题则被视为复合命题。例如，用 p 表示原子命题"他是 CEO"，则命题"他不是 CEO"构成复合命题 $\neg p$。

[定义 1-3] 合取 $\wedge$（逻辑积）。若 p 和 q 为命题，则 p 和 q 的合取（conjunction，and）构成新命题 $p \wedge q$，读作"p 并且 q"、"p 与 q"或"p 与 q 的合取"。当且仅当 p 和 q 都为 1 时，$p \wedge q$ 为 1，否则为 0。

从演算角度看，$p \wedge q$ 表示按逻辑求积，即 $p \wedge q = p \times q$，运算规则为

$$1 \times 1 = 1, \quad 1 \times 0 = 0, \quad 0 \times 1 = 0, \quad 0 \times 0 = 0$$

自然语言中的联结词"和""与""且""同时""一边、一边"，以及所有并列句、转折句都对应着合取联结词。在 C 和 Java 等语言中体现为逻辑与运算，用 && 表示。

例 1-3　用符号表示命题"不仅 $\sin x$ 是奇函数，$1/(1+e^{-x})$ 也是奇函数"。

解　令 p：$\sin x$ 是奇函数，q：$1/(1+e^{-x})$ 是奇函数，则原命题可表示为

$$p \wedge q$$
　　　　　　　　　　　　　　　　　　　　　　　　　　　　　　　　　　■

注意，自然语言中的转折句也对应着合取联结词。例如，令 p：道路曲折，q：前途光明，则命题"道路虽然曲折，但前途光明"应表示为

$$p \wedge q$$

[定义 1-4] 析取 $\vee$（逻辑和）。若 p 和 q 为命题，则 p 和 q 的析取（disjunction，inclusive or）构成新命题 $p \vee q$，读作"p 或 q"或"p 与 q 的析取"。当且仅当 p 和 q 都为 0 时，$p \vee q$ 为 0，否则为 1。

从演算角度看，$p \vee q$ 表示按逻辑求和，即 $p \vee q = p + q$，运算规则为

$$1 + 1 = 2 \text{（逻辑意义仍是 1）}, \quad 1 + 0 = 1, \quad 0 + 1 = 1, \quad 0 + 0 = 0$$

自然语言中的联结词"或""或者""抑或（亦或）"均对应于析取联结词。在 C 和 Java 等语言中对应着逻辑或运算，用 || 表示。

例 1-4　用符号表示命题"引发系统故障的原因是感染了病毒或有隐藏的木马"。

解　令 p：引发系统故障的原因是感染了病毒，q：引发系统故障的原因是有隐藏的木马，则原命题可表示为

$$p \vee q$$
　　　　　　　　　　　　　　　　　　　　　　　　　　　　　　　　　　■

一个非常重要的问题是自然语言中的逻辑或包括两类，其一为定义 1-4 中的析取，也称为可兼析取，另一类为不可兼析取。

[辨析] 析取 $\vee$ 也称可兼或或可兼析取，这是指 p 和 q 都为 1 时，$p \vee q$ 也为 1，即两者可以兼有。

[定义 1-5] 不可兼析取 $\triangledown$。若 p 和 q 为命题，则 p 和 q 的不可兼析取（exclusive or，或称不可兼或、排斥或）构成新命题 $p \triangledown q$。此命题用于描述两者不能兼有的情况，当且仅当 p 和 q 的真值相同（都为 1 或都为 0）时，$p \triangledown q$ 为 0，否则为 1。

不可兼析取 $\triangledown$ 与著名的异或运算（XOR）相对应，也可用 $\oplus$ 表示。对于任意的命题 p，有如下运算结果：

$$p \triangledown 0 = p, \quad p \triangledown 1 = \neg p, \quad p \triangledown p = 0, \quad p \triangledown \neg p = 1$$

[拓展] 不可兼或的特殊性质使其应用非常广泛。C 和 C++ 等语言中虽没有对应的逻辑运算，但有按位异或运算 ^。对于任意的整数 a，有

$$a \wedge 0 = a , \ a \wedge a = 0$$

如果屏幕上的一个像素具有颜色 b，可以用某种颜色 a 与其做按位异或 ^ 运算，$a \wedge b$ 使颜色产生变化。当使用颜色 a 与其再次运算时，有 $a \wedge (a \wedge b) = (a \wedge a) \wedge b = b$，这就恢复了最初的颜色 b。这是一种快速"擦除"技术，可用于实现绘图软件中拉伸线条的橡皮筋等功能[1]。

[定义 1-6] 条件 →。若 p 和 q 为命题，则 p 条件 q（conditional）构成新命题 $p \to q$，读作"p 则 q"，或"p 条件 q"，或"如果 p 那么 q"，或"只要 p 就 q"。当且仅当 p 为 1 而 q 为 0 时，$p \to q$ 为 0，否则为 1。

$p \to q$ 一般称为条件句，而 p 和 q 分别称为假设（或"前件""前提"）和结论（或"后件"）。必须注意的是，当假设 p 为 0 时，条件句 $p \to q$ 为 1，与结论 q 的真假无关。这被称为"善意的推断"。

什么是善意的推断呢？就是前提不成立时命题就真，不用计较结果。考虑如下命题：

如果中了彩票，我把一半奖金分给你。

记 p：我中了彩票，q：我把一半奖金分给你。那么，原命题可表示为 $p \to q$。

如果我中了彩票（p 为 1），必须分给你一半奖金（q 为 1）才不算食言。但是，当我没中彩票时（p 为 0），无论分给你与否（q 为 1 或 q 为 0）这话都是真的。既然只是"如果"，就是假设。假设不成立，一切休提。

自然语言中的条件联结词很多，包括"因为……所以""只要……就""仅当""当""只有……才""除非……才""除非……否则（非）"等。

例 1-5 用符号表示命题"如果函数 $f(x)$ 在 x_0 处可导，则 $f(x)$ 在 x_0 处连续"。

解 令 p：函数 $f(x)$ 在 x_0 处可导，q：函数 $f(x)$ 在 x_0 处连续，则原命题可表示为

$$p \to q$$ ■

[定义 1-7] 双条件 ↔。若 p 和 q 为命题，则 p 双条件 q（biconditional）构成新命题 $p \leftrightarrow q$（或 $p \rightleftarrows q$）。读作"p 双条件 q"或"p 当且仅当 q"。当且仅当 p 和 q 的真值相同时，$p \leftrightarrow q$ 为 1，否则为 0。

很明显，命题 $p \leftrightarrow q$ 表示 p 和 q 互为充分必要条件。

例 1-6 用符号表示命题"两个圆 S_1 和 S_2 的面积相等的充分必要条件是它们的半径相等"。

解 令 p：两个圆 S_1 和 S_2 的面积相等，q：它们的半径相等，则原命题可表示为

$$p \leftrightarrow q$$ ■

例 1-7 用符号表示命题"你可以坐飞机当且仅当你买了机票"。

解 令 p：你可以坐飞机，q：你买了机票，则原命题可表示为

$$p \leftrightarrow q$$ ■

在以上 6 个联结词中，$\neg$、$\wedge$、$\vee$ 是最基本的联结词，其他联结词都可由它们表示出来。例如，比较 p 和 q 取不同真值时复合命题的真值即可发现，不可兼析取 $\triangledown$ 可以表示为

$$p \triangledown q = (p \wedge \neg q) \vee (\neg p \wedge q)$$

观察对联结词 $\triangledown$ 和 ↔ 的规定还可知

$$p \triangledown q = \neg(p \leftrightarrow q)$$

这是两种重要的联结词转换关系。

在自然语言或者说生活中，组成复合命题的原子命题之间是有联系的，组成条件句的两个原子命题一般也会有因果关系，但数理逻辑中并无此要求。例如，下述命题都是正常的：

(1) 程序是用某种语言编制的，而网络是一种重要的交流工具。

(2) 如果天是蓝的，那么，太阳从东方升起。

[拓展] 逻辑联结词的用处广泛，网页中普遍采用逻辑运算进行信息检索，也称作布尔逻辑搜索。此时，联结词（布尔逻辑运算符）的作用是把检索词连接起来，构成一个逻辑检索项。常见的浏览器中可能直接使用 not、and 和 or 表示否定、合取和析取，也可能使用–、&（或空格）和+（或|）等符号表示。例如，Google 中使用–、and 和 or 表示，可用条件表达式"课程 and 教师–学生"表示含有关键词"课程"和"教师"，但不包含"学生"的页面。百度中对应的逻辑联结词为–、空格和|[2]。

1.2.2　其他联结词

[定义 1-8] 与非↑。若 p 和 q 为命题，则 p 与非 q（not and）构成新命题 $p \uparrow q$，含义是 $p \uparrow q = \neg(p \wedge q)$。

[辨析] 与非就是"与的非"，或者说"合取的否定"。

[定义 1-9] 或非↓。若 p 和 q 为命题，则 p 或非 q（not or）构成新命题 $p \downarrow q$，含义是 $p \downarrow q = \neg(p \vee q)$。

[辨析] 或非就是"或的非"，或者说"析取的否定"。

[定义 1-10] 条件否定 $\overset{c}{\rightarrow}$。若 p 和 q 为命题，则 p 条件否定 q（not if then）构成新命题 $p \overset{c}{\rightarrow} q$，含义是 $p \overset{c}{\rightarrow} q = \neg(p \rightarrow q)$。条件否定也称为"逆条件"。

通过分析真值的情况容易说明，合取、析取、不可兼析取、与非、或非都满足交换律和结合律。

思考与练习 1.2

习题导引

1-6　利用开关、电源和一个灯泡描述与否定、合取和析取联结词对应的电路。

1-7　说明 p 和 q 取何值时，命题 $\neg p \rightarrow q$ 为 0？当 p 和 q 的值均为 1 时，命题的真值是什么？

1-8　对于一个命题 p，复合命题 $p \triangledown 1$、$p \triangledown 0$、$p \triangledown p$ 和 $p \triangledown \neg p$ 的真值都是什么？

1-9　对于一个命题 p，复合命题 $p \uparrow p$ 和 $p \downarrow p$ 的真值都是什么？

1-10　写出"–2 是偶数或 3 是正数"的否定命题，再尝试用不同的联结词来表示它。

1-11　"中国和巴基斯坦是兄弟"中的"和"与联结词∧有何不同？

1-12　写出一个命题，可以表示为符号形式 $p \leftrightarrow (\neg q \wedge r)$。

1-13　令 p：明天下雨，q：我去镇上，那么，$\neg(p \wedge q)$ 和 $p \triangledown q$ 分别表示什么命题？

1-14　用 $\neg$、$\wedge$、$\vee$ 分别表示联结词↑和↓。

1-15　利用百度浏览器搜索含有"XOR"和"异或"这两个词的网页，阅读并尝试找到它们的一些用途。

1.3 命题公式与真值表

1.3.1 命题公式

原子命题或复合命题可以借助联结词再组成复合命题。例如，若 p、q 和 r 均为命题常量，那么，$p \wedge q$ 为复合命题，且 $(p \wedge q) \rightarrow r$ 也是复合命题。当这些命题标识符代表命题变元时，$p \wedge q$ 和 $(p \wedge q) \rightarrow r$ 不再是命题，称其为命题公式、合式公式或命题合式公式，也可简称为公式。当然，并不是任意的命题标识符与联结词组成的符号串都是命题公式，需要遵循一定的原则。

[定义 1-11] 命题演算的合式公式（well-formed formula，wff）定义为

(1) 单个命题常量或变元是合式公式；

(2) 如果 p 是合式公式，那么 $\neg p$ 是合式公式；

(3) 如果 p 和 q 是合式公式，那么 $p \wedge q$、$p \vee q$、$p \overline{\vee} q$、$p \rightarrow q$ 及 $p \leftrightarrow q$、$p \uparrow q$、$p \downarrow q$、$p \overset{c}{\rightarrow} q$ 都是合式公式；

(4) 当且仅当有限次地应用规则(1)、(2)和(3)所得到的包含命题变元、常量、联结词和括号的符号串是合式公式。

组成合式公式的命题变元（或常量）可称为公式的分量。

[理解] 不必深究此定义，它可以被不严格地解释成：由命题常量、变元和联结词组成的有意义的式子就是合式公式。这里的"有意义"就是指要遵循运算规则（定义）的要求，如 $(p \wedge 1) \rightarrow q$ 有意义，而 $(\vee p \wedge 1) \neg q$ 则无意义。这与程序设计语言中对表达式的不严格描述是相同的，而命题公式就是命题逻辑中的表达式。

[辨析] 定义中之所以称其为命题公式或合式公式而不是命题，是因为其中可能含有值未知的命题变元，这如同不能说表达式是一个数一样。例如，在 p 和 q 为变元时，命题公式 $(p \wedge 1) \rightarrow q$ 的值是不确定的。

一个命题公式 A 含有 n 个原子变元时一般可这样描述：

$$A(p_1, p_2, \cdots, p_n) = (p_1 \vee p_2) \rightarrow \cdots \wedge p_n$$

类似地，一个数学表达式一般这样描述：

$$f(x_1, x_2, \cdots, x_n) = (x_1 + x_2) * \cdots / x_n$$

它们没有本质区别，但 x_1, x_2, $\cdots$, x_n 通常取连续区间的实数，f 亦然。相对地，p_1, p_2, $\cdots$, p_n 和 A 仅取值为 1 或 0。从这一点上说，命题公式比一般数学表达式更简单。同时，命题公式也称为命题函数，公式中的分量就是函数的自变量。

[定义 1-12] 如果一个命题公式中的某个部分仍是命题公式，称其为原命题的子公式。

例如，p、q、r、$\neg p$、$\neg p \rightarrow q$ 和 $(\neg p \rightarrow q) \vee r$ 本身都是公式 $(\neg p \rightarrow q) \vee r$ 的子公式。

为避免一个命题公式中出现太多括号，规定主要联结词（运算符）的优先次序（优先级）如下：

$$\neg \xrightarrow{\text{优先于}} \wedge \xrightarrow{\text{优先于}} \vee \xrightarrow{\text{优先于}} \rightarrow \xrightarrow{\text{优先于}} \leftrightarrow$$

对于相同运算，$\neg$ 按从右至左的顺序依次进行，其他运算则按从左至右的顺序依次进行。

使用圆括号可以改变或强调运算的优先次序，如 $p \vee q \rightarrow r$ 等同于 $(p \vee q) \rightarrow r$，但不等同于 $p \vee (q \rightarrow r)$。

为了减少词汇，有时直接称命题公式为复合命题或命题。

1.3.2　真值表

为了表示一个联结词的内涵或分析一个命题公式的真值情况，可以对公式中所含有的原子变元的所有可能取值及其对应的命题真值进行分析。

[定义 1-13] 若 $p_1, p_2, \cdots, p_n$ 是出现在命题公式 A 中的所有原子变元，任意指定 $p_1, p_2, \cdots, p_n$ 的一组真值称为 A 的一个**解释**（Interpretation），也称为指派或赋值（assign）。简言之，对命题公式的一个解释就是对其所有原子变元的一次赋值。

显然，n 个原子变元共有 2^n 个解释。例如，命题公式 $p \wedge q$ 的 2 个原子变元共有 $2^2 = 4$ 个解释，分别是 11、10、01 和 00。

[定义 1-14] 将一个命题公式的所有解释与对应命题的真值汇聚成表称为**真值表**（truth table）。用于规定一个联结词组成的命题公式的真值表就是程序设计语言中的运算表。表 1-1 和表 1-2 分别确定了联结词 $\wedge$ 和命题公式 $\neg p \rightarrow \neg q$ 的真值情况，表 1-3 同时描述了前文定义的 9 个联结词的真值情况。

表 1-1

p	q	$p \wedge q$
1	1	1
1	0	0
0	1	0
0	0	0

表 1-2

p	q	$\neg p$	$\neg q$	$\neg p \rightarrow \neg q$
1	1	0	0	1
1	0	0	1	1
0	1	1	0	0
0	0	1	1	1

表 1-3

p	q	$\neg p$	$p \wedge q$	$p \vee q$	$p \rightarrow q$	$p \leftrightarrow q$	$p \,\overline{\vee}\, q$	$p \uparrow q$	$p \downarrow q$	$p \overset{c}{\rightarrow} q$
1	1	0	1	1	1	1	0	0	0	0
1	0	0	0	1	0	0	1	1	0	1
0	1	1	0	1	1	0	1	1	0	0
0	0	1	0	0	1	1	0	1	1	0

[辨析] 注意真值表中变元赋值的排列顺序。若有 n 个命题变元，按 $2^n - 1 \rightarrow 0$ 或 $0 \rightarrow 2^n - 1$ 的顺序将这些整数转换为 n 位二进制串排列即可，如 11、10、01、00，这也说明了真值表的行数。

除了表示原子命题的变元，一个真值表中可以列出一个或几个子公式的真值，但最后总要包括最关注的复合命题本身。

思考与练习 1.3

1-16　何谓命题公式的一个解释？含有 n 个原子变元的命题公式有多少种解释？

1-17　利用真值表说明联结词 $\wedge$、$\vee$、$\overline{\vee}$、$\uparrow$、$\downarrow$ 均满足结合律和交换律。

1-18　利用真值表说明联结词 $\wedge$ 对 $\vee$ 满足分配律。

1-19　构造下述命题公式的真值表。

(a)　$(p \wedge \neg q) \vee (\neg p \wedge q)$　　　　　　　(b)　$p \rightarrow (q \,\overline{\vee}\, r)$

(c)　$(\neg p \rightarrow q) \,\overline{\vee}\, (p \rightarrow r)$　　　　　(d)　$p \rightarrow (q \leftrightarrow r)$

(e)　$(p \,\overline{\vee}\, q) \downarrow q$

1-20　*编制程序，根据输入完成命题公式的语法分析，并自动生成其真值表。

1.4 命 题 翻 译

为了实现符号演算，必须先将自然语言描述的命题用符号表示，称为命题符号化或翻译。符号化是用命题逻辑作为工具对实际问题进行模型表示的过程，翻译后的符号串应是正确的复合命题。

1.4.1 命题的合取

例 1-8 将下述命题用符号表示。

(1) 算法既高效又稳定。　　　　　　　(2) 算法高效，而且稳定。

(3) 中国人民是勤劳和勇敢的。　　　　(4) 你是好人，他不是好人。

(5) 他虽然聪明但不用功。　　　　　　(6) 我努力了，可是没有达到理想的效果。

(7) 华罗庚或陈景润都是著名数学家。　(8) 绿水青山就是金山银山。

(9) 实践没有止境，理论创新也没有止境。

解　上述所有复合命题均应表示为两个命题的合取。例如，对于(3)，令：

p：中国人民是勤劳的，q：中国人民是勇敢的。

则原命题表示为

$$p \wedge q$$ ■

在符号化命题时，应注意根据上下文补足句子中省略的成分。

[辨析] 合取表示命题的并列、转折和递进关系。注意，用符号表示原子命题时不能包括汉语中的联结词，如和、既、又、而且、虽然、但是等。

汉语的"和""与"等词有特殊的用法，即仅表示原子命题而非合取，例如：

(1) 我和你是全天候战略合作伙伴。

(2) 吾与汝毕力平险。

(3) 落霞与孤鹜齐飞。

怎么衡量"p 与 q""p 和 q"这样的命题是原子命题还是复合命题呢？通常，如果句子的谓语部分反映的是人或物（如 p 和 q）之间的关系或者共同完成的事情则是原子命题，否则为复合命题。上述命题(1)中的谓语体现了二者的关系，命题(2)(3)中的谓语描述二者共同做一件事，都是原子命题，而下述命题的谓语则不同：

高铁和大飞机都是中国的新名片。

这是一个由两个原子合取组成的复合命题。

1.4.2 命题的析取

汉语中描述析取的连接词很少，主要是"或""或者""要么，要么""抑或""亦或"。

例 1-9 用符号表示下述命题。

(1) 冷炜爱听音乐或爱看电影。

(2) 电路损坏或开关出现了故障。

(3) 今天会下雨或下雪。

(4) 王燕玲昨天一口气做了 20 或 30 道习题。

解　(1)~(3) 可表示为两个原子命题 p 和 q 的析取 $p \vee q$，其中，

(1) p：冷炜爱听音乐，q：冷炜爱看电影；

(2) p：电路损坏，q：开关出现故障；

(3) p：今天会下雨，q：今天会下雪；

(4) 这里的"或"表示不确定估计，代表一个模糊的量，视为原子命题更合适。　■

[辨析] 在遇到联结词"或"时，第一件要做的事不是用符号表示，而是分析它究竟是可兼或还是不可兼或。

例 1-10　用符号表示下述命题。

(1) 马拉松比赛在明天上午 9 点或者下午 2 点举行。

(2) 我去现场或者在家电视里看这次球赛。

(3) 刘平可能是 100 米栏或 200 米栏的冠军（每人只限参加一项比赛）。

(4) 田野住在 202 或 203 房间。

(5) 朱梅格和崔裴旭仅一人胜出。

解　很明显，上述命题中的两个原子命题不能同时为真，或者说，原子命题同时为真时复合命题为假。因此，这些命题均要表示为两个原子命题 p 和 q 的不可兼析取 $p \triangledown q$。从含义或值的角度出发，也可以表示为

$$(p \wedge \neg q) \vee (\neg p \wedge q)$$

或

$$\neg(p \leftrightarrow q)$$　■

1.4.3　条件句复合命题

汉语中的条件联结词很多，可以归为充分条件和必要条件两类，须注意区分。

例 1-11　用符号表示下述命题。

(1) 因为感染了病毒，所以系统运行不正常。

(2) 只要努力，就一定会成功。

(3) 当山花开的时候，你爹就回来了。

(4) 要想理解计算机的工作原理，必须认真掌握逻辑学。

(5) 要想理解计算机的工作原理，认真掌握逻辑学是必要的。

解　若 p 表示前件，分别是：

(1) p：感染了病毒；(2) p：努力；(3) p：山花开了，或 p：到了山花开的时候；(4)(5) p：理解计算机的工作原理。

q 表示后件，分别是：

(1) q：系统运行不正常；(2) q：一定会成功；(3) q：你爹回来了；(4)(5)：认真掌握逻辑学。

那么，上述复合命题均可用符号表示为

$$p \rightarrow q$$　■

例 1-12　用符号表示下述命题。

(1) 只有通过基础测试才能参加正式比赛。

(2) 爱拼才会赢。

(3) 仅当你尽了全力，才能打赢这一仗。

(4) 除非你尽了全力，才能打赢这一仗。

(5) 除非你尽了全力，否则不能打赢这一仗。

解　若 p 表示后件，分别是：

(1) p：通过基础测试；(2) p：爱拼；(3)(4)(5) p：你尽了全力。

令 q 表示前件，分别为：

(1) q：能参加正式比赛；(2) q：会赢；(3)(4)(5) q：你打赢这一仗。

那么，上述命题均可用符号表示为

$$q \to p$$

上述两组命题说明了两类条件句的差异，要分清究竟谁是前提，谁是结论。

例如，条件句"只有努力才会成功"与"只要努力就会成功"有本质不同。第一个命题是正确的：如果成功了，一定经过了努力；第二个命题是错误的：不是客观事实。这是因为，即便努力了，但如果方法不正确，或者条件不成熟，也不能保证成功。

又如，在程序设计中，"仅当程序没有任何语法错误，才能运行出正确的结果"与"只有程序没有任何语法错误，才能运行出正确的结果"是相同的描述，但与"只要程序中没有任何语法错误，就能运行出正确的结果"完全不同。因为即使没有语法错误，也可能存在逻辑错误，这种情况下仍得不到正确的运行结果。

概括地讲，条件命题有"只要（当）就"和"只有（仅当）才"两种形式。

[辨析] "只要、就"与"只有、才"组成条件句时条件与结论恰好相反。只要 p 就 q，表示 p 是 q 的充分条件，符号化为 $p \to q$；只有 p 才 q，说明 p 是 q 的必要条件，符号化为 $q \to p$。

[辨析] "当"与"仅当"的条件与结论恰好相反。"当"与"只要"相同，"仅当"与"只有"同义。"当且仅当"（if and only if，或 iff）是常用的充分必要条件，即互为条件，拆开就是"当"而且"仅当"与"有且只有"是等同的说法。

[辨析] "除非"（unless）就是"如果不"，其后可以有肯定和否定两种说法，意思相同。直译为 $\neg p \to \neg q$，等同于 $q \to p$。事实上，"除非、否则"中的"否则"在符号表示时没有作用。本质上，此联结词与"只有才"相当。

条件联结词

1.4.4 多联结词构成的复合命题

例 1-13 将下述命题用符号表示。

(1) 我们要做到身体好、学习好、工作好，为祖国繁荣昌盛而奋斗。

解 记 p：我们要做到身体好。q：我们要做到学习好。r：我们要做到工作好。s：我们为祖国繁荣昌盛而奋斗。命题可形式化为

$$(p \wedge q \wedge r) \leftrightarrow s$$

这里采用双条件联结词是考虑了命题的内在联系。如果我们做到了 p、q、r 时就是在为祖国繁荣昌盛奋斗，而为祖国繁荣昌盛奋斗就是指做到了 p、q、r。

(2) 我没收到他的信。可见，要么他没给我写信，要么在邮寄途中丢失了。

解 记 p：我没收到他的信。q：他没给我写信。r：信在邮寄途中丢失了。命题可形式化为

$$p \to (q \,\underline{\vee}\, r)$$

首先，注意到不可兼析取，没写信和信丢失不能同时成立。其次，后面的判断显然是对"没收到信"的前提做出的结论。

(3) 假如上午不下雨，我去图书馆，否则就在家里读书或写作业。

解 原命题等同于：假如上午不下雨，我去图书馆；假如上午下雨，就在家里读书或写作业。

这是说话人都认可的两个命题组成的并列句。因此，记 p：上午下雨。q：我去图书馆。r：我在家里读书或写作业。命题可形式化为

$$(\neg p \rightarrow q) \wedge (p \rightarrow r)$$

也可以认为上午不下雨是去图书馆的充分必要条件，从而将命题符号化为

$$(\neg p \leftrightarrow q) \wedge (p \leftrightarrow r)$$

[辨析] 为什么此命题不能表示成不可兼析取 $(\neg p \rightarrow q) \triangledown (p \rightarrow r)$ 呢？考虑这种情况：

上午没下雨，但我没去图书馆。

此时，p 为 0，$\neg p$ 为 1，q 为 0。由于违背了原命题，符号化命题的值应为 0。但 $\neg p \rightarrow q$ 为 0，$p \rightarrow r$ 为 1，即 $(\neg p \rightarrow q) \triangledown (p \rightarrow r)$ 的值为 1 而不是 0，显然是错误的。

类似地，采用不可兼析取来描述对"上午下雨，我没在家读书或写作业。"的情况也是错误的。

[辨析] "我在家里读书或写作业"也可拆分成两个原子命题的析取，可兼、不可兼均可。

(4) 人不犯我，我不犯人；人若犯我，我必犯人。

解 记 p：人犯我。q：我犯人。命题可形式化为

$$(\neg p \rightarrow \neg q) \wedge (p \rightarrow q)$$

因为以上复合命题是 4 个原子命题组成的并列句，且 p 与 q 互为条件，故也可以表示为 $p \leftrightarrow q$。

(5) 一个人起初说，"占据空间的、有质量的而且不断变化的叫作物质"。后来他改说，"占据空间的有质量的叫作物质，而物质是不断变化的"。符号化这两个命题以反映出二者的差异。

解 记 p：某种东西占据空间。q：某种东西有质量。r：某种东西不断变化。s：某种东西叫作物质。命题可分别形式化为

$$(p \wedge q \wedge r) \leftrightarrow s$$

$$(p \wedge q \leftrightarrow s) \wedge (s \rightarrow r)$$

[辨析] 给一个概念下定义一定是用双条件来形式化的，即"描述 $\leftrightarrow$ 概念"。换言之，此就是彼，彼就是此。

(6) 如果你来了，那么他唱不唱歌将看你是否伴奏而定。

解 记 p：你来了。q：他唱歌。r：你伴奏。命题可形式化为

$$p \rightarrow (q \leftrightarrow r)$$

这句话等同于说，他唱歌一定由你伴奏，而你伴奏他就唱歌。

(7) 若 A 和 B 两人只说真话或只说谎话，给出命题"A 说 B 说谎"和"B 说我们两个是两类人"的符号表示。

解 记 A：A 说真话。B：B 说真话。命题可形式化为

$$A \leftrightarrow \neg B$$

$$(B \rightarrow \neg A) \wedge (\neg B \rightarrow \neg A)$$

前者的含义是，A 说真话则 B 说谎话，且 B 说谎话意味着 A 说真话。后者的含义是，B 说真话则 A 说谎话（与 B 不同类），且 B 说谎话则 A 说谎话（因 B 说谎，意味着二者不是两类，而是同类）。

思考与练习 1.4

习题导引

1-21　用符号形式描述下述命题。

(a) 赵龙是青岛人或烟台人。

(b) 中华优秀传统文化源远流长、博大精深，是中华文明的智慧结晶。

(c) 中国式现代化是物质文明和精神文明相协调的现代化。

(d) 选修物联网或嵌入式课，但不同时都选修的学生，可以选修移动互联编程课。

(e) 只有具备工程实践能力的人，才能顺利应付即将面临的工作。

(f) 球队不可能获胜，除非是主场比赛。

(g) 唯有矢志不渝、笃行不怠，方能不负时代、不负人民。

(h) 除非你年满 18 周岁，否则，如果你身高不足 1.4 米，就不能参加篮球队或排球队。

(i) 为了提高逻辑思维能力，必要条件（但不是充分条件）是认真听讲并勤于思考。

(j) 总吹南风预示着春天就要来了。

(k) 仅当你坚持实际编写和调试程序，才能学会用计算机解决问题。

1-22 设 p：你通过了这门课的测试，q：你做了所有的作业，r：这门课你得了优。用符号表示下述命题：

(a) 这门课你得了优，但你并没有做所有的作业。

(b) 你通过了这门课的测试，做了所有的作业，且这门课你得了优。

(c) 你想这门课得优，必须通过这门课的测试。

(d) 你通过了这门课的测试，并没有做所有的作业，但这门课你还是得了优。

(e) 你通过了这门课的测试，又做了所有的作业，足以使你这门课得优。

(f) 你这门课得优，仅当你做了所有的作业或通过了这门课的测试。

1-23 判断下述命题中的"或"是可兼析取还是不可兼析取，并说明为什么。

(a) 这个工作要求有 C++或 Java 编程经验。

(b) 一次购买此超市的 200 元商品，你可以得到 10%的现金减免或 30 元的代金券。

(c) 出版或销毁。

(d) 雪过太大或天气太冷，这些工程就会停工。

1-24 对位串 0001110001 和 1001001000 分别做按位与（∧）、或（∨）和异或（▽）运算的结果是什么？对应的十进制值是多少？

1-25 将自然语言翻译成符号逻辑表达式是硬件系统或软件系统说明的重要内容，目的是生成精确、无二义性的规范说明，构成系统开发的基础。这些规范说明应该是一致的，不应包含有冲突的需求。检查冲突的方法是针对原子变元的所有赋值看命题的真值是否存在矛盾。以下是一个邮件系统的部分规范说明，试符号化并检查是否含有冲突。

(a) 每当邮件来自一个未知的系统时，就扫描邮件中的病毒。

(b) 邮件来自一个未知的系统，但不扫描邮件中的病毒。

(c) 每当邮件来自一个未知的系统时，就有必要扫描邮件中的病毒。

(d) 当邮件不是来自一个未知的系统时，就不扫描邮件中的病毒。

1.5 命题公式的分类与逻辑等价

1.5.1 命题公式的分类

依据命题公式在不同解释下的真值不同可将其分为 3 类。

[定义 1-15] 假设 A 是一个命题公式。若 A 在所有解释下的真值都为 1，则称 A 是永真式或重（音/chong/）言式（tautology）。若 A 在所有解释下的真值都为 0，则称 A 是永假式或矛盾式（contradiction）。若至少存在一个解释使 A 为 1，则称 A 是可满足式（contingency）。

显然，只有永假式是不可满足的。

用函数的观点说，永真式和永假式就是常量函数。无论 p 和 q 表示什么命题，$p \vee \neg p$、$(p \rightarrow q) \vee \neg (p \rightarrow q)$ 和 $p \vee 1$ 都是永真式，$p \wedge \neg p$、$(p \vee q) \wedge \neg (p \vee q)$ 和 $p \wedge 0$ 都是永假式。

[定理 1-1] 若命题 $A(p_1, p_2, \cdots, p_n)$ 为永真式，那么，分别用命题公式 $q_1, q_2, \cdots, q_n$ 替换 A 中的命题变元 $p_1, p_2, \cdots, p_n$，所得命题 $A(q_1, q_2, \cdots, q_n)$ 仍为永真式。此定理称为永真式代入定理。　■

永假式也有类似的结论。

因为永真式的真值与命题变元的取值无关，此定理是显然的。例如，命题 $\neg(p \wedge q) \vee (p \wedge q)$ 为永真式，分别用 r、s 替换 p、q 和用 $r \vee s$ 替换 p，得到命题 $\neg(r \wedge s) \vee (r \wedge s)$ 和 $\neg((r \vee s) \wedge q) \vee ((r \vee s) \wedge q)$ 都是永真式。

1.5.2 命题公式等价

[定义 1-16] 若命题公式 $A(p_1, p_2, \cdots, p_n)$ 和 $B(p_1, p_2, \cdots, p_n)$ 有相同的原子变元，且对 $p_1, p_2, \cdots, p_n$ 的每个解释，A 和 B 的值都相同，则称 A 和 B 等价（logical equivalence，或等值、逻辑等价、逻辑相等），记作 $A \Leftrightarrow B$，或 $A \equiv B$。

[辨析] 命题等价就是命题函数相等。只要两个命题 A 和 B 的原子变元一样，作为函数，其定义域和值域自然相同。因此，根据函数相等的三要素原则，只要对应关系相同则二者相等。

若 $A(p_1, p_2, \cdots, p_n) \Leftrightarrow B(p_1, p_2, \cdots, p_n)$，自然有

$$\neg A(p_1, p_2, \cdots, p_n) \Leftrightarrow \neg B(p_1, p_2, \cdots, p_n)$$
$$A(\neg p_1, \neg p_2, \cdots, \neg p_n) \Leftrightarrow B(\neg p_1, \neg p_2, \cdots, \neg p_n)$$

理解等价

两个命题公式等价意味着它们有完全相同的真值表。事实上，它们是同一个命题的不同表示，只是因为考虑问题的角度不同而造成了表示上的差异。

除后文的主范式方法外，主要有 3 种证明两命题公式等价的方法。

(1) 真值表法

将两个命题公式的真值表列出，如果二者完全相同则意味着它们等价。如表 1-4 证明了如下两对命题公式等价：

$$p \rightarrow q \Leftrightarrow \neg p \vee q$$
$$p \,\underline{\vee}\, q \Leftrightarrow (p \wedge \neg q) \vee (\neg p \wedge q)$$

表 1-4

p	q	$p \rightarrow q$	$\neg p \vee q$	$p \,\underline{\vee}\, q$	$p \wedge \neg q$	$\neg p \wedge q$	$(p \wedge \neg q) \vee (\neg p \wedge q)$
1	1	1	1	0	0	0	0
1	0	0	0	1	1	0	1
0	1	1	1	1	0	1	1
0	0	1	1	0	0	0	0

[辨析] 这是两个十分重要的等价关系，它们体现了将条件和不可兼析取转换为最基本联结词的方法。

利用真值表法很容易验证一些基本的算律，如交换律、结合律、分配律、德·摩根律，参见表 1-5，它们代表了一些最基本的推理定律。

(2) 等价变换法

[定理 1-2] 设 X 是命题公式 A 的子公式，且 $X \Leftrightarrow Y$。若在 A 中用 Y 部分或全部替换 X 得到命题 B，则 $A \Leftrightarrow B$。　■

此定理被称为（等价）置换规则。置换规则的含义是，利用对命题本身或其子公式进行等价替换不改变原命题的真值。

例 1-14　证明 $p \to (q \to r) \Leftrightarrow q \to (p \to r)$。

证明　$p \to (q \to r) \Leftrightarrow_{\text{(原公式等价变换)}} \neg p \vee (q \to r)$

$\Leftrightarrow_{\text{(子公式等价变换)}} \neg p \vee (\neg q \vee r)$

$\Leftrightarrow_{\text{(交换律、结合律)}} \neg q \vee (\neg p \vee r)$

$\Leftrightarrow_{\text{(子公式和原公式等价变换)}} q \to (p \to r)$　　■

上述等价变换与 $a + (b+c)^2 = a + (b^2 + 2bc + c^2)$、$a - (-b+c) = a - (c-b)$ 没有什么不同，就是等值演算。

表 1-5

序号	等价关系	含义
E_1	$\neg \neg p \Leftrightarrow p$	对合律（双重否定律）
E_2	$p \wedge q \Leftrightarrow q \wedge p$	交换律
E_3	$p \vee q \Leftrightarrow q \vee p$	
E_4	$(p \wedge q) \wedge r \Leftrightarrow p \wedge (q \wedge r)$	结合律
E_5	$(p \vee q) \vee r \Leftrightarrow p \vee (q \vee r)$	
E_6	$p \wedge (q \vee r) \Leftrightarrow (p \wedge q) \vee (p \wedge r)$	分配律
E_7	$p \vee (q \wedge r) \Leftrightarrow (p \vee q) \wedge (p \vee r)$	
E_8	$\neg(p \wedge q) \Leftrightarrow \neg p \vee \neg q$	德·摩根律（De Morgan）
E_9	$\neg(p \vee q) \Leftrightarrow \neg p \wedge \neg q$	
E_{10}	$p \vee p \Leftrightarrow p$	幂等律
E_{11}	$p \wedge p \Leftrightarrow p$	
E_{12}	$q \vee (p \wedge \neg p) \Leftrightarrow q$ （$q \vee 0 \Leftrightarrow q$）	同一律
E_{13}	$q \wedge (p \vee \neg p) \Leftrightarrow q$ （$q \wedge 1 \Leftrightarrow q$）	
E_{14}	$q \vee (p \vee \neg p) \Leftrightarrow 1$ （$q \vee 1 \Leftrightarrow 1$）	零律
E_{15}	$q \wedge (p \wedge \neg p) \Leftrightarrow 0$ （$q \wedge 0 \Leftrightarrow 0$）	
E_{16}	$p \to q \Leftrightarrow \neg p \vee q$	蕴含等值
E_{17}	$\neg(p \to q) \Leftrightarrow p \wedge \neg q$	
E_{18}	$p \to q \Leftrightarrow \neg q \to \neg p$	假言易位
E_{19}	$p \to (q \to r) \Leftrightarrow (p \wedge q) \to r$	
E_{20}	$p \leftrightarrow q \Leftrightarrow (p \to q) \wedge (q \to p)$	等价等值
E_{21}	$p \leftrightarrow q \Leftrightarrow (p \wedge q) \vee (\neg p \wedge \neg q)$	
E_{22}	$\neg(p \leftrightarrow q) \Leftrightarrow p \leftrightarrow \neg q$	
E_{23}	$p \leftrightarrow q \Leftrightarrow \neg p \leftrightarrow \neg q$	等价否定等值
E_{24}	$(p \to q) \wedge (p \to \neg q) \Leftrightarrow \neg p$	归谬论
E_{25}	$p \overline{\vee} q \Leftrightarrow \neg(p \leftrightarrow q)$	
E_{26}	$p \overline{\vee} q \Leftrightarrow (p \wedge \neg q) \vee (\neg p \wedge q)$	

例 1-15　证明对任意命题公式 p 和 q，有

$$p \uparrow p \Leftrightarrow \neg p, (p \uparrow p) \uparrow (q \uparrow q) \Leftrightarrow p \vee q, (p \uparrow q) \uparrow (p \uparrow q) \Leftrightarrow p \wedge q$$

$$p \downarrow p \Leftrightarrow \neg p, (p \downarrow p) \downarrow (q \downarrow q) \Leftrightarrow p \wedge q, (p \downarrow q) \downarrow (p \downarrow q) \Leftrightarrow p \vee q$$

证明　仅验证 $\uparrow$。有

$$p \uparrow p \Leftrightarrow \neg(p \wedge p) \Leftrightarrow \neg p$$

$$(p \uparrow p) \uparrow (q \uparrow q) \Leftrightarrow \neg p \uparrow \neg q \Leftrightarrow \neg(\neg p \wedge \neg q) \Leftrightarrow p \vee q$$

$$(p \uparrow q) \uparrow (p \uparrow q) \Leftrightarrow \neg(p \uparrow q) \Leftrightarrow \neg(\neg p \vee \neg q) \Leftrightarrow p \wedge q$$ ■

验证中采用了表1-5中的德·摩根律和双重否定律。

由上述等价关系可以看出，联结词 $\uparrow$ 和 $\downarrow$ 均可与 $\neg$、$\wedge$、$\vee$ 互相表示。

(3) 双条件式永真法

[定理1-3] 对于命题公式 p 和 q，$p \Leftrightarrow q$ 当且仅当 $p \leftrightarrow q$ 为永真式。 ■

因为 $p \leftrightarrow q$ 只在 p 与 q 具有相同值时为真，结论是显然的。

[辨析] 这是一个很常用的结论，可视为命题公式等价的判定定理。

由于 $p \leftrightarrow q \Leftrightarrow (p \to q) \wedge (q \to p)$，上述定理也可叙述为

$$p \Leftrightarrow q \text{ 当且仅当 } p \to q \text{ 和 } q \to p \text{ 均为永真式。}$$

例 1-16 *化简下述 C 语言程序：

```
if (p) { if (q) statement1; else statement2; } else { if (q) statement1; else statement2; }
```

解　statement1 的执行需满足条件

$$(p \wedge q) \vee (\neg p \wedge q) \Leftrightarrow (p \vee \neg p) \wedge q \Leftrightarrow q$$

statement2 的执行需满足条件

$$(p \wedge \neg q) \vee (\neg p \wedge \neg q) \Leftrightarrow (p \vee \neg p) \wedge \neg q \Leftrightarrow \neg q$$

因此，程序可简化为

```
if (q) statement1; else statement2;
```
■

1.5.3　联结词的功能完备集

为什么定义 9 个联结词呢？观察表 1-6 列出的 2 个命题变元在不同赋值下所有可能的命题公式的真值。

表 1-6

p	q	1	0	p	q	$\neg p$	$\neg q$	$p \wedge q$	$p \uparrow q$
1	1	1	0	1	1	0	0	1	0
1	0	1	0	1	0	0	1	0	1
0	1	1	0	0	1	1	0	0	1
0	0	1	0	0	0	1	1	0	1

p	q	$p \vee q$	$p \downarrow q$	$p \to q$	$p \overset{c}{\to} q$	$p \leftrightarrow q$	$p \,\overline{\vee}\, q$	$q \to p$	$q \overset{c}{\to} p$
1	1	1	0	1	0	1	0	1	0
1	0	1	0	0	1	0	1	1	0
0	1	1	0	1	0	0	1	0	1
0	0	0	1	1	0	1	0	1	0

因为 2 个原子变元的命题公式共有 4 种解释，对应每个解释，命题的真值有 2 种可能，故共有 2^4 种可能。表 1-6 说明，9 个联结词组成的联结词集合是联结词的功能完备集（complete group of connectives，或"全功能联结词组"）。联结词功能完备集就是指任何命题都可以由此集合中的联结词表示出来。

事实上，将某些联结词用其他联结词等价表示可以有效地减少联结词的数目。例如，考虑如下等价关系

$$p \to q \Leftrightarrow \neg p \vee q, \quad p \overset{c}{\to} q \Leftrightarrow \neg(p \to q)$$

$$p \overline{\vee} q \Leftrightarrow \neg(p \leftrightarrow q), \quad p \leftrightarrow q \Leftrightarrow (p \rightarrow q) \wedge (q \rightarrow p)$$
$$p \uparrow q \Leftrightarrow \neg(p \wedge q), \quad p \downarrow q \Leftrightarrow \neg(p \vee q)$$

这说明，联结词 $\rightarrow$、$\leftrightarrow$、$\overset{c}{\rightarrow}$、$\overline{\vee}$、$\uparrow$、$\downarrow$ 均可由 $\neg$、$\vee$、$\wedge$ 表示，故 $\{\neg, \wedge, \vee\}$ 是功能完备的。因为联结词 $\neg$、$\wedge$、$\vee$ 可用 $\uparrow$ 来表示，也可用 $\downarrow$ 来表示，说明 $\{\uparrow\}$ 和 $\{\downarrow\}$ 都是联结词功能完备集，他们是最小（联结词数量最少）的联结词功能完备集。

联结词组

能够用极少的联结词描述所有命题意味着，可以采用种类单一的逻辑元器件设计出任何复杂的逻辑电路，从而降低制作工艺的复杂性，这是制作大规模集成电路的理论基础。

1.5.4　对偶原理

表 1-5 中列出的德·摩根律是命题演算中的最基本算律之一，体现了如下的等价关系：
$$\neg(p \wedge q) \Leftrightarrow \neg p \vee \neg q, \quad \neg(p \vee q) \Leftrightarrow \neg p \wedge \neg q$$

这种命题公式都是成对的，且变元也常常不止 2 个。不妨想象一下如下公式的情形：
$$\neg((p \wedge q) \vee r) \Leftrightarrow ?, \quad \neg((p \vee q) \wedge r) \Leftrightarrow ?$$

由于联结词组 $\{\neg, \wedge, \vee\}$ 是功能完备的，即任何命题都可由这 3 个联结词表示，由此可将德·摩根律推广到更一般的形式，即对偶原理。

[定义 1-17] 在一个只包含 $\neg$、$\wedge$、$\vee$ 联结词的命题公式 A 中，将所有 $\wedge$ 换成 $\vee$，$\vee$ 换成 $\wedge$，1 换成 0，0 换成 1，得到的命题公式 A^* 称为 A 的对偶式。此时，A 也是 A^* 的对偶式，即 A 和 A^* 互为对偶。

由定义可知，1 与 0 互为对偶式，$(p \wedge q) \vee r$ 与 $(p \vee q) \wedge r$ 互为对偶式。

例 1-17　求 $p \uparrow q$ 与 $p \downarrow q$ 的对偶式。

解　因为
$$p \uparrow q \Leftrightarrow \neg(p \wedge q), \quad p \downarrow q \Leftrightarrow \neg(p \vee q)$$
故 $p \uparrow q$ 与 $p \downarrow q$ 互为对偶式。∎

[辨析] 求对偶式与否定联结词 $\neg$ 无任何关联。

若记 $A(p, q) = p \wedge q$，它的对偶式 $A^*(p, q) = p \vee q$。德·摩根律可描述为
$$\neg A(p, q) \Leftrightarrow \neg p \vee \neg q \Leftrightarrow A^*(\neg p, \neg q)$$

上述公式中仅有 2 个变元，扩展到任意个变元后就得到了著名的对偶原理。

[定理 1-4] 设命题公式 A 和 A^* 是对偶式，p_1，p_2，$\cdots$，p_n 是公式中包含的原子变元，则
$$\neg A(p_1, p_2, \cdots, p_n) \Leftrightarrow A^*(\neg p_1, \neg p_2, \cdots, \neg p_n)$$

此定理称为对偶原理（duality principle）。对偶原理中的等式主要体现的问题是原子变元可能多于 2 个，是推广的德·摩根律。∎

上述定理可以改换成其他写法。例如，可以对等价式中的任何一边否定其公式的原子变元：
$$\neg A(\neg p_1, \neg p_2, \cdots, \neg p_n) \Leftrightarrow A^*(p_1, p_2, \cdots, p_n)$$

也可以对等价式两边的任何一个公式做否定：
$$A(p_1, p_2, \cdots, p_n) \Leftrightarrow \neg A^*(\neg p_1, \neg p_2, \cdots, \neg p_n)$$

这些等价关系可以说明一个事实：同一个公式不可能有两个不同的对偶式。

[定理 1-5] 若 $A \Leftrightarrow B$，则 $A^* \Leftrightarrow B^*$。

证明 由 $A \Leftrightarrow B$，有

$$A(\neg p_1, \neg p_2, \cdots, \neg p_n) \Leftrightarrow B(\neg p_1, \neg p_2, \cdots, \neg p_n)$$

于是，有

$$\neg A(\neg p_1, \neg p_2, \cdots, \neg p_n) \Leftrightarrow \neg B(\neg p_1, \neg p_2, \cdots, \neg p_n)$$

即 $A^* \Leftrightarrow B^*$。 ∎

对此定理的另一种解释是，两个公式等价则它们的对偶式等价。

思考与练习 1.5

习题导引

1-26 解释命题等价的含义。

1-27 命题公式分为几种类型？各有什么特点？

1-28 证明 $((p \to q) \wedge (q \to r)) \to (p \to r)$ 是永真式。

1-29 证明下述等价公式。

    (a) $\neg p \to (q \to r) \Leftrightarrow q \to (p \vee r)$ (b) $p \leftrightarrow q \Leftrightarrow (p \to q) \wedge (q \to p)$

    (c) $\neg(p \leftrightarrow q) \Leftrightarrow p \leftrightarrow \neg q$

1-30 求下述公式的对偶式：

    (a) $p \wedge (q \vee (r \wedge 1))$ (b) $\neg p \to (q \to r)$

    (c) $(p \,\underline{\vee}\, q) \uparrow r$

1-31 若 p、q 和 r 为命题变元，证明或否定：

    (a) 如果 $p \wedge q \Leftrightarrow p \wedge r$，则 $q \Leftrightarrow r$。 (b) 如果 $p \vee q \Leftrightarrow p \vee r$，则 $q \Leftrightarrow r$。

    (c) 如果 $\neg q \Leftrightarrow \neg r$，则 $q \Leftrightarrow r$。   (d) 如果 $p \,\underline{\vee}\, q \Leftrightarrow p \,\underline{\vee}\, r$，则 $q \Leftrightarrow r$。

1-32 记 A^* 是公式 A 的对偶式，何时有 $A^* \Leftrightarrow A$？

1-33 记 A^* 是公式 A 的对偶式，证明 $(A^*)^* \Leftrightarrow A$。

1-34 证明 $\{\neg、\wedge\}$、$\{\neg、\to\}$ 和 $\{\neg、\overset{c}{\to}\}$ 是联结词的功能完备集。

1.6 范　　式

任意给定 2 个命题公式，它们的值相等吗？或者说，它们描述的是同一个命题吗？除了采用列真值表和置换规则等方法外，还有一种重要的判别方法是将公式转换成标准形式后再进行比较，这种标准形式称为范式（normal form）。

由于 $\{\neg, \wedge, \vee\}$ 是联结词的功能完备集，利用等价关系和置换规则去掉其他联结词，就得到了只有 $\neg$、$\wedge$、$\vee$ 的命题公式，进而可以将其转换为范式，就是标准型。简单讲，将一个命题转换成标准型如同将一个方程表示成 $(x-a)^2 + (x-b)^2 = r^2$ 和 $\dfrac{x^2}{a^2} + \dfrac{y^2}{b^2} = 1$ 形式一样，目的是能容易地辨别方程描述的是否为圆或椭圆。

1.6.1 简单范式

为了使叙述简单，先明确一种说法。

[定义 1-18] 原子命题变元或它的否定称为文字，如 p 和 $\neg p$、q 或 $\neg q$。

[定义 1-19] 一个命题公式称为合取范式，如果它具有形式：

$$A_1 \wedge A_2 \wedge \cdots \wedge A_n, \ n \geq 1$$

其中，每个 A_i 都是由文字组成的析取式，称为析取子句。

一个命题公式称为析取范式，如果它具有形式：

$$A_1 \vee A_2 \vee \cdots \vee A_n, \ n \geq 1$$

其中，每个 A_i 都是由文字组成的合取式，称为合取子句。

例如，$(p \vee \neg q \vee r) \wedge (\neg p \vee q) \wedge \neg q$ 为合取范式，$\neg p \vee (p \wedge q) \vee (p \wedge \neg q \wedge r)$ 是析取范式。

还可以换个说法，称合取范式为积范式，可记作 $\bigwedge_{i=1}^{n} A_i$（或 $\prod_{i=1}^{n} A_i$）。称析取范式为和范式，可记作 $\bigvee_{i=1}^{n} A_i$（或 $\sum_{i=1}^{n} A_i$）。合取或析取代表最终的运算。

[辨析] 单个文字如 p 和 $\neg p$ 既是合取范式，也是析取范式，相当于定义中的 $n=1$，$A_1 = p$，或 $A_1 = \neg p$。

[辨析] 单个合取式或析取式既是合取范式，也是析取范式。例如，合取式 $p \wedge q$，说它是合取范式，相当于定义中的 $n=2$，$A_1 = p$，$A_2 = \neg q$。说它是析取范式，相当于定义中的 $n=1$，$A_1 = p \wedge \neg q$。

[辨析] 定义 1-19 不够严格，没有限制文字的重复性，永真式 $1 \Leftrightarrow p \vee \neg p$ 既是合取范式，也是析取范式。永假式 $0 \Leftrightarrow p \wedge \neg p$ 既是合取范式，也是析取范式。

[拓展] 变元及其否定有时称为正文字和负文字，如 p 和 $\neg p$。还可以明确地称文字的合取式为基本积，称文字的析取式为基本和。

应特别注意的是，否定只能作用在原子变元前，不能置于括号前。

通过等价演算可以很容易按以下步骤求得一个命题公式的范式：

(1) 联结词转换为 $\wedge$、$\vee$ 及 $\neg$；

(2) 用德·摩根律（对偶原理）将否定联结词 $\neg$ 直接作用到各原子变元之前；

(3) 用分配律、结合律和交换律等转化为合取范式或析取范式。

例 1-18 求 $(p \wedge (q \rightarrow r)) \rightarrow s$ 的合取范式。

解 $(p \wedge (q \rightarrow r)) \rightarrow s \Leftrightarrow_{(规范联结词)} \neg(p \wedge (\neg q \vee r)) \vee s$

$\Leftrightarrow_{(否定深入)} \neg p \vee (q \wedge \neg r) \vee s$

$\Leftrightarrow_{(分配律、交换律、结合律)} (\neg p \vee s \vee q) \wedge (\neg p \vee s \vee \neg r)$ ∎

一个命题公式的合取范式与析取范式并不唯一。例如，对于一个合取范式 $A = p$，有

$$A \Leftrightarrow p \vee (q \wedge \neg q) \Leftrightarrow (p \vee q) \wedge (p \vee \neg q)$$

这说明简单范式还不够标准，原因是对定义中的 A_i 要求不严格。同时，一个公式如文字、简单析取式和简单合取式既是析取范式也是合取范式，含有歧义。

1.6.2　小项与大项

[定义 1-20] n 个命题变元的合取式称为（极）小项或布尔合取（minimal term），如果它包含每个变元的文字一次且仅一次。

例如，一个命题变元的小项为 p 和 $\neg p$，两个命题变元的小项为 $p \wedge q$、$p \wedge \neg q$、$\neg p \wedge q$、$\neg p \wedge \neg q$。一般地，n 个命题变元有 2^n 个小项。

由于只有一种解释使每个小项为 1，可用此解释对应的二进制串作为对该小项的编码（起个独特的名字）。例如：

$$m_{11} = p \wedge q, \quad m_{10} = p \wedge \neg q, \quad m_{01} = \neg p \wedge q, \quad m_{00} = \neg p \wedge \neg q$$

写成十进制更简单，还容易看清楚：

$$m_3 = p \wedge q, \quad m_2 = p \wedge \neg q, \quad m_1 = \neg p \wedge q, \quad m_0 = \neg p \wedge \neg q$$

很明显，对于每个小项，只有变元取值与其二进制编码相同时才为 1，其余全为 0。同时，对原子变元的任何一个解释，必能使一个且仅一个小项为 1，其余全为 0，即任意 2 个小项不能同时为 1。于是有：

(1) $m_i \wedge m_j = 0$, $0 \leqslant i \neq j \leqslant 2^n - 1$

(2) $\bigvee_{i=0}^{2^n-1} m_i = 1$

[定义 1-21] n 个命题变元的析取式称为（极）大项或布尔析取（maximal term），如果它包含每个变元的文字一次且仅一次。

例如，一个命题变元的大项为 p 和 $\neg p$，两个命题变元的大项为 $p \vee q$、$p \vee \neg q$、$\neg p \vee q$、$\neg p \vee \neg q$。一般地，n 个命题变元有 2^n 个大项。

由于每个大项只有一种解释使其为 0，也可用此解释对应的二进制串作为对它的编码。例如：

$$M_0 = M_{00} = p \vee q, \quad M_1 = M_{01} = p \vee \neg q, \quad M_2 = M_{10} = \neg p \vee q, \quad M_3 = M_{11} = \neg p \vee \neg q$$

对于每个大项，只有变元取值与其二进制编码相同时才为 0，其余全为 1。同时，对原子变元的任何一组解释，必能使一个且仅一个大项为 0，其余全为 1，即 2 个大项不能同时为 0。于是有：

(1) $M_i \vee M_j = 1$, $0 \leqslant i \neq j \leqslant 2^n - 1$

(2) $\bigwedge_{i=0}^{2^n-1} M_i = 0$

[辨析] 为什么叫作小项？值小，求积几乎总是 0。为什么叫作大项？值大，求和几乎总是 1。

[定理 1-6] 对任意的 i，$0 \leqslant i \leqslant 2^n - 1$，有

$$\neg m_i \Leftrightarrow M_i, \quad \neg M_i \Leftrightarrow m_i \qquad \blacksquare$$

观察 2 个变元组成的公式可一目了然，如

$$\neg m_2 = \neg m_{10} = \neg(p \wedge \neg q) = \neg p \vee q = M_{10} = M_2$$

上述结论来源于对小项和大项的编码技术，能够正确写出这些编码是至关重要的。

如何将普通合取式和析取式分别转换为小项或大项呢？方法是添加与 1 的合取，或与 0 的析取，将 1 和 0 用缺少的变元替换，再施以分配律。

例 1-19　对于 3 个变元 p、q 和 r，求公式 $A = p \wedge \neg q$ 的由小项组成的析取范式。

解　A 是一个析取范式，但并非由小项组成，$p \wedge \neg q$ 中缺少 r。应按如下方式进行等价变换

$$A = p \wedge \neg q \Leftrightarrow (p \wedge \neg q) \wedge 1 \Leftrightarrow (p \wedge \neg q) \wedge (r \vee \neg r)$$
$$\Leftrightarrow (p \wedge \neg q \wedge r) \vee (p \wedge \neg q \wedge \neg r)$$

这就将 A 转换成了 2 个小项的析取。 　　　　　　　　　　　　　　　　　 $\blacksquare$

1.6.3　主析取范式与主合取范式

1. 主范式与范式存在定理

[定义 1-22] 仅由小项的析取组成的命题公式称为主析取范式（major disjunctive form），仅由大项的合取组成的命题公式称为主合取范式（major conjunctive form）。

通常，主析取范式 $m_{i_1} \vee m_{i_2} \vee \cdots \vee m_{i_t}$ 简记为 $\vee_{i_1,i_2,\cdots,i_t}$ 或 $\vee_{\{i_1,i_2,\cdots,i_t\}}$，主合取范式 $M_{i_1} \wedge M_{i_2} \wedge \cdots \wedge M_{i_t}$ 简记为 $\wedge_{i_1,i_2,\cdots,i_t}$ 或 $\wedge_{\{i_1,i_2,\cdots,i_t\}}$。

由于前文已经演算过析取范式和合取范式，得到主析取范式和主合取范式只需一个添加缺少原子变元的步骤。

例 1-20 求 $p \rightarrow ((p \rightarrow q) \wedge \neg(\neg q \vee \neg p))$ 的主析取范式和主合取范式。

解 原式 $\Leftrightarrow \neg p \vee ((\neg p \vee q) \wedge (q \wedge p))$

$\qquad \Leftrightarrow \neg p \vee ((\neg p \wedge q \wedge p) \vee (q \wedge q \wedge p))$

$\qquad \Leftrightarrow_{(\text{转换为析取范式})} \neg p \vee (p \wedge q)$

$\qquad \Leftrightarrow_{(\text{在缺}q\text{的项上添加}1=q\vee\neg q)} (\neg p \wedge (q \vee \neg q)) \vee (p \wedge q)$

$\qquad \Leftrightarrow_{(\text{用分配律得到主析取范式})} (\neg p \wedge q) \vee (\neg p \wedge \neg q) \vee (p \wedge q)$

$\qquad = m_{01} \vee m_{00} \vee m_{11} = \vee_{\{0,1,3\}}$

$\qquad$ 原式 $\Leftrightarrow \neg p \vee (p \wedge q) \Leftrightarrow_{(\text{分配律})} (\neg p \vee p) \wedge (\neg p \vee q) \Leftrightarrow 1 \wedge (\neg p \vee q) \Leftrightarrow \neg p \vee q$

$\qquad = M_{10} = \wedge_{\{2\}}$ ∎

例 1-21 求 $(p \vee q \vee r) \wedge (\neg p \vee r)$ 的主合取范式。

解 原式 $\Leftrightarrow_{(\text{在缺}q\text{的项上添加}0=q\wedge\neg q)} (p \vee q \vee r) \wedge (\neg p \vee r \vee (q \wedge \neg q))$

$\qquad \Leftrightarrow_{(\text{用分配律得到主合取范式})} (p \vee q \vee r) \wedge (\neg p \vee q \vee r) \wedge (\neg p \vee \neg q \vee r)$

$\qquad = M_{000} \wedge M_{100} \wedge M_{110} = \wedge_{\{0,4,6\}}$ ∎

一旦变元数量较多，这种添 1 或 0 再加分配律的等价变换办法很烦琐，而使用真值表可以不必经过演算直接求得主合取范式和主析取范式。

[定理 1-7] 在任意命题公式 A 的真值表中，所有使其值为 1 的解释作编码对应的小项的析取是 A 的主析取范式，所有使其值为 0 的解释作编码对应的大项的合取是 A 的主合取范式。

证明 设使 A 为 1 的解释对应的所有小项为 $m_{i_1}, m_{i_2}, \cdots, m_{i_k}$。记 $B = \vee_{\{i_1,i_2,\cdots,i_k\}}$，则 $A \Leftrightarrow B$。这是因为，若某个解释使 A 为 1，则对应的小项在 B 中，B 也为 1。若某个解释使 A 为 0，则 B 中的小项都为 0，故 B 为 0。因此，A 与 B 等价，即 B 是 A 的主析取范式。主合取范式的证明类似。 ∎

例 1-22 求命题公式 $A = p \rightarrow ((p \rightarrow q) \wedge \neg(\neg q \vee \neg p))$ 的主范式。

解 由表 1-7 所示的真值表知，使公式 A 为 1 的解释是 00、01 和 11，其主析取范式为

$$m_{00} \vee m_{01} \vee m_{11} = \vee_{\{0,1,3\}}$$

因为使公式 A 为 0 的解释是 10，主合取范式为 $M_{10} = \wedge_{\{2\}}$。 ∎

表 1-7

p	q	$p \rightarrow q$	$\neg q \vee \neg p$	$(p \rightarrow q) \wedge \neg(\neg q \vee \neg p)$	A	m 或 M
0	0	1	1	0	1	m_{00}
0	1	1	1	0	1	m_{01}
1	0	0	1	0	0	M_{10}
1	1	1	0	1	1	m_{11}

在真值表中，去掉使公式值为 1 的解释，剩下的自然就是使公式为假的解释。上述公式中，大小项共 4 个，编码为 0~3，主析取范式使用了 0、1、3，主合取范式则使用了剩余的 2。这并不是偶然的巧合。

[定理 1-8] 若公式 A 的主析取范式为 $\bigvee_{\{i_1,i_2,\cdots,i_k\}}$，则主合取范式为 $\bigwedge_{\{0,1,\cdots,2^n-1\}-\{i_1,i_2,\cdots,i_k\}}$。反之亦然。

证明　若 $A=\bigvee_{\{i_1,i_2,\cdots,i_k\}}$，因 A 与 $\neg A$ 的值相反，故

$$\neg A=\bigvee_{\{0,1,\cdots,2^n-1\}-\{i_1,i_2,\cdots,i_k\}}$$

于是，有

$$A\Leftrightarrow\neg\neg A=\neg\bigvee_{\{0,1,\cdots,2^n-1\}-\{i_1,i_2,\cdots,i_k\}}$$

在对等号右端的公式否定后，$\wedge$ 与 $\vee$ 互换，且因为 $\neg m_i\Leftrightarrow M_i$，故结论成立。　■

定理说明，只要知道了一种主范式，用剩余的编码就可得到另一种主范式。例如，若 3 个变元的命题公式（主析取范式）$A=\bigvee_{\{2,5\}}$，那么，A 的主合取范式为 $\bigwedge_{\{0,1,3,4,6,7\}}$。

还可以进一步肯定如下事实。

[定理 1-9] 任一命题公式的主析取和主合取范式都存在且唯一，称为"范式存在定理"。　■

上述定理成立依赖于对永真式和永假式的特别约定。显然，对于一个含有 n 个命题变元的永真式，其主析取范式为所有小项的析取 $\bigvee_{\{0,1,\cdots,2^n-1\}}$，但因没有使公式为 0 的解释，其主合取范式不含任何大项，故称为"空范式"，约定用 1 表示。类似地，一个永假式的主合取范式为 $\bigwedge_{\{0,1,\cdots,2^n-1\}}$，其主析取范式为空范式，用 0 表示。

[辨析] 主析取范式和主合取范式唯一吗？只要按着编码由小到大或由大到小排列小项和大项就唯一了。

利用范式可以解决一些具有有限约束情况的判定问题。

例 1-23　有一次竞赛，要求在 p、q、r 和 s 这 4 人中指派两人参加，但必须满足如下条件：

(1) p 和 q 仅一个人参加；　　　　(2) 若 r 参加，则 s 也参加；
(3) q 和 s 至多参加一人；　　　　(4) 若 s 不参加，则 p 也不参加。

问应如何指派？

解　令 p、q、r 和 s 分别表示命题 p 参加、q 参加、r 参加和 s 参加，则约束条件可符号化为

$$C=(p\,\underline{\vee}\,q)\wedge(r\to s)\wedge\neg(q\wedge s)\wedge(\neg s\to\neg p)$$

计算命题公式 C 的主析取范式为

$$C=m_{0100}\vee m_{1001}\vee m_{1011}$$

由于哪个 m_i 为 1 都能保证条件 C 被满足，故每个 m_i 都代表一种可能的选择。不过，题目要求指派 2 人参加，故只有 $m_{1001}=p\wedge\neg q\wedge\neg r\wedge s$ 是正确的选派方式，即派 p 和 s 参加。　■

也可以通过演算将 C 转化为一般的析取范式，再根据题目要求分析得到结果。为了简化，可以在演算过程中不断剔除不满足要求的合取式。

2.*用命题逻辑建立数学模型

对于大量的逻辑分析问题，命题逻辑是一种建立模型和分析模型的有效工具。其中，常见的一类是由一组陈述组成条件，要求分析出某个（些）原子命题的真假（参数的值）。

例 1-23 说明了利用（主）析取范式给出的一种一般性解法：因为每个条件为 1，从而所有条件的合取式 C 也为 1。将 C 转换为（主）析取范式，则每个合取式（小项）代表一个可能的答案（除非与条件矛盾）。当然，因为主析取范式由所有使公式为 1 的解释对应的小项所构成，因此，找出使 C 为 1 的解释也就代表着一种可能的答案。

例 1-24 一个岛上仅有两类人——骑士与无赖，二者分别只说真话和只说假话。某人登岛，遇到 A 和 B 两人。A 说 "B 是骑士"，B 说 "我们两个是两类人"。试判断 A 和 B 是什么人？

解 令 A 表示 "A 是骑士"，B 表示 "B 是骑士"，两句话构成的永真条件为

$$C_1 = (A \leftrightarrow B)$$
$$C_2 = (B \rightarrow \neg A) \wedge (\neg B \rightarrow \neg A)$$

于是，原问题可描述为 "求使 $C_1 \wedge C_2$ 为 1 的赋值"。因为

$$C_1 \wedge C_2 = (A \leftrightarrow B) \wedge (B \rightarrow \neg A) \wedge (\neg B \rightarrow \neg A) \Leftrightarrow M_{10} M_{01} \wedge M_{11} \Leftrightarrow m_{00}$$

故 A 与 B 都为 0 时 $C_1 \wedge C_2$ 为 1，即二人都是无赖。∎

例 1-25 三人猜测一项四人赛的结果。甲说 "C 第一，B 第二"；乙说 "C 第二，D 第三"；丙说 "A 第二，D 第四"。三人猜测结果都仅对了一半。问参赛选手取得的名次。

解 命题 "A 与 B 对了一半" 意指 $A \triangledown B$ 为 1。

令 A_i、B_i、C_i、D_i 分别表示 A、B、C、D 为第 i 名。三句话构成的条件均是两个命题的不可兼析取。于是，有

$$C = (C_1 \triangledown B_2) \wedge (C_2 \triangledown D_3) \wedge (A_2 \triangledown D_4)$$

因为不可兼析取命题仅在二者具有不同值时为 1，故使 C 为 1 的所有变元 $C_1 B_2 C_2 D_3 A_2 D_4$ 的解释共有 8 个，分别是 101010、101001、100110、100101、011010、011001、011001、010101，即

$$C \Leftrightarrow m_{101010} \vee m_{101001} \vee m_{100110} \vee m_{100101} \vee m_{011010} \vee m_{011001} \vee m_{011001} \vee m_{010101}$$

其中，只有 100110 符合题意，即 C 第一、D 第三、A 第二、B 第四，其他解释均存在矛盾，因为 101010 和 101001 都表示 C 第一且第二、100101 和 010101 都表示 D 第三且第四、011010、011001、011001 都表示 B 和 C 都是第二。∎

例 1-26 三位客人猜测小王从哪里来。甲说小王不是来自大连，而是上海；乙说小王不是来自上海，而是大连；丙说小王既非来自上海，也非杭州。小王说，你们三人中有一人说的全对，一人说对了一半，另一人说的全错。试分析小王来自哪里。

解 令 p、q、r 分别表示小王来自大连、小王来自上海、小王来自杭州。显然，甲、乙两人的猜测完全相反，必然一个全对，一个全错，而丙对错各半。若甲全对，命题组合条件描述为

$$C_1 = (\neg p \wedge q) \wedge (\neg q \triangledown \neg r) \Leftrightarrow (\neg p \wedge q) \wedge ((\neg q \wedge r) \vee (q \wedge \neg r)) \Leftrightarrow \neg p \wedge q \wedge \neg r$$

若乙全对，命题组合条件描述为

$$C_2 = (p \wedge \neg q) \wedge (\neg q \triangledown \neg r) \Leftrightarrow (p \wedge \neg q) \wedge ((\neg q \wedge r) \vee (q \wedge \neg r)) \Leftrightarrow p \wedge \neg q \wedge r$$

于是，完整的命题表述为

$$C_1 \vee C_2 \Leftrightarrow (\neg p \wedge q \wedge \neg r) \vee (p \wedge \neg q \wedge r)$$

很明显，小王不能既来自大连，又来自杭州，仅第一个小项符合题意，说明小王来自上海。∎

逻辑语言模型

条件 C_1 中既已假定 $\neg p \wedge q$ 为 1，不必再考虑永假式 $p \wedge \neg q$，条件 C_2 也类似。

思考与练习 1.6

习题导引

1-35 说明析取范式、合取范式、主析取范式、主合取范式的含义。

1-36 3 个命题变元组成的公式 $(p \vee \neg q \vee r) \wedge (\neg p \vee q \vee \neg r)$ 的主析取范式是什么？

1-37 任意两个小项组成的合取式的值是什么？任意两个大项组成的析取式的值是什么？

1-38 重言式与矛盾式的主合取范式与主析取范式各是什么？

1-39   求下述公式的析取范式和合取范式。

    (a) p (b) $p \vee \neg q$

    (c) $p \wedge r$ (d) $p \wedge (p \to q)$

    (e) $(\neg p \wedge q) \to r$ (f) $\neg (p \wedge q) \wedge (\neg p \to q)$

1-40   分别利用等价演算与真值表计算下述公式的主析取范式和主合取范式。

    (a) $(\neg p \wedge q) \wedge (q \to p)$ (b) $(\neg p \vee \neg q) \to (p \leftrightarrow q)$

    (c) $(\neg p \vee q) \to r$ (d) $(p \vee (q \wedge r)) \to (p \vee q \vee r)$

1-41   利用主析取范式和主合取范式如何判断公式的类型？根据你的回答计算并判断公式 $(p \to q) \vee (q \to r) \to (p \vee q \to r)$ 的类型。

1-42   若有 4 条指令，分别记作 p、q、r 和 s。一个应用中要选择执行其中的两条指令，但有如下制约条件：

    (a) 若执行 p，则 r 和 s 中只能执行一个；   (b) q 和 r 不能都执行；

    (c) 若执行 r 则不能执行 s。

问共有几种执行指令的方案？各是什么？

1-43   汤姆说珍妮在说谎，珍妮说弗洛伊德在说谎，弗洛伊德说汤姆、珍妮都在说谎。究竟谁说谎，谁说真话？

1-44   *编制程序，根据输入的命题公式自动计算主合取范式和主析取范式。

1.7 推 理 理 论

由前提利用推理规则得到其他命题，即形成结论的过程就是推理，这是研究逻辑的主要目标。

1.7.1 蕴含与论证

1. 推理与论证

[定义 1-23] 当且仅当 $p \to q$ 为永真式时，称为 p 蕴含 q（logical implication），记作 $p \Rightarrow q$，或 $p \vdash q$，或直接表述为 "$p \to q$ 是永真式"。此时，称 p 为前提，q 为 p 的有效结论或逻辑结论，也称为 q 可由 p 逻辑推出。由若干前提产生某个结论的过程称为推理，而针对特定的结论，得出此逻辑关系的过程称为论证。推理是完成论证的最常用方法。

[辨析] 由于仅在 p 为 1 而 q 为 0 时公式 $p \to q$ 为 0，可见，$p \to q$ 永真意味着不可能存在前提 p 为 1 而结论 q 为 0 的情况，或者说，若 $p \Rightarrow q$，则只要前提 p 为 1，结论 q 也一定为 1。因此，$p \Rightarrow q$ 也称为永真蕴含，即 p 永真蕴含 q。

所有逻辑推理的实质就是证明 $p \Rightarrow q$，也就是证明 $p \to q$ 为永真式。例如，以下是一个简单的初等数学证明题目：

若实数 $a > 0$，$b > 0$，证明 $a \cdot b > 0$。

如果记 p：$a > 0$，q：$b > 0$，r：$a \cdot b > 0$，则上述论证要求可描述为

$$p \wedge q \Rightarrow r$$

证明的目的是说明：若前提 $p \wedge q$ 正确，则结论 r 正确，即证明 $p \wedge q \to r$ 为永真式。

逻辑推理问题一般是由一组前提推断一个逻辑结论，此时的多个前提可写成合取式 $H_1 \wedge H_2 \wedge \cdots \wedge H_n$（简记为 $\bigwedge_{H_1, H_2, \cdots, H_n}$），或用逗号分隔的命题序列 $H_1, H_2, \cdots, H_n$，或命题集合 $\{H_1, H_2, \cdots, H_n\}$，论证要求可写作：

$$H_1 \wedge H_2 \wedge \cdots \wedge H_n \Rightarrow C, \text{ 或 } H_1, H_2, \cdots, H_n \Rightarrow C$$

$$H_1 \wedge H_2 \wedge \cdots \wedge H_n \vdash C, \text{ 或 } H_1, H_2, \cdots, H_n \vdash C$$

$$\{H_1, H_2, \cdots, H_n\} \Rightarrow C, \text{ 或 } \{H_1, H_2, \cdots, H_n\} \vdash C$$

在形式逻辑（演绎推理）中，前提总被认为是真的，从而推导出有效的结论，并不需要研究从假的前提能得到什么结论，且推理形式与前提的排列次序无关。尽管由前提 A 到结论 C 的推理一般记作 $A \vdash C$，如果推理是正确的，则可记作 $A \vDash C$。

应注意条件式的非对称性。一般称 $q \rightarrow p$ 为 $p \rightarrow q$ 的逆换式（逆命题），称 $\neg p \rightarrow \neg q$ 为 $p \rightarrow q$ 的反换式（反命题），它们均不等同于 $p \rightarrow q$。称 $\neg q \rightarrow \neg p$ 为 $p \rightarrow q$ 的逆反式（逆否命题），且有

$$p \rightarrow q \Leftrightarrow \neg q \rightarrow \neg p$$

由此可见，如果一个命题成立，其逆否命题也成立。反之亦然。

2．非形式化推理方法

通常，可以采用一些非形式化的方法进行推理论证。

(1) 真值表法，即列出公式 $H_1 \wedge H_2 \wedge \cdots \wedge H_n \rightarrow C$ 的真值表。若公式中所有行的真值全为 1 则得证。这种证明方法没有体现逻辑思维过程，在命题变元较多时也较困难。

(2) 条件式（假言判断）永真法，即说明不存在 $H_1 \wedge H_2 \wedge \cdots \wedge H_n$ 为 1 且 C 为 0 的情况。可以有两种叙述形式：

① 假定前提 $H_1 \wedge H_2 \wedge \cdots \wedge H_n$ 为 1，说明结论 C 必为 1。

② 假定结论 C 为 0，说明前提 $H_1 \wedge H_2 \wedge \cdots \wedge H_n$ 必为 0。

[辨析] 方法②类似于反证法，即假定结论不真，就会得出前提不真的结论。

例 1-27 证明 $\neg q \wedge (p \rightarrow q) \Rightarrow \neg p$。

证明

方法 1：采用形式①。假定前件 $\neg q \wedge (p \rightarrow q)$ 为 1。那么，$\neg q$ 和 $p \rightarrow q$ 都为 1。由前者知 q 为 0，再由后者知 p 为 0，故 $\neg p$ 为 1。结论成立。

方法 2：采用形式②。假定后件 $\neg p$ 为 0。于是，p 为 1。若 q 为 1，则 $\neg q$ 为 0，故 $\neg q \wedge (p \rightarrow q)$ 为 0。若 q 为 0，则 $p \rightarrow q$ 为 0，故 $\neg q \wedge (p \rightarrow q)$ 为 0。

总之，前件 $\neg q \wedge (p \rightarrow q)$ 为 0。结论成立。   ∎

例 1-28 用符号描述推理过程并验证论证的有效性：如果 6 是偶数，则 7 被 2 除不尽。或 5 不是素数，或 7 可被 2 除尽。但 5 是素数。所以 6 是奇数。

解 记 p：6 是偶数，q：7 可被 2 除尽，r：5 是素数，则推理过程可符号化为

$$p \rightarrow \neg q, \; \neg r \vee q, \; r \Rightarrow \neg p$$

假定前提为 1，则 $p \rightarrow \neg q$，$\neg r \vee q$ 和 r 都为 1。由 r 为 1 知 $\neg r$ 为 0，故 q 为 1，$\neg q$ 为 0。再由 $p \rightarrow \neg q$ 为 1 可知 p 为 0。于是，$\neg p$ 为 1。论证有效。   ∎

[辨析] 本章介绍的推理是演绎推理，就是根据前提判断的逻辑性质进行推演的推理，属于必然性推理，它的主要性质是在形式有效的情况下，如果前提真就必然能推出真结论。因此，"前提真实"和"形式有效"是保证演绎推理得到真实可靠结论的两个必要的条件。如果推理的前提不真实，即使推理形式有效，也不能保证得到真实的结论。

逻辑推理

(3) 消解法，粗略地说，就是当两个用析取式给定的条件中分别含有某个命题及其否定时，可以消去该命题的证明方法，即

$$\therefore p \vee q$$
$$\underline{\qquad \neg p \vee r \qquad}$$
$$\therefore q \vee r$$

因为 p 与 $\neg p$ 是相反的命题，当命题 $p \vee q$ 和 $\neg p \vee r$ 为 1 时，若 p 为 1，r 为 1；若 p 为 0，q 为 1，即总有 q 为 1 或 r 为 1。因此，$q \vee r$ 为 1。二者共同推理的结果 $q \vee r$ 消去了命题 p，此过程称为消解或归结（resolution）。此问题将在自然推理部分做进一步讨论，并被视为一条基本的推理规则。

例 1-29 证明蕴含关系 $(\neg p \rightarrow q) \wedge (p \rightarrow r) \Rightarrow q \vee r$ 成立。

证明 若 $(\neg p \rightarrow q) \wedge (p \rightarrow r)$ 为 1，则 $\neg p \rightarrow q$ 和 $p \rightarrow r$ 为 1。因为

$$\neg p \rightarrow q \Leftrightarrow p \vee q, \quad p \rightarrow r \Leftrightarrow \neg p \vee r$$

故 $p \vee q$ 和 $\neg p \vee r$ 都为 1。再利用消解原理即得 $q \vee r$ 为 1，结论成立。 ■

(4) 等值演算法（置换规则法），利用等价变换说明条件式为永真式。例如，通过演算可推出

$$((p \rightarrow \neg q) \wedge p) \rightarrow \neg q \Leftrightarrow 1$$

说明 $((p \rightarrow \neg q) \wedge p) \Rightarrow \neg q$。

(5) 主析取范式法，即说明条件式的主析取范式包含所有的小项。例如，因为

$$((p \rightarrow \neg q) \wedge p) \rightarrow \neg q \Leftrightarrow \bigvee_{\{0,1,2,3\}} \Leftrightarrow 1$$

说明 $((p \rightarrow \neg q) \wedge p) \Rightarrow \neg q$。

3．蕴含与等价的关系

由 $p \leftrightarrow q \Leftrightarrow (p \rightarrow q) \wedge (q \rightarrow p)$ 可知，蕴含和等价之间有与条件式和双条件式之间类似的关系。

[定理 1-10] 对任意的命题公式 p 和 q，$p \Leftrightarrow q$ 的充分必要条件是 $p \Rightarrow q$ 且 $q \Rightarrow p$。

证明 $p \Leftrightarrow q$ 等同于 $p \leftrightarrow q$ 为永真式，等同于 $(p \rightarrow q) \wedge (q \rightarrow p)$ 为永真式，等同于 $p \rightarrow q$ 和 $q \rightarrow p$ 都是永真式，也就等同于 $p \Rightarrow q$ 且 $q \Rightarrow p$。 ■

[辨析] 此定理是重要的基本逻辑常识，提供了一种证明命题公式等价的方法。

例 1-30 设 p、q、r 是任意命题公式，证明：

(1) 若 $p \Rightarrow q$ 且 p 是永真式，则 q 为永真式。

(2) 若 $p \Rightarrow q$ 且 $q \Rightarrow r$，则 $p \Rightarrow r$。

(3) 若 $p \Rightarrow q$ 且 $p \Rightarrow r$，则 $p \Rightarrow q \wedge r$ 且 $p \Rightarrow q \vee r$。

(4) 若 $p \Rightarrow r$ 且 $q \Rightarrow r$，则 $p \vee q \Rightarrow r$。

证明 (1)和(2)略，只证明(3)和(4)。

(3) 由条件知，$p \rightarrow q$ 和 $p \rightarrow r$ 是永真式。若 p 为 1，则 q 和 r 均为 1，即 $q \wedge r$ 和 $q \vee r$ 均为 1，故 $p \rightarrow (q \wedge r)$ 和 $p \rightarrow (q \vee r)$ 都是永真式。结论成立。

(4) 由条件知，$p \rightarrow r$ 和 $q \rightarrow r$ 为永真式，即 $\neg p \vee r$ 和 $\neg q \vee r$ 为永真式，从而 $(\neg p \vee r) \wedge (\neg q \vee r)$ 为永真式。又因为

$$(\neg p \vee r) \wedge (\neg q \vee r) \Leftrightarrow (\neg p \wedge \neg q) \vee r \Leftrightarrow \neg (p \vee q) \vee r \Leftrightarrow (p \vee q) \rightarrow r$$

故 $(p \vee q) \rightarrow r$ 为永真式。结论成立。 ■

1.7.2 自然推理系统

严格的论证过程可以采用自然推理系统或公理推理系统实现，这里仅介绍自然推理系统。这种推理的基本思想是，不引入公理，仅依据事先确定的一些推理规则，从前提出发，利用推理规则构造出严格的命题序列，推导出最终的结论。由于这种推理较符合人们的日常思维习惯，故称

为自然推理，也称为构造证明法、演绎法或形式证明。这种方法常用于机器自动证明。

1．推理定律

一些重要的逻辑规律如交换律、结合律、德·摩根律等是基本常识，是构成推理的基础。表 1-5 中列出了最基本的等价关系。

为了完成推理，我们还需要承认一些经过验证的简单逻辑关系，以此作为公认的推理规则，而不是所有推理都从零做起。例如，考虑如下的思维（论证）过程：

(1) 如果你有口令，那么，你就能登录系统。

(2) 你有了口令。

(3) 因此，你能登录系统。

如果用 p 表示"你有口令"，q 表示"你能登录系统"，则上述论证过程可描述为

$$\because p \to q$$
$$\underline{\hspace{2cm} p \hspace{2cm}}$$
$$\therefore q$$

这种论证的实质是说，如果有 $p \to q$ 和 p 都为 1 的前提，必有 q 为 1 的结论，故可以用蕴含关系简化描述为

$$p, p \to q \Rightarrow q$$

或

$$p \wedge (p \to q) \Rightarrow q$$

这样的一组基本蕴含关系被确定为可直接应用的推理规则，参见表 1-8。

表 1-8

序号	蕴含关系	含义
I_1	$p \wedge q \Rightarrow p$	化简律（联言推理，分解式）
I_2	$p \wedge q \Rightarrow q$	
I_3	$p \Rightarrow p \vee q$	附加律
I_4	$q \Rightarrow p \vee q$	
I_5	$\neg p \Rightarrow p \to q$	
I_6	$q \Rightarrow p \to q$	
I_7	$\neg(p \to q) \Rightarrow p$	
I_8	$\neg(p \to q) \Rightarrow \neg q$	
I_9	$p, q \Rightarrow p \wedge q$	合取引入（联言推理，合成式）
I_{10}	$\neg p, p \vee q \Rightarrow q$	析取三段论（选言推理）
I_{11}	$p, p \to q \Rightarrow q$	假言推理
I_{12}	$\neg q, p \to q \Rightarrow \neg p$	拒取式
I_{13}	$p \to q, q \to r \Rightarrow p \to r$	假言三段论
I_{14}	$p \leftrightarrow q, q \leftrightarrow r \Rightarrow p \leftrightarrow r$	等价三段论
I_{15}	$p \to r, q \to s, p \vee q \Rightarrow r \vee s$	构造性二难
I_{16}	$p \to r, q \to s, \neg r \vee \neg s \Rightarrow \neg p \vee \neg q$	破坏性二难
I_{17}	$p \to q \Rightarrow (p \vee r) \to (q \vee r)$	
I_{18}	$p \to q \Rightarrow (p \wedge r) \to (q \wedge r)$	
I_{19}	$p \to q, p \to r \Rightarrow p \to (q \vee r)$	
I_{20}	$p \to q, p \to r \Rightarrow p \to (q \wedge r)$	
I_{21}	$(\neg p \vee q) \wedge (p \vee r) \Rightarrow q \vee r$	消解律

表 1-5 和表 1-8 中的 E 和 I 分别表示基本等价和蕴含关系。表中的序号没有意义，但要分清是 I 还是 E。定律的名字能知道更好，真正的要求是理解后记住中间列的蕴含或等价关系，即推理定律，也可称蕴含式为推理规则（Rules of Inference），称等价式为推理定律（laws）。

简言之，之所以推理定律能用于推理过程，其原因是，若公式 p 为 1，且有 $p \Rightarrow q$ 或 $p \Leftrightarrow q$，那么，一定可以推出 q 为 1。因此，在推理过程中，推理定律可不加证明地引用。

[辨析] 表 1-8 的蕴含关系前提中的逗号（如 I_9）表示两个命题可能在不同的步骤上推得，可能是前提，也可能是中间结论，都是已知的真命题。

[辨析] 表 1-8 所列的基本关系中的肯定形式与否定形式同样有效，如"$\neg p \Rightarrow p \rightarrow q$"成立，则"$p \Rightarrow \neg p \rightarrow q$"也成立。

表 1-8 中的消解律已由例 1-29 证明。这是一个非常有用的规则，不仅可用于一般推理过程，还可以独自建立一种消解证明法。特别地，析取三段论可被视为消解规则的特例。

2. 推理规则与直接证法

形式逻辑推理的本质是说明一个蕴含关系，或者说，总假定前提是真的，再利用表 1-5 和表 1-8 所列的基本等价和蕴含关系，说明结论也为真就完成了推理。这种推理就是"因为+所以"组成的步骤，只是每次的"所以"都要由推理定律来保证，且形式上应尽量严格。

为了理解形式推理，这里考虑一个初等数学问题的证明过程：若 n 是偶数，则 n^2 也是偶数。

① $\because n = 2m$　　　　　　　　　　前提（m 是一个整数）
② $\therefore n^2 = (2m)^2$　　　　　　　　①推理定律：$x^2 = x \cdot x$，$x = y \Rightarrow x \cdot z = y \cdot z$，乘法结合律
③ $\therefore n^2 = 4m^2$　　　　　　　　②推理定律：$x^2 = x \cdot x$，乘法交换律和结合律
④ $\therefore n^2 = 2(2m^2)$　　　　　　③推理定律：乘法结合律
⑤ $\therefore n^2$ 是偶数　　　　　　　④推理定律：若 x 是整数则 $2x$ 是偶数

作为数学证明，上述过程不过是对一般证明过程的严格形式化，特别强调每得到一个论断都要由公认的定律来保证。右侧的注解说明了推理规则和引用的定律。很明显，如果任何一条推理定律不能得到认可，则推理过程将无法继续。

在推理过程中，前提总被认为是真的，而利用推理定律得到的等式就是部分结论，自然也是真的。

命题逻辑的形式推理过程与上述论证过程一致，仅是所涉及的运算（联结词）和定律不同。

例 1-31　证明 $a \rightarrow b, \neg(b \vee c) \Rightarrow \neg a$。

证明

① $\because \neg(b \vee c)$ 为 1　　　　　　前提引入
② $\therefore \neg b \wedge \neg c$ 为 1　　　　　①德·摩根律
③ $\therefore \neg b$ 为 1　　　　　　　　②化简律
④ $\because a \rightarrow b$ 为 1　　　　　　　前提引入
⑤ $\therefore \neg a$ 为 1　　　　　　　　③④拒取式　　　　　　　■

此证明过程进一步说明了一个命题由哪些命题推证而来，形式上还可适当简化：

(1) 推理过程中能够引入的命题公式都应是真的，故"a 为 1"写成"a"就好；

(2) 除了前提，所有的中间命题都是"所以"，不必再标记"$\because$"和"$\therefore$"；

(3) 推理定律名可不记忆，只要标记出采用等价关系还是蕴含关系（推理定律）即可。

上述推理中仅包含两类引入真命题的形式,可以概括为以下 2 条推理规则:

[1] P 规则。前提引入规则,指在证明的任何步骤都可引入前提。

[2] T 规则。推理定律引用规则,指在证明过程中,如一个或几个公式满足推理定律,则其结论(由表 1-8 确定)或等价公式(由表 1-5 确定)可引入。

[辨析] P 和 T 分别是前提(premise)和重言、蕴含(tautology)的意思。

利用 P 规则、T 规则和置换规则(定理 1-2)实现的证明方法称为 "直接证明法"。

采用直接证法重新写出的证明过程由序号、真命题和理由 3 列组成(下述证明过程中最后添加的列用于解释,实际证明时是不需要的):

证明

①	$\neg(b \vee c)$	P	前提为真($\because$)
②	$\neg b \wedge \neg c$	T① E	由前提①利用等价关系得到的命题为真($\therefore$)
③	$\neg b$	T② I	由结论②利用蕴含关系得到的命题为真($\therefore$)
④	$a \rightarrow b$	P	前提为真($\because$)
⑤	$\neg a$	T③④ I	由结论③和前提④利用蕴含关系得到的命题为真($\therefore$)

这样一来,推理形式变得简单且严格,其中的 E 和 I 分别用来表示等价和蕴含关系。

3. 直接证法示例

例 1-32 证明 $(p \vee q) \wedge (p \rightarrow r) \wedge (q \rightarrow s) \Rightarrow s \vee r$。

证明

证法 1:

①	$p \vee q$	P
②	$\neg p \rightarrow q$	T① E
③	$q \rightarrow s$	P
④	$\neg p \rightarrow s$	T②③ I
⑤	$\neg s \rightarrow p$	T④ E
⑥	$p \rightarrow r$	P
⑦	$\neg s \rightarrow r$	T⑤⑥ I
⑧	$s \vee r$	T⑦ E

证法 2:

①	$p \rightarrow r$	P
②	$(p \vee q) \rightarrow (r \vee q)$	T① I
③	$q \rightarrow s$	P
④	$(q \vee r) \rightarrow (s \vee r)$	T③ I
⑤	$(p \vee q) \rightarrow (q \vee r)$	置换规则② E
⑥	$(p \vee q) \rightarrow (s \vee r)$	T④⑤ I
⑦	$p \vee q$	P
⑧	$s \vee r$	T⑤⑥ I

例 1-33 证明 $(p \vee q) \rightarrow v, v \rightarrow (r \vee s), s \rightarrow u, \neg r \wedge \neg u \Rightarrow \neg p$。

证明

| ① | $\neg r \wedge \neg u$ | P |

② ┐ u	T① I
③ $s \to u$	P
④ ┐ s	T②③ I
⑤ ┐ r	T① I
⑥ ┐ $r \wedge$ ┐ s	T④⑤ I
⑦ ┐$(r \vee s)$	T⑥ E
⑧ $v \to (r \vee s)$	P
⑨ ┐ v	T⑦⑧ I
⑩ $(p \vee q) \to v$	P
⑪ ┐$(p \vee q)$	T⑨,⑩ I
⑫ ┐ $p \wedge$ ┐ q	T⑪ E
⑬ ┐ p	T⑫ I ■

4．间接证法

一些题目仅依靠直接证法比较困难，这里再引入 2 个新的推理规则：不相容规则和 CP 规则。如果一个证明过程采用了其中的某一个规则即称为间接证法。

[3] 不相容规则。结论的否定可以作为附加前提引入，其结果与前提将是不相容的。

不相容规则可解释为反证法（或称归谬法）：若推理 $A \Rightarrow C$ 成立，意味着前提 A 为真时结论 C 必然为真。若假定结论 C 不真，即 ┐ C 为真，就一定会推出矛盾，也就是得到一个永假式（矛盾式），称之为 ┐ C 与前提 A 是不相容的。这里的 "┐ C" 是作为一个附加前提（不是原始前提）引入的。

例 1-34　证明 $p \to q$，┐$(q \vee r) \Rightarrow$ ┐ p。

证明

① $p \to q$	P
② p	P（附加前提）
③ q	T①② I
④ ┐$(q \vee r)$	P
⑤ ┐ $q \wedge$ ┐ r	T④ E
⑥ ┐ q	T⑤ I
⑦ $q \wedge$ ┐ q（矛盾）	T③⑥ I ■

步骤②就是采用反证法所引入的附加前提。当然，也可以用 ┐ ┐ p 作为附加前提，只是需要多用一次双重否定律。步骤⑦推出了一个不相容的命题，即一个矛盾式，这就说明了 "假定结论不真" 是错的。

例 1-35　证明 $(p \vee q) \to (r \wedge s)$，$(s \vee u) \to v \Rightarrow$ ┐ $p \vee v$。

证明

① ┐$($ ┐ $p \vee v)$	P（附加前提）
② ┐ ┐ $p \wedge$ ┐ v	T① E
③ ┐ ┐ p	T② I
④ p	T③ E
⑤ $p \vee q$	T④ I

⑥	$(p \lor q) \to (r \land s)$	P
⑦	$r \land s$	T⑤⑥ I
⑧	s	T⑦ I
⑨	$s \lor u$	T⑧ I
⑩	$(s \lor u) \to v$	P
⑪	v	T⑨⑩ I
⑫	$\neg v$	T② I
⑬	$v \land \neg v$（矛盾）	T⑪⑫ I ■

[4] CP（Conditional Proof）规则。若证明 $A \Rightarrow B \to C$，B 可作为附加前提引入。

沿用一般的说法，A 为大前提，B 为小前提（即含在结论中的前提），那么，小前提可以与大前提同样使用。这里的原因是：

$$A \to (B \to C) \Leftrightarrow \neg A \lor (\neg B \lor C) \Leftrightarrow \neg(A \land B) \lor C \Leftrightarrow (A \land B) \to C$$

可见，证明 $A \Rightarrow B \to C$ 等同于证明 $A \land B \Rightarrow C$，故小前提 B 等同于大前提。

[辨析] CP 规则只应用于结论为条件式的特殊问题，也称为"条件规则"或"条件证明"。

例 1-36   证明 $p \to (q \to u), \neg v \lor p, q \Rightarrow v \to u$。

证明

①	v	P（附加前提）
②	$\neg v \lor p$	P
③	p	T①② I
④	$p \to (q \to u)$	P
⑤	$q \to u$	T③④ I
⑥	q	P
⑦	u	T⑤⑥ I
⑧	$v \to u$	CP ■

因为结论为条件式，步骤①引入了小前提 v 作为附加前提，推导出结论 u。步骤⑧只是重写了一遍真实的结论以说明采用了 CP 规则。

[辨析] 何时采用间接证法？观察结论，如果论证呈现如下形式：

① $A \Rightarrow C$。结论是简单命题，可用反证法，引入条件为 $\neg C$；

② $A \Rightarrow B \lor C$。结论为析取式，可用反证法，引入条件为 $\neg(B \lor C)$，可推出结论 $\neg B$ 和 $\neg C$；

理解推理规则

③ $A \Rightarrow B \to C$。结论为条件式，可用反证法或 CP 规则。若用反证法，引入条件为 $\neg(B \to C)$，可推出结论 B 和 $\neg C$；若用 CP 规则，引入条件 B。

若结论是 $A \to B \to C$，可逐次使用 CP 规则引入 A 和 B。也可以用反证法。

例 1-37   如果张兴哲努力学习，他就会取得好成绩。若他贪玩或不按时写作业，就不能取得好成绩。所以，如果张兴哲努力学习，他一定不贪玩且按时完成作业。

解   记 p：张兴哲努力学习，q：张兴哲取得好成绩，r：张兴哲贪玩，s：张兴哲按时完成作业。则论证要求可符号化为

$$p \to q, (r \lor \neg s) \to \neg q \Rightarrow p \to (\neg r \land s)$$

①	p	P（附加前提）

② $p \to q$ P

③ q T①② I

④ $(r \lor \lnot s) \to \lnot q$ P

⑤ $\lnot(r \lor \lnot s)$ T③④ I

⑥ $\lnot r \land s$ T⑤ E

⑦ $p \to (\lnot r \land s)$ CP ∎

由步骤⑤直接得到结论 $\lnot r \land s$ 而不是 $\lnot r \land \lnot \lnot s$，后者在不允许置换规则时还需要展开：

⑥ $\lnot r \land \lnot \lnot s$ T⑤ E

⑦ $\lnot r$ T⑥ I

⑧ $\lnot \lnot s$ T⑥ I

⑨ s T⑧ E

⑩ $\lnot r \land s$ T⑦⑨ I

可见，直接采用否定形式有利于简化推理过程。

5. *消解法

前文的不相容规则说明，若论证 $A \Rightarrow C$ 有效，$A \land \lnot C$ 必然是矛盾式。消解规则提供了一种证明其为矛盾式的形式方法（即消解法是一种反证法）。在此方法中，一个原子与其否定称为互补文字，两个分别含有互补文字的子句 $C_1 = p \lor q$ 和 $C_2 = \lnot p \lor r$ 称为互补对，依据消解规则可得到消解（归结）结果 $q \lor r$ 和 r，称为消解式，记作 $\text{Res}(C_1, C_2)$。

特别地，因 $p \Leftrightarrow p \lor 0$，$\lnot p \Leftrightarrow \lnot p \lor 0$，有 $\text{Res}(p, \lnot p \lor r) = r$，$\text{Res}(p, \lnot p) = 0$。

具体证明步骤为：

(1) 将 $A \land \lnot C$ 转化为合取范式；

(2) 将合取范式的所有子句构成一个集合 Σ；

(3) 对 Σ 中的互补对进行消解，并将消解式加入集合 Σ。反复消解，直到得到矛盾式。

此方法通常被称为消解原理（resolution principle）。

例 1-38 证明 $p \to q, q \to r \Rightarrow p \to r$。

证明 首先，将前提和结论的否定做合取，并转换为合取范式：
$$(\lnot p \lor q) \land (q \to r) \land \lnot(\lnot p \lor r) \Leftrightarrow (\lnot p \lor q) \land (\lnot q \lor r) \land p \land \lnot r$$

其次，将子句构成集合
$$\Sigma = \{\lnot p \lor q,\ \lnot q \lor r,\ p,\ \lnot r\}$$

最后，实施消解

① $\lnot p \lor q$ P $\Sigma = \{\lnot p \lor q,\ \lnot q \lor r,\ p,\ \lnot r\}$

② p P $\Sigma = \{\lnot p \lor q,\ \lnot q \lor r,\ p,\ \lnot r\}$

③ q ①②消解 $\Sigma = \{\lnot p \lor q,\ \lnot q \lor r,\ p,\ \lnot r, q\}$

④ $\lnot q \lor r$ P $\Sigma = \{\lnot p \lor q,\ \lnot q \lor r,\ p,\ \lnot r, q\}$

⑤ r ③④消解 $\Sigma = \{\lnot p \lor q,\ \lnot q \lor r,\ p,\ \lnot r, q, r\}$

⑥ $\lnot r$ P $\Sigma = \{\lnot p \lor q,\ \lnot q \lor r,\ p,\ \lnot r, q, r\}$

⑦ $\square$ ⑤⑥消解（矛盾式） $\Sigma = \{\lnot p \lor q,\ \lnot q \lor r,\ p,\ \lnot r, q, r, \square\}$ ∎

最后的 $\square$ 表示空，由 r 和 $\lnot r$ 消解得到，也可直接记作矛盾式 0。

很明显，消解法证明过程中仅使用消解规则，尽管每次将消解式加入集合 Σ 会导致其元素增多，但因为规则简单，非常适合于机器实现。因此，消解法是机器自动证明定理的有效手段。

[拓展] 命题逻辑在案件审理、有限情况判定、排队论和电路设计等许多方面具有广泛的应用。不过，应注意不同书籍在自然推理系统中采用的规则、名词存在着一定差异[4-5,9,13-15]。

思考与练习 1.7

知识导图
命题逻辑

习题导引

1-45 解释命题蕴含的含义并说明其与命题等价的关系。

1-46 条件式 $p \to q$ 的逆换式、反换式和逆反式各是什么？

1-47 用不构造真值表的非形式方法证明下述推理。

(a) $p \to q \Rightarrow p \to (p \land q)$
(b) $p \to \neg q,\ \neg r \to p,\ q \Rightarrow r$

(c) $p \Rightarrow \neg p \to q$
(d) $(p \land q) \to s,\ \neg r,\ \neg s \lor r \Rightarrow \neg p \lor \neg q$

1-48 验证下述推理是否正确。

(a) 若一个数为实数，则它是复数。若一个数为虚数，则它也是复数。一个数既不是实数，又不是虚数，所以它不是复数。

(b) 若一个数为复数，仅当它是实数或虚数。一个数既不是实数，又不是虚数，所以它不是复数。

1-49 自然推理系统中的 T 规则的含义是什么？为什么此规则是有效的呢？

1-50 用自然推理系统证明下述推理。

(a) $\neg (p \land \neg q),\ \neg q \lor r,\ \neg r \Rightarrow \neg p$
(b) $p \to (q \lor r),\ (s \lor t) \to p,\ s \lor t \Rightarrow q \lor r$

(c) $p \land q,\ (p \leftrightarrow q) \to (r \lor s) \Rightarrow s \lor r$
(d) $p \to q,\ (\neg q \lor r) \land \neg r,\ \neg(\neg p \land s) \Rightarrow \neg s$

(e) $\neg p \lor q,\ r \to \neg q \Rightarrow p \to \neg r$
(f) $p \to \neg q,\ p \lor r,\ \neg r,\ \neg s \leftrightarrow q \Rightarrow s$

(g) $p \to q,\ (q \land \neg r) \to s \Rightarrow (\neg r \land \neg s) \to \neg p$

1-51 只要罗杰曾去过档案室，且午夜 12 点前没离开，一定是他盗走了档案。罗杰去过档案室。如果罗杰午夜 12 点前离开，会被保安看见。保安没看见他。你能肯定罗杰偷走了档案吗？

1-52 用自然推理系统证明论证的有效性：如果小红和小兰去上自习，则小龙也去。已知小芳不去上自习或小红去上自习，且小兰和小芳已经去上自习了，所以小龙也去上自习了。

1-53 用消解原理证明习题 1-50(e)。

第2章　谓词逻辑

　　命题逻辑主要研究命题及其演算方法，将原子命题作为基本单位而不再分解，但原子命题没有反映命题内部的逻辑结构，故命题逻辑是一种比较"粗糙"的逻辑，一些常见的简单论断也无法用命题逻辑进行推证。例如，著名的苏格拉底三段论：所有人都是要死的，苏格拉底是人，所以苏格拉底是要死的。

　　类似地还有亚里士多德三段论：所有人都是必死的，希腊人都是人，所以希腊人都是必死的。

　　很明显，上述论断的各命题中包含着重复的概念如"人""苏格拉底""希腊人"，以及性质"是人""是要死的"等，但命题逻辑不能反映出这些内涵，仅可符号化为

$$p \wedge q \Rightarrow r$$

　　对于任意的命题 p、q 和 r，这是荒谬的，不可证明的。

　　建立谓词逻辑的目的是将原子命题进一步拆分成个体词、谓词和量词等非命题成分，研究这些内部成分的逻辑关系和规律。或者说，谓词逻辑将命题逻辑作为子系统，集中研究由非命题成分组成的命题形式和量词的逻辑性质与规律。本章只讨论包含个体谓词和个体量词的谓词逻辑，称为一阶谓词逻辑，简称一阶逻辑，又称为狭义谓词逻辑。

　　第一个完整谓词逻辑系统是由德国逻辑学家 G.弗雷格（Gottlob Frege）在 1879 年建立的。

2.1　谓词、个体词与量词

2.1.1　个体词和谓词

　　一个简单命题通常是对思维对象（即客体）是否具有某种属性或多个对象之间是否存在某种关系的判定。

　　例如，"钱学森是科学家""华罗庚是科学家""袁隆平是科学家""屠呦呦是科学家"，命题逻辑将这些陈述都表示为原子命题，而实际上，这些命题只是思考的对象不同，所判定的性质"是科学家"完全相同。"姚宁要喝水""刘平要喝水""李明要喝水""所有人都要喝水"是类似的简单命题，这里的"所有"表示数量。

　　为了能进行更细致的刻画，谓词逻辑将简单命题分为两部分，即个体词与谓词，并对个体词的数量进行区分，核心概念包括个体词、谓词及量词。

1. 个体词

[定义 2-1] 判断中可以独立存在的具体或抽象的对象，或者说客体称为个体词（individual）。

　　个体词是思维中要考虑的对象，如人、苏格拉底、3、x、思想和意识等。在一个命题中，个体词可能参与如下两类判断：

　　(1) 只有一个个体词时，命题刻画的是个体词的性质。

　　例 2-1　说明命题中的个体词和判断的性质。

　　(1) 花是红的。

(2) $\sqrt{2}$ 是无理数。

(3) 这台连接到本校的计算机运行正常。

(4) 屠呦呦因青蒿素的研究成果而获得了诺贝尔奖。

(5) 有端正的态度是取得成功的前提。

解 这些命题中的个体词包括具体的物、人和事，如花、$\sqrt{2}$、这台连接到本校的计算机和屠呦呦。"有端正的态度"可认为是抽象的概念（事物）。 ■

这里的"性质"也可以解释成"属性"，"$\sqrt{2}$ 是无理数"就是指 $\sqrt{2}$ 具有无理数的属性。

(2) 含有 2 个以上的个体词时，命题刻画的是个体词之间的关系。

例 2-2 说明命题中的个体词和思维判断的个体之间的关系。

(1) 姚宁比李明个子高。

(2) 兔子比乌龟跑得快。

(3) 5 介于 2 和 8 之间。

解 这些命题中分别有 2 个和 3 个个体词，包括姚宁和李明、兔子和乌龟、5 和 2 及 8。表示个体关系的词包括"比⋯⋯个子高""比⋯⋯跑得快""介于⋯⋯和⋯⋯之间"。 ■

通常，用小写字母表示个体词。一个代表固定个体的符号称为个体常量，没有固定指代的个体符号称为个体变元。

个体变元的取值范围称为个体域（domain of individual）或论域（universe），用 $\mathscr{D}$（domain）表示，一般是一个集合。例如，对于命题"所有有理数都是实数"，可令论域 $\mathscr{D}$ 为实数集，当讨论学生的成绩时可令论域 $\mathscr{D}$ 为全体学生组成的集合。

在没有指明个体域时，表示个体域是由世间万物所组成的集合，称为全总个体域，简称全体域或全域。

2．谓词

[定义 2-2] 判断中描述个体词的性质或相互关系的词称为谓词（predicate）。

简单讲，原子命题中除个体词和数量词外的部分就是谓词。可见，个体词和谓词基本就是一个句子的主语和谓语。例如，"是红的""比⋯⋯个子高"都是谓词。不过，因为缺少思维的对象，需要在谓词上添加个体变元才能使含义表示完整，如"x 是红的"和"x 比 y 个子高"等，这里的 x、y 表示个体变元。

谓词一般用大写字母（或词）表示，其中用泛指的个体变元表示思维对象，例如：

(1) $R(x)$：x 是红的。　　　　　　(2) $I(x)$：x 是无理数。

(3) $H(x)$：x 运行正常。　　　　　(4) $N(x)$：x 因青蒿素的研究成果而获得了诺贝尔奖。

(5) $P(x)$：x 是取得成功的前提。　(6) $T(x, y)$：x 比 y 个高。

(7) $F(x, y)$：x 比 y 跑得快。　　(8) Between(z, x, y)：z 介于 x 和 y 之间。

将个体变元用固定个体代替就可表示出前述的简单命题，如 N(屠呦呦)、P(有端正的态度)和 F(兔子, 乌龟)等。

[辨析] 如果引入谓词 $N(x, y)$：x 因青蒿素的研究成果而获得 y，则"屠呦呦因为青蒿素的研究成果而获得了诺贝尔奖"也可以描述为

$$N(屠呦呦，诺贝尔奖)$$

上述讨论中的所有谓词如 $R(x)$、$F(x, y)$ 等都具有数学函数形式，故也称为命题函数或简单命题函数，其中的"R：是红的"和"F：比⋯⋯跑的快"才是谓词，x 和 y 是个体变元。为了简

单，我们仍直接称 $R(x)$、$F(x,y)$ 为谓词。因此，谓词与命题函数是相同的含义，都代表着一个包含 n 个个体变元的谓词，如 $A(x_1, x_2, \cdots, x_n)$。

谓词中个体变元的数量称为谓词的元数，故 $A(x_1, x_2, \cdots, x_n)$ 为 n 元谓词，$R(x)$、$F(x,y)$ 和 Between(z,x,y) 分别是一元、二元和三元谓词。这些谓词都有固定的指代，称为谓词常项。如果只说明符号 $A(x_1, x_2, \cdots, x_n)$ 是一个 n 元谓词则称为谓词变项。

[辨析] n 元谓词 $A(x_1, x_2, \cdots, x_n)$ 的个体词变元可能具有不同的论域 $\mathscr{D}_1$、$\mathscr{D}_2$、$\cdots$、$\mathscr{D}_n$。为了简化问题，通常假定它们是相同的。

3. 用特殊个体词构成谓词填式

谓词是命题吗？一般不是。一个 n 元谓词中含有 n 个个体词变元，无法确定其值，这如同函数一般不代表一个值一样。

[定义 2-3] 在谓词中将个体词变元用固定的个体词部分或全部代替得到的谓词称为谓词填式。这种做法就是将个体词特殊化。

例如，$R(花)$、$F(兔子,y)$、Between$(5,x,y)$、Between$(5,2,y)$、Between$(5,2,8)$ 都是谓词填式。但是，$R(花)$ 和 Between$(5,2,8)$ 中已不存在个体词变元，称为 0 元谓词。此时，它们已转化为命题。其他谓词仍含有个体词变元，还不是命题。

又如，谓词 $P(x)$ 表示 $x^2 > x$，论域为实数集合。那么，$P(x)$ 不是命题，但谓词填式 $P(2)$ 和 $P(1)$ 分别表示命题 "4>2" 和 "1>1"，其真值分别为 1 和 0。

[辨析] 将一个谓词的个体词变元固定为具体的个体词使之成为 0 元谓词就转化为命题。换言之，构造 0 元谓词填式就是指定一个命题函数的自变量，使其成为一个固定的命题（值）。

谓词填式

2.1.2　量词与量化

为了使谓词成为命题，可以采取两种办法，分别是对个体词的特殊化和对个体词进行数量限制。特殊化个体词就是前文讨论的谓词填式，而用量词对个体词进行量化可以包括全部和部分两类。

例如，令 $M(x)$ 表示 x 取得了优异的学习成绩。通过下述方法可将 $M(x)$ 转化为命题：

(1) 限制个体词数量为全部，例如，所有学生取得了优异的学习成绩。

(2) 限制个体词数量仅为部分，例如，有的学生取得了优异的学习成绩。

在谓词逻辑中一般只引入两个表示数量的词，称为数量词或简称为量词（quantifier）。

1. 全称量词（universal quantifier）

[定义 2-4] 全称量词符 $\forall$，含义是 "所有的""全部的""任意一个""每一个""凡是""都""一切的"（for all, for every, for each, for any, for arbitrary）。$\forall x$ 称为全称量词，称 x 为量词（符）$\forall$ 的指导变元或作用变元。

例 2-3　用符号表示下述命题：

(1) 所有人都是要呼吸的。

(2) 每个学生都要参加考试。

(3) 任何非零整数或是正的或是负的。

(4) 对任意实数 x，有 $(x+1)^2 = x^2 + 2x + 1$。

解　设(1) $M(x)$：x 是人，$B(x)$：x 是要呼吸的；

(2) $S(x)$：x 是学生，$T(x)$：x 要参加考试；

(3) $I(x)$：x 是非零整数，$P(x)$：x 是正数，$N(x)$：x 是负数；

(4) $R(x)$：x 是实数。

因为没有特殊说明，故所有命题的论域 $\mathscr{D}$ 为全总个体域。上述命题可表示为

(1)　$\forall x(M(x) \to B(x))$　　　　　　　(2)　$\forall x(S(x) \to T(x))$

(3)　$\forall x(I(x) \to (P(x) \veebar N(x)))$　　　(4)　$\forall x(R(x) \to ((x+1)^2 = x^2 + 2x + 1))$ ■

当然，也可以用一个谓词符号代替(4)中的等式，如 $E(x)$：$(x+1)^2 = x^2 + 2x + 1$。

2．存在量词（existential quantifier）

[定义 2-5] 存在量词符 ∃，含义是"存在一些""至少有一个""有的"（for some，for at least one，there is，there exists）。∃x 称为存在量词，称 x 为量词（符）∃ 的指导变元或作用变元。

例 2-4　用符号表示下述命题：

(1) 存在一个数是质数，论域为数的集合。

(2) 有的人聪明。

(3) 有些邮件含有木马。

(4) 有实数 x，使得 $2x = 1$。

解　设(1) $P(x)$：x 是质数；

(2) $M(x)$：x 是人，$C(x)$：x 是聪明的；

(3) $E(x)$：x 是邮件，$H(x)$：x 含有木马；

(4) $R(x)$：x 是实数，$E(x)$：$2x = 1$。

除(1)外，所有命题的论域都为全总个体域。上述命题可表示为

(1)　∃$xP(x)$　　　(2)　∃$x(M(x) \land C(x))$　　　(3)　∃$x(E(x) \land H(x))$　　　(4)　∃$x(R(x) \land E(x))$ ■

[辨析] 符号化结果与论域 $\mathscr{D}$ 有关。例如，如果 $\mathscr{D}$ 是人的集合，则(2)可写成∃$xC(x)$。

[辨析] 全称量词使用联结词→，存在量词使用联结词∧，不能互换。此外，量词符∀和∃分别代表着 All 和 Exist 的首字母，只是书写时换了个方向。

由联结词、量词与简单命题函数组成的表达式称为"谓词公式"或"复合命题函数"。事实上，谓词公式可以仿照命题公式来定义，只是要增加对量词∀和∃的描述，即需要肯定 $\forall xP(x)$ 和 ∃$xP(x)$ 都是谓词公式。

为了减少括号的数量，约定量词的优先级高于所有联结词的优先级，即 $\forall xP(x) \land Q(x)$ 表示 $\forall xP(x)$ 与 $Q(x)$ 合取，与 $\forall x(P(x) \land Q(x))$ 不等同。同时，$\forall x(P(x))$ 中的圆括号可省略，写作 $\forall xP(x)$，因为谓词 $P(x)$ 本身是一个不可拆分的整体。

[辨析] 命题逻辑是最基本的逻辑思维形式。谓词或者说命题函数通常含有未知的量（个体变元），不是命题，用命题逻辑无法直接处理。通过谓词填式或用量词量化就可以将其转换成命题，进而利用命题逻辑完成推理。因此，谓词逻辑是建立在命题逻辑之上的"高层"逻辑。

思考与练习 2.1

习题导引

2-1　个体域（论域）、全总个体域的含义是什么？

2-2　在谓词逻辑中，数量词"有一个""有一些""仅有一个"是一样的含义吗？

2-3　找出下述命题中的个体常量、谓词和量词，并用符号表示出来。

(a) 姚明曾是 NBA 球星。   (b) $\sqrt{3}$ 是无理数。

(c) 团结就是力量。   (d) 猫喜欢吃鱼。

(e) 所有有理数都是实数。   (f) 有的人聪明。

(g) 并非所有人都聪明。

2-4　谓词是命题吗？什么样的谓词是命题？

2-5　你注意到了全称量词 $\forall x$ 和存在量词 $\exists x$ 在表示命题时使用的联结词不同吗？举例说明为什么？

2.2　谓词逻辑的命题翻译

由于谓词有谓词填式和量词量化两种转换为命题的方法，实际中也有两类命题需要翻译。

2.2.1　特殊化个体词的命题

当命题中的个体词是固定对象时，不需要关心个体域，只要刻画出表示个体词的性质或个体词之间关系的谓词，并构成谓词填式即可。

例 2-5　用谓词逻辑符号化下述命题：

(1) 苏格拉底是人。   (2) 姚宁比李明个子高。

(3) 5 介于 2 和 8 之间。   (4) 若 m 是正数，则 $-m$ 是负数。

(5) 这只大红书柜摆满了那些古书。

解　记 $M(x)$：x 是人；

$T(x, y)$：x 比 y 个子高；

$Between(z, x, y)$：z 介于 x 和 y 之间；

$P(x)$：x 是正数，$N(x)$：x 是负数；

$F(x, y)$：x 摆满了 y。

上述命题可符号化为

(1) $M(苏格拉底)$ (2) $T(姚宁, 李明)$

(3) $Between(5, 2, 8)$ (4) $P(m) \rightarrow N(-m)$

(5) $F(这只大红书柜, 那些古书)$。　　　　　　　　　　　　　　　　■

如果把个体都表示成符号会更好一些。例如，记 s：苏格拉底，m：姚宁，n：李明，a：这只大红书柜，b：那些古书，则(1)、(2)和(5)可用符号形式表示为 $M(s)$、$T(m, n)$ 和 $F(a, b)$。

这里对(5)的刻画不够细致。如果将"这只"和"那些"作为个体词，可引入如下谓词：$R(x)$：x 是大红书柜，$Q(y)$：y 是古书。于是，命题可符号化为如下的谓词填式：

$$R(这只) \wedge Q(那些) \wedge F(这只，那些)$$

还可以进一步分解修饰限定词，即引入如下谓词和个体词符号：$A(x)$：x 是书柜，$E(y)$：y 是图书，$B(x)$：x 是大的，$C(x)$：x 是红的，$D(y)$：y 是古老的，a：这只，b：那些，则原命题可表示为

$$A(a) \wedge B(a) \wedge C(a) \wedge E(b) \wedge D(b) \wedge F(a, b)$$

可见，谓词公式的翻译结果因对个体词性质的刻画程度不同而异。

2.2.2　量词量化的命题

在个体词为泛指时，符号化命题不仅要给出用于刻画表示个体词的性质或个体词之间关系的

谓词（称为中心谓词），还需要增加一些谓词来描述个体词的范围，这样的谓词称为特性谓词或限定谓词。特性谓词的作用是将个体变元局限在满足该谓词代表的性质范围内。如果采用全总个体域，则一定需要这种特性谓词。

一般地，谓词逻辑中的简单命题具有如下形式：

(1) 所有 A 都是 B；　　　　　　　　　　(2) 存在 A 是 B。

首先，用 $B(x)$ 表示"x 是 B"，刻画出个体词 x 的性质。但由于个体域为全总个体域，还需要引入特性谓词 $A(x)$ 表示"x 是 A"，以限定个体变元 x 的取值范围。于是，命题符号化为

(1) $\forall x(A(x) \to B(x))$　　　　　　(2) $\exists x(A(x) \wedge B(x))$

例如，对于命题"所有有理数都是实数"，应按如下方式进行符号化：

(1) 引入描述个体词性质的中心谓词 $R(x)$ 表示：x 是实数。

(2) 引入特性谓词 $Q(x)$ 表示：x 是有理数。则命题表示为

$$\forall x(Q(x) \to R(x))$$

一旦论域局限于特定的范围，特性谓词便不再出现。例如，假定论域 $\mathscr{D}$ 为有理数集合，则命题可表示为

$$\forall x R(x)$$

因为，此时所有的个体变元 x 都是有理数。

量化与表达

例 2-6　用谓词逻辑符号化下述命题：

(1) 并非每个实数都是有理数。　　　　(2) 没有不犯错误的人。

(3) 尽管有人聪明，但未必所有人都聪明。　(4) 所有人都长着黑头发。

(5) 在沈阳读书的学生未必都是辽宁人。　(6) 骑白马的并不都是王子。

(7) 所有人都不一样高。　　　　　　　(8) 没有一个自然数大于或等于所有自然数。

解　(1) 记 $R(x)$：x 是实数，$Q(x)$：x 是有理数。符号化为

$$\neg \forall x(R(x) \to Q(x))$$

(2) 记 $M(x)$：x 是人，$E(x)$：x 犯错误。符号化为

$$\neg \exists x(M(x) \wedge \neg E(x))$$

(3) 记 $M(x)$：x 是人，$C(x)$：x 聪明。符号化为

$$\exists x(M(x) \wedge C(x)) \wedge \neg \forall x(M(x) \to C(x))$$

(4) 记 $M(x)$：x 是人，$B(x)$：x 长着黑头发。符号化为

$$\forall x(M(x) \to B(x))$$

(5) 记 $S(x)$：x 是学生，$A(x)$：x 是在沈阳读书的，$G(x)$：x 是辽宁人。符号化为

$$\neg \forall x((A(x) \wedge S(x)) \to G(x))$$

(6) 记 $M(x)$：x 是骑白马的人，$P(x)$：x 是王子。符号化为

$$\neg \forall x(M(x) \to P(x))$$

(7) 记 $M(x)$：x 是人，$E(x, y)$：x 与 y 相同，$T(x, y)$：x 与 y 一样高。符号化为

$$\forall x \forall y((M(x) \wedge M(y) \wedge \neg E(x, y)) \to \neg T(x, y))$$

含义是"对于任意的两个不同的人，他们都不一样高"。

(8) 记 $N(x)$：x 是自然数，$G(x, y)$：$x \geqslant y$。符号化为

$$\neg \exists x(N(x) \wedge \forall y(N(y) \to G(x, y)))\qquad\blacksquare$$

例 2-7 *用谓词逻辑符号化下列命题：

(1) 兔子比乌龟跑得快。　　　　　　　　(2) 有的兔子比所有乌龟跑得快。

(3) 并不是所有兔子都比乌龟跑得快。　　(4) 不存在跑得同样快的两只兔子。

　　解　记特性谓词 $R(x)$：x 是兔子，$G(y)$：y 是乌龟，刻画关系的中心谓词 $F(x, y)$：x 比 y 跑得快，$E(x,y)$：x 与 y 跑得一样快。上述命题可理解并表示为

(1) $\forall x \forall y((R(x) \wedge G(y)) \to F(x, y))$，含义是"所有兔子比所有乌龟跑得快"。

(2) $\exists x(R(x) \wedge \forall y(G(y) \to F(x, y)))$，含义是"存在一些兔子，它比所有乌龟跑得快"。

(3) $\neg \forall x \forall y((R(x) \wedge G(y)) \to F(x, y))$，含义是"并不是所有兔子都比所有乌龟跑得快"。

(4) $\neg \exists x \exists y(R(x) \wedge R(y) \wedge E(x, y))$，"不存在"为"存在"的否定。　　$\blacksquare$

例 2-8 *用谓词逻辑符号化下列命题：

(1) 不管白猫黑猫，抓住老鼠就是好猫。

(2) 有唯一的偶素数。

(3) 数学分析中极限 $\lim\limits_{x \to a} f(x) = b$ 的定义：任给小的正数 ε，都存在一个正数 δ，使得当 $0 < |x-a| < \delta$ 时，有 $|f(x)-b| < \varepsilon$。

(4) 对于每两个点有且仅有一条直线通过该两点。

　　解　(1) 在不使用二元谓词时可以这样符号化。记 $C(x)$：x 是抓老鼠的猫，$W(x)$：x 是白的，$B(x)$：x 是黑的，$\mathrm{OK}(x)$：x 是好的。命题可表示为

$$\forall x((C(x) \wedge (W(x) \vee B(x))) \to \mathrm{OK}(x))$$

以下是使用二元谓词的符号化。记 $C(x)$：x 是猫，$W(x)$：x 是白的，$B(x)$：x 是黑的，$M(y)$：y 是老鼠，$G(x, y)$：x 抓住 y，$\mathrm{OK}(x)$：x 是好的。命题可表示为

$$\forall x \forall y((C(x) \wedge (W(x) \vee B(x)) \wedge M(y) \wedge G(x, y)) \to \mathrm{OK}(x))$$

(2) 记 $E(x)$：x 是偶数，$P(x)$：x 是素数，$Q(x, y)$：$x = y$。命题可表示为

$$\exists x((E(x) \wedge P(x)) \wedge \forall y((E(y) \wedge P(y)) \to Q(x, y)))$$

[辨析] 量词 $\exists$ 仅表示"有""有且仅有一个"可理解为"其他满足相同条件的个体词都与当前个体词相等"或"不存在其他满足相同条件但与当前个体词不相等的个体词"。例如，(2)可以理解为：存在偶素数，且所有偶素数都与此偶素数相等。

(3) 命题最后的结论是 $|f(x)-b| < \varepsilon$，前面的叙述都是条件。可符号化为

$$\forall \varepsilon(\varepsilon > 0 \to \exists \delta(\delta > 0 \wedge \forall x(0 < |x-a| < \delta \to |f(x)-b| < \varepsilon)))$$

也可以将其中的量词作用到公式之前

$$\forall \varepsilon \exists \delta \forall x(\varepsilon > 0 \to (\delta > 0 \wedge (0 < |x-a| < \delta \to |f(x)-b| < \varepsilon)))$$

(4) 记 $P(x)$：x 是点，$L(y)$：y 是直线，$T(z,x,y)$：z 通过 x 和 y，$Q(x,y)$：x 和 y 相同。可符号化为

$$\forall x \forall y(((P(x) \wedge P(y) \wedge \neg Q(x, y)) \to \exists z((L(z) \wedge T(z, x, y)) \wedge \forall w((L(w) \wedge T(w, x, y)) \to Q(z, w))))\qquad\blacksquare$$

对此命题的理解是：对于任意两个不同的点，有一条直线通过，且所有通过这两点的直线都与此直线相同。

[拓展] 存在且唯一一般利用 "∃" 和 "=" 来刻画，但也可以引入一个特殊的量词 ∃! 来表示存在且唯一。另外，谓词逻辑在人工智能的知识表示中具有非常重要的应用[17]。

存在且唯一

例 2-9 *假设在一个房间里，有一个机器人 robot，一个积木块 box，两个桌子 a、b 和一把椅子 c。开始时，机器人 robot 在椅子 c 附近，且两手是空的，桌子 a 上放着积木块 box，桌子 b 上是空的。机器人将从椅子 c 附近出发，把积木块 box 从桌子 a 上转移到桌子 b 上并返回到原处。试给出问题的初始状态和目标状态的描述。

解 定义如下谓词：Table(x)：x 是桌子；Chair(x)：x 是椅子；Empty(y)：y 双手是空的；At(y,z)：y 在 z 附近；On(w,x)：w 在 x 上。其中，x 的论域为 {a,b,c}，y 的论域为 {robot}，z 的论域为 {a,b,c}，w 的论域为 {box}。

问题的初始状态可描述为

$$\text{Table}(a) \wedge \text{Table}(b) \wedge \text{Chair}(c) \wedge \text{At}(\text{robot},c) \wedge \text{Empty}(\text{robot}) \wedge \text{On}(\text{box},a)$$

问题的目标状态可描述为

$$\text{Table}(a) \wedge \text{Table}(b) \wedge \text{Chair}(c) \wedge \text{At}(\text{robot},c) \wedge \text{Empty}(\text{robot}) \wedge \text{On}(\text{box},b) \qquad ■$$

此例演示了人工智能系统中利用谓词进行知识表达时的一个基本步骤。

思考与练习 2.2

习题导引

2-6 有哪几种将谓词转换为命题的方式？

2-7 什么是特性谓词？其作用是什么？

2-8 选择适当的例子将下述谓词公式描述成汉语。

(a) $p(2)$ (b) $p(a) \rightarrow q(a)$

(c) $\forall x(p(x) \rightarrow q(x))$ (d) $\exists x(p(x) \wedge q(x))$

(e) $\neg \forall x(\neg p(x) \rightarrow q(x))$

2-9 在谓词逻辑中符号化下列命题。

(a) Java 是一种广泛应用于网络编程的语言。   (b) 她是非常聪明和美丽的。

(c) 张超不是歌手，是演员。   (d) 4 大于 3 仅当 8 大于 7。

(e) 除非玛丽不怕吃苦，否则她不能成功。   (f) 这个页面是用 JSP 或 PHP 设计的。

(g) 病毒比木马隐藏得更深。

2-10 在谓词逻辑中符号化下列命题。

(a) 每个人都有自己的爱好。   (b) 有的运动员是大学生。

(c) 没有不要钱的午餐。   (d) 在沈阳工作的人未必都是沈阳人。

(e) 有的题简单，但并非都是简单题。   (f) 不劳动者不得食。

(g) 只有总经理才配有秘书。   (h) 鸟会飞。

(i) 金子是闪光的，但闪光的未必都是金子。   (j) 有的汽车比某些火车跑得快。

(k) 任何金属都可溶解在某种液体中。   (l) 没有最大的自然数。

(m) 并非运动员都钦佩教练。   (n) 对所有 x，都存在 y，使得 $y = x + 3$。

(o) 没有长相完全相同的人。

(p) 健康的生活方式是每一个公民的愿望和追求。

2.3 量词约束与谓词公式的解释

2.3.1 量词对个体词变元的作用

在含有量词的谓词公式中，每个量词都与固定的个体变元有关，这带来了谓词逻辑的复杂性。

[定义 2-6] 量词的作用范围称为量词的作用域或辖域（scope）。

例 2-10 说明公式$\exists x((E(x) \wedge P(x)) \wedge \forall y((E(y) \wedge P(y)) \rightarrow Q(x, y)))$中量词的辖域。

解 量词$\exists x$的辖域是$((E(x) \wedge P(x)) \wedge \forall y((E(y) \wedge P(y)) \rightarrow Q(x, y)))$，量词$\forall y$ 的辖域是$((E(y) \wedge P(y)) \rightarrow Q(x, y))$。 ■

[定义 2-7] 在量词$\exists x$或$\forall x$的辖域内出现的一切 x 称为是受此量词约束的变元，即受约束变元（bound variable），没有量词约束的个体变元称为自由变元（free variable）。

例 2-11 对于公式$\forall y((E(y) \wedge P(y)) \rightarrow Q(x, y))$，变元 y 是受量词$\forall$约束的受约束变元，而 x 是自由变元。 ■

在公式复杂时，变元可能重名，为避免混淆，常常需要对公式进行规范，即将不同变元用不同的名字表示。此时，需要注意的是相同的名字可能代表不同的对象，要仔细分辨，且新引入的名字不能与已有名字重复。

例如，对 $\forall x(P(x) \rightarrow R(x, y)) \wedge Q(x, y)$ 中的个体词变元进行规范。可以调整约束变元名，称为换名：

$$\forall z(P(z) \rightarrow R(z, y)) \wedge Q(x, y)$$

应注意公式中同名的 x 并非都代表相同的个体变元。

也可以调整自由变元名，称为代入：

$$\forall x(P(x) \rightarrow R(x, y)) \wedge Q(z, y)$$

[辨析] 名字调整不过是使不同的变元名字唯一，很少需要细分什么是换名，或者什么是代入。

从优先级来说，需要注意$\forall$和$\exists$高于所有联结词，即$\forall x P(x) \rightarrow Q(x)$等同于$(\forall x P(x)) \rightarrow Q(x)$，而不是$\forall x(P(x) \rightarrow Q(x))$。

很明显，只有不含自由变元的谓词公式才有可能求得真值，这样的公式被称为闭公式。

2.3.2 谓词公式的解释与求值

命题公式的解释（取值）只涉及原子命题变元的赋值，但谓词公式的解释需要考虑个体域、公式中包含的命题变元和常量、个体变元和常量，尤其是谓词本身。每种成分都需要经过赋值，才能最终确定谓词公式的真值。

1. 量词在有限域上的展开

为了求得一般谓词公式的值，首先要解决$\forall x P(x)$ 和$\exists x P(x)$ 在有限域上的求值问题。

对于任何一个论域$\mathscr{D}$ 及其上的谓词 $P(x)$，全称量词约束的命题$\forall x P(x)$ 为 1，当且仅当对$\mathscr{D}$ 中的每个 x，使 $P(x)$ 都为 1；存在量词约束的命题$\exists x P(x)$ 为 1，当且仅当$\mathscr{D}$ 中存在某个 x，使 $P(x)$ 为 1。对于有限的论域，量词可用对个体的枚举（谓词填式）取代，即设论域$\mathscr{D} = \{a_1, a_2, \cdots, a_n\}$，则有

$$\forall x A(x) \Leftrightarrow A(a_1) \wedge A(a_2) \wedge \cdots \wedge A(a_n)$$
$$\exists x A(x) \Leftrightarrow A(a_1) \vee A(a_2) \vee \cdots \vee A(a_n)$$

为什么会有如此结论？假设论域 $\mathscr{D} = \{1,2,3\}$，现考虑命题"所有元素都大于 2"。为了验证命题是否为 1，记 $A(x)$：$x > 2$，则原命题的符号表示为

$$\forall x A(x)$$

很明显，需要验证每个命题（谓词填式）$A(1)$、$A(2)$、$A(3)$。只有所有命题都为 1，原命题才为 1，否则为 0，等同于 3 个命题的合取。

对存在量词的分析也类似。

特别地，如果论域 $\mathscr{D}$ 为空，隐含 $\forall x P(x)$ 为 1 而 $\exists x P(x)$ 为 0。

[理解] 这个有限域上的等价关系非常重要，是分析谓词公式的主要工具。

2．一般谓词公式的求值

[定义 2-8] 若谓词公式 A 的论域为 $\mathscr{D}$，按下述规则指定的一组赋值称为对 A 的一个解释（interpretation），记作 I：

(1) 对每个个体常量指定为 $\mathscr{D}$ 中的一个元素；

(2) 对每个 n 元谓词变项指定一个具体谓词,即一个含有 n 个个体变元且取值为 1 或 0 的函数；

(3) 对每个 m 元函数指定一个具体函数，即一个含有 m 个自变量，且自变量和函数值均取自于 $\mathscr{D}$ 的函数。

对谓词公式的不同解释可能导致其真值不同，一旦确定了谓词公式的解释则可以求出其值。

例 2-12　试给出公式 $\forall x(P(x) \to Q(x))$ 的两个真值不同的解释。

解　令 $P(x)$：$x^2 = 1$，$Q(x)$：$x = 1$，论域 $\mathscr{D}$ 为实数集，则 $\forall x(P(x) \to Q(x))$ 为 0，因为 $(-1)^2 = 1$，但 $-1 \neq 1$。

若令 $P(x)$：$x^2 = 0$，$Q(x)$：$x = 0$，论域 $\mathscr{D}$ 仍为实数集，原公式为 1。　■

事实上，如果将第一个解释的论域修改为正实数集，则原公式为 1。

例 2-13　求谓词公式的值：

$$\forall x(p \to Q(f(x))) \vee R(t)$$

其中，p：3>1，$Q(x)$：$x \leqslant 3$，$R(x)$：x>5，$f(x) = x$，$t = 3$，论域 $\mathscr{D} = \{-2,3,5\}$。

要对公式进行解释，首先需要确定论域 $\mathscr{D} = \{-2,3,5\}$，才能解释量词 $\forall$ 和个体变元 x 的意义。其次，要指定公式中含有的各种成分：

(1) 个体常量 t 为 3；

(2) 0 元谓词（命题）p 为 3>1，一元谓词 $Q(x)$ 和 $R(x)$ 分别为 $x \leqslant 3$ 和 x>5；

(3) 一元函数 $f(x)$ 为 $f(x) = x$，这样的函数代表着将 $\mathscr{D}$ 中的若干个体转换为另一些个体。

解　由 $p = 3 > 1$ 知 p 为 1，$R(t) = R(3) = 3 > 5$ 为 0，将命题在有限域上展开，有

$$\forall x(p \to Q(f(x))) \vee R(t) \Leftrightarrow \forall x(p \to Q(x)) \vee R(t)$$
$$\Leftrightarrow ((1 \to Q(-2)) \wedge (1 \to Q(3)) \wedge (1 \to Q(5))) \vee 0$$
$$\Leftrightarrow (1 \to 1) \wedge (1 \to 1) \wedge (1 \to 0)$$
$$\Leftrightarrow 0 \qquad\qquad ■$$

[辨析] 为了保证一个谓词公式能得到真值，该公式必须是一个不包含自由变元的闭公式。

[定义 2-9] 任何解释下均为 1 的谓词公式称为永真式、重言式或有效式，至少存在一种解释使其为 1 的谓词公式称为可满足式，否则称为永假式、矛盾式或不可满足式。

例如，$P(x) \vee \neg P(x)$ 和 $\forall x P(x) \vee \neg \forall x P(x)$ 是永真式，无论 $P(x)$ 是什么谓词；$\forall x P(x) \to P(t)$ 为永真式，这是因为，若 $\forall x P(x)$ 为 1，则对论域中的所有个体 y，$P(y)$ 都为 1。t 是其中一个个体，自然有 $P(t)$ 为 1。

2.3.3　量词与联结词的搭配

为什么不同量词在符号化时采用不同的联结词，即全称量词用条件，而存在量词用合取呢？

1．全称量词的符号化

记 $Q(x)$：x 是有理数，$R(x)$：x 是实数。考虑命题"有理数都是实数"，符号表示为

$$\forall x(Q(x) \to R(x))$$

而不是 $\forall x(Q(x) \wedge R(x))$。

由常识可知，此命题是恒真的，与论域无关。现考虑论域 $\mathscr{D} = \{\sqrt{5}\}$，有

$$\forall x(Q(x) \to R(x)) \Leftrightarrow Q(\sqrt{5}) \to R(\sqrt{5}) \Leftrightarrow 0 \to ? \Leftrightarrow 1$$

但是，$\forall x(Q(x) \wedge R(x)) \Leftrightarrow Q(\sqrt{5}) \wedge R(\sqrt{5}) \Leftrightarrow 0 \wedge ? \Leftrightarrow 0$，不是恒真的。

2．存在量词的符号化

仍采用前述的谓词记号。考虑命题"有些实数是有理数"，符号表示为

$$\exists x(R(x) \wedge Q(x))$$

而不是 $\exists x(R(x) \to Q(x))$。

此命题的真假与论域有关。对于论域 $\mathscr{D} = \{2i\}$，此命题应为假，因为论域中唯一的个体是复数 $2i$，不存在是有理数的实数。

$$\exists x(R(x) \wedge Q(x)) \Leftrightarrow R(2i) \wedge Q(2i) \Leftrightarrow 0 \wedge 0 \Leftrightarrow 0$$

若采用条件联结词符号化，其结果是错误的。

$$\exists x(R(x) \to Q(x)) \Leftrightarrow R(2i) \to Q(2i) \Leftrightarrow 0 \to ? \Leftrightarrow 1$$

思考与练习 2.3

习题导引

2-11　指出下述公式中的约束变元和自由变元，并说明量词的辖域。

    (a)　$\forall x P(x) \to Q(x)$ (b)　$\exists x \forall y(p(x) \wedge q(y)) \to \forall x(r(x))$

    (c)　$\exists x \forall y(p(x, y) \to r(x))$ (d)　$\exists x(p(x) \wedge \forall y(q(y) \to r(x, y, z)))$

2-12　举例说明全称量词 $\forall$ 和存在量词 $\exists$ 在符号化命题时使用的联结词的差异。

2-13　一个谓词公式的解释是什么意思？包括哪些部分？

2-14　计算下述公式的真值。

    (a)　$\forall x F(x) \to \exists y G(y)$，论域 $\mathscr{D} = \{1, 2, 3\}$，谓词 $F(x)$：x 是偶数，$G(x)$：x 是奇数。

    (b)　$p(2) \vee \forall x(r(x) \to q(x))$，论域 $\mathscr{D} = \{-3, 2, 4\}$，谓词 $p(x)$：$x > 2$，$r(x)$：$x \leqslant 2$，
        $q(x)$：$x < 3$。

    (c)　$\forall x(\exists x p(x) \to q(x))$，论域 $\mathscr{D} = \{a, b, c\}$，$p(a) = 1$，$p(b) = 1$，$p(c) = 0$；$q(a) = 0$，
        $q(b) = 1$，$q(c) = 0$。

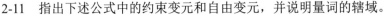

(d) $\forall x(p(x) \to b) \to c(t)$，论域 $\mathcal{D} = \{0,1,2\}$，谓词 $p(x)$：$x \bmod 2 = 0$，谓词 $c(x)$：$x > 1$，命题 b：$0 < 2$，$t = 1$，$x \bmod 2$ 表示 x 被 2 除的余数。

(e) $\forall x \forall y(G(f(x,t),y) \to G(f(y,t),x))$，论域 $\mathcal{D} =$ 自然数集，$t = 2$，函数 $f(x,y) = x + y$，谓词 $G(x,y)$：$x = y$。

2-15 设论域 $\mathcal{D} = \{1,2\}$，$a = 1$，指定函数 f 和谓词 p、q 如表 2-1 所示，计算下述公式的真值。

(a) $\forall x(p(x) \to q(f(x),a))$ (b) $\forall x \exists y(p(x) \land q(x,y))$

表 2-1

$f(1)$	$f(2)$	$p(1)$	$p(2)$	$q(1,1)$	$q(1,2)$	$q(2,1)$	$q(2,2)$
2	1	0	1	1	1	0	0

2.4 谓词公式的等价和蕴含

众所周知，"没有不犯错误的人"与"所有人都犯错误"是等同的说法。这样的关系还有很多，要从根本上弄清楚它们为什么等同（等价），这也是实现推理的基本要求。

下述定义将等价与蕴含的概念从命题逻辑推广到谓词逻辑。

[定义 2-10] 若两个谓词公式 A 和 B 有相同的论域 $\mathcal{D}$，且在任何解释下二者有相同的真值，则称谓词公式 A 与 B 等价（等值），记作 $A \Leftrightarrow B$ 或 $A \equiv B$。

如果不考虑谓词本身的可变性，此定义基本等同于高等数学中函数相等的定义。

[定义 2-11] 若两个谓词公式 A 和 B 有相同的论域 $\mathcal{D}$，且在任何解释下 $A \to B$ 为 1，则称谓词公式 A 蕴含 B，记作 $A \Rightarrow B$。

[辨析] 严格地说，谓词公式的永真式、永假式、可满足式、等价及蕴含的概念都与论域有关，换言之，这些定义都是相对于具体论域而言的。只有论域为全总个体域时才能得到真正意义上的永真式、永假式、可满足式，以及等价和蕴含关系。

2.4.1 基本等价与蕴含关系

1. 命题逻辑的推广

一般地，可利用对命题公式的代换推导作为得到谓词公式等价与蕴含关系的方法。

对于命题公式 $A(P_1,P_2,\cdots,P_n)$，如果用谓词公式 $Q_1,Q_2,\cdots,Q_n$ 代替 A 中的原子 $P_1,P_2,\cdots,P_n$，所得到的公式 B 称为 A 的代换实例。

例如，对于命题 $P \to Q$，下述公式都是其代换实例：

$$A(x) \to B,\quad \forall A(x) \to B(x),\quad \forall A(x) \to \exists xB(x),\quad \exists xA(x) \to \exists xB(x,y)$$

容易理解，对于两个等价的命题公式 A 和 B，其代换实例也是等价的。例如，因为

$$P \to Q \Leftrightarrow \neg P \lor Q$$

因此，上述代换实例的相应等价式也成立：

$$A(x) \to B \Leftrightarrow \neg A(x) \lor B,\quad \forall xA(x) \to B(x) \Leftrightarrow \neg \forall xA(x) \lor B(x)$$

$$\forall xA(x) \to \exists xB(x) \Leftrightarrow \neg \forall xA(x) \lor \exists xB(x),\quad \exists xA(x) \to \exists xB(x,y) \Leftrightarrow \neg \exists xA(x) \lor \exists xB(x,y)$$

上述关系可以解释为"命题逻辑的重言式的代换实例是谓词逻辑的重言式"。

很明显，这是一种纯形式上的等价变换或置换，可以仅对子公式进行，例如：

$$\forall x(P(x) \to Q(x)) \Leftrightarrow \forall x(\neg P(x) \lor Q(x))$$

$$P(x) \to (\exists x Q(x) \to R(y)) \Leftrightarrow P(x) \to (\neg \exists x Q(x) \lor R(y))$$

不过，谓词逻辑本身还存在一些特殊的重要等价和蕴含关系。

2．量词的转换

如果否定命题 $\forall x(x > 0)$ 会得到什么呢？答案是 $\exists x(x \not> 0)$，即 $\exists x(x \le 0)$，否定所有数都是正数等同于至少存在一个非正数。相对地，否定 $\exists x(x > 0)$ 就得到了 $\forall x(x \le 0)$，即不存在一个正数等同于都不是正数。

由此可见，全称量词和存在量词可利用 $\neg$ 联结词进行转换：

$$\neg \forall x A(x) \Leftrightarrow \exists x \neg A(x)，\quad \neg \exists x A(x) \Leftrightarrow \forall x \neg A(x)$$

上述关系在有限论域上可直接证明。例如，若论域 $\mathscr{D} = \{a_1, a_2, \cdots, a_n\}$，有

$$\neg \forall x(A(x)) \Leftrightarrow \neg(A(a_1) \land A(a_2) \land \cdots \land A(a_n))$$
$$\Leftrightarrow \neg A(a_1) \lor \neg A(a_2) \lor \cdots \lor \neg A(a_n)$$
$$\Leftrightarrow \exists x \neg A(x)$$
$$\neg \exists x(A(x)) \Leftrightarrow \neg(A(a_1) \lor A(a_2) \lor \cdots \lor A(a_n))$$
$$\Leftrightarrow \neg A(a_1) \land \neg A(a_2) \land \cdots \land \neg A(a_n)$$
$$\Leftrightarrow \forall x \neg A(x)$$

这种等价性不受论域的影响。

例 2-14 举例说明 $\neg \forall x(R(x) \to Q(x)) \Leftrightarrow \exists x(R(x) \land \neg Q(x))$，并证明等价关系成立。

解 例如有命题"并非所有实数都是有理数"等同于"有的实数不是有理数"。证明如下：

$$\neg \forall x(R(x) \to Q(x)) \underset{(量词转换)}{\Leftrightarrow} \exists x \neg (R(x) \to Q(x))$$

$$\Leftrightarrow \exists x \neg (\neg R(x) \lor Q(x)) \Leftrightarrow \exists x(R(x) \land \neg Q(x)) \qquad \blacksquare$$

同样，命题"没有不犯错误的人"等同于"所有人都犯错误"。若记 $M(x)$：x 是人，$E(x)$：x 犯错误，则可符号化并推证：

$$\neg \exists x(M(x) \land \neg E(x)) \Leftrightarrow \forall x \neg (M(x) \land \neg E(x)) \Leftrightarrow \forall x(M(x) \to E(x))$$

上述转换关系称为量词转化律或量词否定等价式，在谓词演算中至关重要。

[辨析] 在有限域上看，量词转化律就是德•摩根律，故也称其为量词的德•摩根律。基本上，总是可以按有限论域来分析和衡量谓词公式间是否等价。

3．量词作用域的扩张与收缩

若 $B(y)$ 是不包含 x 的命题或谓词公式，很容易说明如下基本等价关系：

$$\forall x(A(x) \lor B(y)) \Leftrightarrow \forall x A(x) \lor B(y)，\quad \forall x(A(x) \land B(y)) \Leftrightarrow \forall x A(x) \land B(y)$$
$$\exists x(A(x) \lor B(y)) \Leftrightarrow \exists x A(x) \lor B(y)，\quad \exists x(A(x) \land B(y)) \Leftrightarrow \exists x A(x) \land B(y)$$

量词作用域扩张就是增大，作用域收缩就是缩小。因为 $\land$、$\lor$ 满足交换律，$B(y)$ 在 $A(x)$ 的前、后均可。

例 2-15 记 $A(x)$ 为谓词，$B(y)$ 是不包含 x 谓词，若 $\forall x(A(x) \to B(y)) \Leftrightarrow \square x A(x) \to B(y)$，$\square$ 是什么量词？若 $\forall x(B(y) \to A(x)) \Leftrightarrow \square x B(y) \to A(x)$，$\square$ 是什么量词？

解 题目的目的是要说明使用条件联结词 $\to$ 时，是否可以直接扩张或收缩量词的作用域。

因为

$$\forall x(A(x) \rightarrow B(y)) \Leftrightarrow \forall x(\neg A(x) \vee B(y)) \Leftrightarrow \forall x \neg A(x) \vee B(y)$$

$$\Leftrightarrow \neg \exists x A(x) \vee B(y) \Leftrightarrow \exists x A(x) \rightarrow B(y)$$

$$\forall x(B(y) \rightarrow A(x)) \Leftrightarrow \forall x(\neg B(y) \vee A(x)) \Leftrightarrow \neg B(y) \vee \forall x A(x)$$

$$\Leftrightarrow B(y) \rightarrow \forall x A(x)$$

所以，这两个 □ 分别是存在量词 ∃ 和全称量词 ∀ 。　　　　　■

作用域伸缩

这就说明，只有在条件式的前件不含有受约束变元时，量词的作用域才能直接扩张或收缩，否则量词会产生转化。

对于存在量词 ∃ 存在着类似的结论：

$$\exists x(A(x) \rightarrow B(y)) \Leftrightarrow \forall x A(x) \rightarrow B(y)$$

$$\exists x(B(y) \rightarrow A(x)) \Leftrightarrow B(y) \rightarrow \exists x A(x)$$

因为存在上述关系，容易说明下面两种极限定义的表示方法等价：

$$\forall \varepsilon(\varepsilon > 0 \rightarrow \exists \delta(\delta > 0 \wedge \forall x(0 < |x-a| < \delta \rightarrow |f(x)-b| < \varepsilon)))$$

$$\forall \varepsilon \exists \delta \forall x(\varepsilon > 0 \rightarrow (\delta > 0 \wedge (0 < |x-a| < \delta \rightarrow |f(x)-b| < \varepsilon)))$$

对于 ∃δ ，其作用域可扩张到整个公式是因为 ε > 0 与 δ 无关， ∀x 也是如此。

对于其他联接词，可以参照此例来分析量词以何种方式扩张和收缩。

[辨析] 在不能完全肯定含有复杂联结词的等价关系时，可先将其转换为 ∧、∨ 表示的公式后再试。

4．量词分配律

全称量词本身是合取之意，存在量词则意味着析取。因此，有

$$\forall x(A(x) \wedge B(x)) \Leftrightarrow \forall x A(x) \wedge \forall x B(x)$$

$$\exists x(A(x) \vee B(x)) \Leftrightarrow \exists x A(x) \vee \exists x B(x)$$

例如， $A(x)$ ： x 是 2 的倍数，即 $x = 2m$ ； $B(x)$ ： x 是 3 的倍数，即 $x = 3n$ 。那么，"是 2 和 3 的倍数"等同于"是 6 的倍数"。

可见， $\forall x(A(x) \wedge B(x))$ 和 $\forall x A(x) \wedge \forall x B(x)$ 都表示对所有的 x ，有 $x = 6k$ 。

$\exists x(A(x) \vee B(x))$ 和 $\exists x A(x) \vee \exists x B(x)$ 都表示存在 x ，满足 $x = 2m$ 或 $x = 3n$ 。

5．量词与联结词结合的蕴含式

对量词 ∀x 和 ∃x 有如下 2 个最基本的蕴含关系：

$$\forall x A(x) \vee \forall x B(x) \Rightarrow \forall x(A(x) \vee B(x))$$

$$\exists x(A(x) \wedge B(x)) \Rightarrow \exists x A(x) \wedge \exists x B(x)$$

例如，利用前文的 $A(x)$ 和 $B(x)$ 。若 $\forall x A(x) \vee \forall x B(x)$ 为 1，只有如下两种可能：

(1) 对所有的 x ，有 $x = 2m$ ，此时， $\forall x(A(x) \vee B(x))$ 为 1；

(2) 对所有的 x ，有 $x = 3n$ ，此时， $\forall x(A(x) \vee B(x))$ 也为 1。

故 $\forall x A(x) \vee \forall x B(x) \Rightarrow \forall x(A(x) \vee B(x))$ 。

相反的蕴含关系不成立。例如，设 $\mathscr{D} = \{2,3\}$ ，命题 $\forall x(A(x) \vee B(x))$ 为 1，但 $\forall x A(x)$ 为 0， $\forall x B(x)$ 为 0，即 $\forall x A(x) \vee \forall x B(x)$ 为 0。

可类似地说明另一个蕴含式。

例 2-16　逻辑推证 $\forall x A(x) \vee \forall x B(x) \Rightarrow \forall x (A(x) \vee B(x))$。

证明　若 $\forall x A(x) \vee \forall x B(x)$ 为 1，则 $\forall x A(x)$ 为 1 或 $\forall x B(x)$ 为 1。不妨设 $\forall x A(x)$ 为 1，则对论域中的所有 x，有 $A(x)$ 为 1，故 $A(x) \vee B(x)$ 为 1。因此，$\forall x (A(x) \vee B(x))$ 为 1，蕴含关系成立。　■

[辨析]　上述两个蕴含式互为逆否命题。只要第一个蕴含式成立，其逆否命题自然成立：

$$\neg \forall x (A(x) \vee B(x)) \Rightarrow \neg (\forall x A(x) \vee \forall x B(x))$$

等价变形后就得到了第二个蕴含式：

$$\exists x (\neg A(x) \wedge \neg B(x)) \Rightarrow \exists x \neg A(x) \wedge \exists x \neg B(x)$$

6. *多量词的等价与蕴含关系

量化二元及以上的多元谓词时需要使用多个量词，称为嵌套量词。为简单，只考虑 2 个量词的情况，共有以下 8 种量化方式：

(a) $\forall x \forall y A(x, y)$，$\forall y \forall x A(x, y)$ 　　　　　(b) $\exists x \exists y A(x, y)$，$\exists y \exists x A(x, y)$

(c) $\forall x \exists y A(x, y)$，$\exists y \forall x A(x, y)$ 　　　　　(d) $\forall y \exists x A(x, y)$，$\exists x \forall y A(x, y)$

其中，(a)、(b) 两组中的公式是等价的，但 (c)、(d) 两组中的公式是不等价的。

例 2-17　举例说明公式 $\forall x \exists y A(x, y)$ 与 $\exists y \forall x A(x, y)$ 不等价。

解　设论域 $\mathscr{D} = \{0, 1, -1\}$，考虑命题 $\forall x \exists y (x + y = 0)$ 和 $\exists y \forall x (x + y = 0)$，对应的自然语言描述为

(a) $\forall x \exists y (x + y = 0)$：对所有 x，有 y，使 $x + y = 0$。

(b) $\exists y \forall x (x + y = 0)$：存在 y，对所有 x，有 $x + y = 0$。

因为

$$\forall x \exists y (x + y = 0) \Leftrightarrow \exists y (0 + y = 0) \wedge \exists y (1 + y = 0) \wedge \exists y (-1 + y = 0)$$

且 $0+0=0$，$1+(-1)=0$，$(-1)+1=0$，故命题 $\forall x \exists y (x + y = 0)$ 为 1。但是，不存在一个整数，使其与 0、1 和 -1 的和都为 0，$\exists y \forall x (x + y = 0)$ 为 0。故二者不等价。　■

为了理解含有嵌套量词的谓词公式，一般可设论域为 $\mathscr{D} = \{a, b\}$，再将量词在有限域上转换为谓词填式，例如

$$\forall x \exists y A(x, y) \Leftrightarrow \exists y A(a, y) \wedge \exists y A(b, y)$$
$$\Leftrightarrow (A(a, a) \vee A(a, b)) \wedge (A(b, a) \vee A(b, b))$$
$$\Leftrightarrow (p \vee q) \wedge (r \vee s)$$
$$\exists x \forall y A(x, y) \Leftrightarrow (p \wedge q) \vee (r \wedge s)$$

这里，$p = A(a, a)$，$q = A(a, b)$，$r = A(b, a)$，$s = A(b, b)$。于是，在命题逻辑中就可以推证二者的等价性和蕴含关系。

应注意在将量词转换成谓词填式时要保持先后次序，即不同量词的顺序不能交换，要按由外到内的次序展开。

2.4.2　利用等价关系计算前束范式

谓词公式可以借助命题公式的方法转换为"规范形式"，但要利用等价关系扩张量词的作用域，将所有量词都移到公式的开头，即使其作用域为整个公式。

[定义 2-12]　一个谓词公式，如果所有量词作用于公式开头，作用域至公式末尾，则称其为前束范式或前缀范式（prenex normal form），形如：

$$\square x_1 \square x_2 \cdots \square x_n A(x_1, x_2, \cdots, x_n)$$

其中，$\square$ 表示量词符 $\forall$ 或 $\exists$，而谓词公式 $A(x_1, x_2, \cdots, x_n)$ 不含量词符。通常，前束范式中只保留 $\neg$、$\wedge$ 和 $\vee$ 这 3 种联结词。

可以证明，任何谓词公式都等价于一个前束范式。

求谓词公式的前束范式的步骤是：

(1) 将一个公式中的不同变元唯一化（通过换名或代入使不同的个体名互不重复）；

(2) 将所有联结词均转换为 $\neg$、$\wedge$、$\vee$ 表示；

(3) 利用量词转换律将 $\neg$ 移到量词之后：

$$\neg \forall x A(x) \Leftrightarrow \exists x \neg A(x)，\quad \neg \exists x A(x) \Leftrightarrow \forall x \neg A(x)$$

(4) 通过等价关系将量词作用域扩张到整个公式之前。若量词作用域可直接扩张，采用如下的等价变形：

$$\forall x A(x) \wedge \forall x B(x) \Leftrightarrow \forall x (A(x) \wedge B(x))$$

$$\exists x A(x) \vee \exists x B(x) \Leftrightarrow \exists x (A(x) \vee B(x))$$

量词作用域不能直接扩张时，要先对变元换名，再扩张量词的作用域，采用如下等价关系：

$$\forall x A(x) \vee \forall x B(x) \Leftrightarrow \forall x (A(x) \vee \forall y B(y)) \Leftrightarrow \forall x \forall y (A(x) \vee B(y))$$

$$\forall x A(x) \wedge \forall x B(x) \Leftrightarrow \forall x (A(x) \wedge \forall y B(y)) \Leftrightarrow \forall x \forall y (A(x) \wedge B(y))$$

$$\exists x A(x) \vee \exists x B(x) \Leftrightarrow \exists x (A(x) \vee \exists y B(y)) \Leftrightarrow \exists x \exists y (A(x) \vee B(y))$$

$$\exists x A(x) \wedge \exists x B(x) \Leftrightarrow \exists x (A(x) \wedge \exists y B(y)) \Leftrightarrow \exists x \exists y (A(x) \wedge B(y))$$

例 2-18 求公式 $(\neg \forall x (p(x)) \vee \exists x (q(x))) \wedge \exists x (s(x))$ 的前束范式。

解   原式 $\Leftrightarrow_{(量词转换，使 \neg 置于量词后)} (\exists x (\neg p(x)) \vee \exists x (q(x))) \wedge \exists x (s(x))$

$\Leftrightarrow_{(\exists x 对 \vee 有分配律，直接扩张)} \exists x (\neg p(x) \vee q(x)) \wedge \exists x (s(x))$

$\Leftrightarrow_{(\exists x 对 \wedge 无分配律，变元换名)} \exists x (\neg p(x) \vee q(x)) \wedge \exists y (s(y))$

$\Leftrightarrow_{(\exists y 在换名后扩张)} \exists x \exists y ((\neg p(x) \vee q(x)) \wedge s(y))$ ∎

前束范式可以进一步转换成析取范式或合取范式，构成前束析取范式或前束合取范式。此例就是前束合取范式。将一个公式转换为前束范式的目的是为了简化对公式内部成分的分析。

[拓展] 可以证明，前束范式中的所有存在量词均可以移至全称量词之前，这样的范式称为斯科林（Skolem）范式。斯科林范式可进一步简化对谓词公式的研究，也被用在定理的机器证明方法如消解法中[18]。

思考与练习 2.4

2-16   谓词公式 A 与 B 等价的含义是什么？

2-17 $\forall x (A(y) \rightarrow B(x))$ 等价于 $A(y) \rightarrow \forall x B(x)$ 吗？$\forall x (A(x) \rightarrow B(y))$ 等价于 $\forall x A(x) \rightarrow B(y)$ 吗？

2-18   利用有限域说明 $\forall x A(x) \vee \forall x B(x) \Rightarrow \forall x (A(x) \vee B(x))$。

2-19   证明 $\exists x (p(x) \rightarrow q(y)) \Leftrightarrow \forall x (p(x)) \rightarrow q(y)$。

2-20   证明 $\forall x (p(x) \wedge q(x)) \Leftrightarrow \forall x (p(x)) \wedge \forall x (q(x))$。

2-21   证明 $\neg \exists x (p(x) \wedge q(a)) \Rightarrow \forall x (p(x)) \rightarrow \neg q(a)$，$a$ 为个体常量。

2-22   指出下述推证中的错误。

$$\forall x (p(x) \rightarrow q(x)) \Leftrightarrow \forall x (\neg p(x) \vee q(x)) \Leftrightarrow \forall x \neg (p(x) \wedge \neg q(x))$$

$$\Leftrightarrow \neg \exists x(p(x) \wedge \neg q(x)) \Leftrightarrow \neg \exists x(p(x)) \wedge \exists x(\neg q(x))$$
$$\Leftrightarrow \neg \exists x(p(x)) \vee \neg \exists x(\neg q(x)) \Leftrightarrow \neg \exists x(p(x)) \vee \forall x(q(x))$$
$$\Leftrightarrow \exists x(p(x)) \to \forall x(q(x))$$

2-23　求公式的前束范式。

(a)　$\forall x(p(x) \to \exists y q(x, y))$

(b)　$\exists x(\neg \exists y(p(x, y)) \to (\exists z(q(z)) \to r(x)))$

2-24　求公式的前束合取范式和析取范式。

(a)　$(\exists x P(x) \vee \exists x Q(x)) \to \exists x(P(x) \vee Q(x))$

(b)　$\forall x(P(x) \to \forall y(\forall z Q(z, y) \to \neg \forall z R(x, y, z)))$

2.5　谓词逻辑的推理理论

2.5.1　推理定律

谓词演算中也存在一些基本的等价与蕴含关系，参见表 2-2。我们以此作为扩充的推理定律，与命题逻辑中的推理定律一起构成推理的基础。

表 2-2

序号	等价或蕴含关系	含义
E_{27}	$\neg \forall x A(x) \Leftrightarrow \exists x \neg A(x)$	量词否定等值式
E_{28}	$\neg \exists x A(x) \Leftrightarrow \forall x \neg A(x)$	
E_{29}	$\forall x(A(x) \wedge B(x)) \Leftrightarrow \forall x A(x) \wedge \forall x B(x)$	量词分配等值式（量词分配律）
E_{30}	$\exists x(A(x) \vee B(x)) \Leftrightarrow \exists x A(x) \vee \exists x B(x)$	
E_{31}	$\forall x(A(x) \vee B) \Leftrightarrow \forall x A(x) \vee B$	
E_{32}	$\forall x(A(x) \wedge B) \Leftrightarrow \forall x A(x) \wedge B$	
E_{33}	$\exists x(A(x) \vee B) \Leftrightarrow \exists x A(x) \vee B$	
E_{34}	$\exists x(A(x) \wedge B) \Leftrightarrow \exists x A(x) \wedge B$	
E_{35}	$\forall x(B \vee A(x)) \Leftrightarrow B \vee \forall x A(x)$	
E_{36}	$\forall x(B \wedge A(x)) \Leftrightarrow B \wedge \forall x A(x)$	
E_{37}	$\exists x(B \vee A(x)) \Leftrightarrow B \vee \exists x A(x)$	量词作用域的扩张与收缩
E_{38}	$\exists x(B \wedge A(x)) \Leftrightarrow B \wedge \exists x A(x)$	
E_{39}	$\exists x(A(x) \to B(x)) \Leftrightarrow \forall x A(x) \to \exists x B(x)$	
E_{40}	$\forall x(A(x) \to B) \Leftrightarrow \exists x A(x) \to B$	
E_{41}	$\exists x A(x) \to B \Leftrightarrow \forall x(A(x) \to B)$	
E_{42}	$A \to \forall x B(x) \Leftrightarrow \forall x(A \to B(x))$	
E_{43}	$A \to \exists x B(x) \Leftrightarrow \exists x(A \to B(x))$	
I_{22}	$\forall x A(x) \vee \forall x B(x) \Rightarrow \forall x(A(x) \vee B(x))$	
I_{23}	$\exists x(A(x) \wedge B(x)) \Rightarrow \exists x A(x) \wedge \exists x B(x)$	
I_{24}	$\exists x A(x) \to \forall x B(x) \Rightarrow \forall x(A(x) \to B(x))$	

表 2-2 中的 I 和 E 的序号是接着表 1-5 和表 1-8 排列的，表明它们都是谓词逻辑的推理定律。$E_{31} \sim E_{34}$ 与 $E_{35} \sim E_{38}$ 只是 A 和 B 的顺序不同。

2.5.2　量词的消除与产生规则

谓词推理可以看作是对命题推理的扩充。除了原来的 P 规则（前提引入）、T 规则（命题等价和蕴含）及不相容规则和 CP 规则，为什么还需引入新的推理规则呢？

这是因为，命题逻辑中只有一种命题，但谓词逻辑中有 2 种，即量词量化的命题和谓词填式命题。如果仅由表 2-2 的推理定律就可推证，并不需要引入新的规则，但这种情况十分罕见，也失去了谓词逻辑本身的意义。为此，要引入如下 4 个规则完成量词量化命题与谓词填式之间的转换，其中的 $A(x)$ 表示任意的谓词。

(1) 全称指定（消去）规则 US（ubiquity specification，或记为 ∀−）

此规则也可记作 UI（Universal Instantiation），即全称（量词）实例化。

若 $\forall x A(x)$ 为 1，则 $A(a)$ 为 1，即

$$\frac{\because \forall x A(x)}{\therefore \ A(a)}$$

其中，a 为论域中的任意一个个体（arbitrary individual），但不能与 A 中的其他个体名重复。

例如，由前提 $\forall x(P(x) \to Q(y))$ 可实例化为 $P(t) \to Q(y)$，而不能是 $P(y) \to Q(y)$，否则会影响量词的推广。

(2) 全称推广（产生）规则 UG（ubiquity generalization，或记为 ∀+）

若 $A(a)$ 为 1，则 $\forall x A(x)$ 为 1，即

$$\frac{\because \ A(a)}{\therefore \forall x A(x)}$$

其中，a 必须是论域中的任意个体，即来自于全称指定规则，但 x 不能与 A 中的其他个体名重复。

在前例中，y 为自由变元，由 $P(t) \to Q(y)$ 可推广为 $\forall x(P(x) \to Q(y))$，但不能是 $\forall y(P(y) \to Q(y))$。

(3) 存在指定（消去）规则 ES（existence specification，或记为 ∃−）

此规则也可记作 EI（Existence Instantiation），即存在（量词）实例化。

若 $\exists x A(x)$ 为 1，则 $A(s)$ 为 1，即

$$\frac{\because \ \exists x A(x)}{\therefore \ A(s)}$$

其中，s 为论域中的某个特殊个体（some individual），不能与 A 中的其他个体名、前提或结论，以及前期推理步骤中的自由个体名重复。

例如，考虑推理 $\exists x P(x)$，$\exists x(P(x) \wedge Q(y)) \Rightarrow Q(s)$ 的论证。

① $\exists x P(x)$　　　　　　　　　　P
② $P(u)$　　　　　　　　　　　　　∃−①
③ $\exists x(P(x) \wedge Q(y))$　　　　　　P
④ $P(v) \wedge Q(y)$　　　　　　　　∃−②

在步骤②中用 u 做存在量词实例化，它必须与 y 和 s 都不相同。在步骤④中用 v 做存在量词实例化，它必须与 u、y 和 s 都不相同。

(4) 存在推广（产生）规则 EG（existence generalization，或记为 ∃+）

若 $A(s)$ 为 1，则 $\exists x A(x)$ 为 1，即

$$\frac{\because \ A(s)}{\therefore \exists x A(x)}$$

其中，s 为论域中的某个个体，可以是特殊或任意的一个，但 x 不能与 A 中的其他个体名重复。

如此一来，谓词逻辑的一般推理方法如图 2-1 所示。

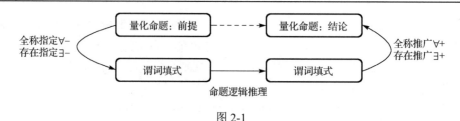

图 2-1

[辨析] 引入全称（存在）指定规则的目的是消去全称（存在）量词，得到实例（谓词填式）；引入全称（存在）推广量词的目的是由实例（谓词填式）产生全称（存在）量词。

[辨析] 当量词之前有否定联结词时不能指定到个体词。例如，$\neg\,\forall x A(x) \Rightarrow \neg\,A(s)$ 是错误的推理形式，s 不能肯定是泛指还是特指。此时，必须先使用量词否定等值式将否定联结词移到量词之后才能使用上述规则。

量词规则

2.5.3　谓词逻辑的自然推理示例

例 2-19　三段论的形式证明。

(1) 苏格拉底三段论：人是要死的，苏格拉底是人。所以，苏格拉底是要死的。

证明　记 $M(x)$：x 是人，$D(x)$：x 是要死的，s：苏格拉底，原论断表示为

$$\forall x(M(x) \to D(x)), M(s) \Rightarrow D(s)$$

① $M(s)$　　　　　　　　　　P
② $\forall x(M(x) \to D(x))$　　　　　P
③ $M(s) \to D(s)$　　　　　　全称指定②　　　注：转换为谓词填式
④ $D(s)$　　　　　　　　　　T①③ I　　　　　　　　　■

"全称指定"可直接写为"US"或"$\forall-$"。做全称指定时，必须指定到 s，才能建立与命题 $M(s)$ 的联系。此外，此证明的结论就是谓词填式，不用再推广到量化形式。

(2)亚里士多德三段论：所有人都是必死的，希腊人都是人，所以希腊人都是必死的。

证明　记 $M(x)$：x 是人，$D(x)$：x 是必死的，$\text{Greek}(x)$：x 是希腊人，原论断表示为：

$$\forall x(M(x) \to D(x)), \forall x(\text{Greek}(x) \to M(x)) \Rightarrow \forall x(\text{Greek}(x) \to D(x))$$

① $\forall x(\text{Greek}(x) \to M(x))$　　　　P
② $\text{Greek}(a) \to M(a)$　　　　　　US②　　　注：转换为谓词填式
③ $\forall x(M(x) \to D(x))$　　　　　　P
④ $M(a) \to D(a)$　　　　　　　　　US③　　　注：转换为谓词填式
⑤ $\text{Greek}(a) \to D(a)$　　　　　　T②④ I　　注：命题逻辑推证
⑥ $\forall x(\text{Greek}(x) \to D(x))$　　　　UG⑤　　　注：转换回量化形式　　■

注意理解证明过程中是如何利用谓词填式将命题"搭接"在一起的。

例 2-20　证明 $\forall x(A(x) \to (B(x) \wedge C(x))) \wedge \exists x(A(x) \wedge D(x)) \Rightarrow \exists x(D(x) \wedge C(x))$。

证明　这里采用另一种记号。

① $\exists x(A(x) \wedge D(x))$　　　　　　P
② $A(c) \wedge D(c)$　　　　　　　　　$\exists-$①
③ $\forall x(A(x) \to (B(x) \wedge C(x)))$　　P
④ $A(c) \to (B(c) \wedge C(c))$　　　　$\forall-$③

⑤　$A(c)$　　　　　　　　　T②　I

⑥　$D(c)$　　　　　　　　　T②　I

⑦　$B(c) \wedge C(c)$　　　　　　T④⑤　I

⑧　$C(c)$　　　　　　　　　T⑦　I

⑨　$D(c) \wedge C(c)$　　　　　　T⑥⑧　I

⑩　$\exists x(D(x) \wedge C(x))$　　　∃+⑨　　　　　　　　　■

观察下述的另一个证明过程，它用如下步骤代替例中的前 4 个步骤：

①　$\forall x(A(x) \rightarrow (B(x) \wedge C(x)))$　　P

②　$A(c) \rightarrow (B(c) \wedge C(c))$　　　$\forall$-①　　　　注：转换到谓词填式

③　$\exists x(A(x) \wedge D(x))$　　　　P

④　$A(c) \wedge D(c)$　　　　　　　$\exists$-③

此过程与前述证明过程相比仅是次序变化，但完全错误。②中的 c 来自于全称指定，是泛指的任意一个，而③只能指定到特殊的个体 c' 而不能是 c，它违背了∃-规则的要求。

[辨析]　经验告诉我们，同时存在全称量词量化和存在量词量化时，通常应先进行存在指定（ES），再进行全称指定（US）。反之不可。

例 2-21　证明 $\forall x(P(x) \vee Q(x)) \Rightarrow \forall xP(x) \vee \exists xQ(x)$。

证明　结论为析取式，这里采用反证法。

①　$\neg (\forall xP(x) \vee \exists xQ(x))$　　P（附加前提）

②　$\neg \forall xP(x) \wedge \neg \exists xQ(x)$　　T①　E

③　$\neg \forall xP(x)$　　　　　　T②　I

④　$\neg \exists xQ(x)$　　　　　　T②　I

⑤　$\exists x \neg P(x)$　　　　　　T③　E

⑥　$\forall x \neg Q(x)$　　　　　　T④　E

⑦　$\neg P(c)$　　　　　　　ES⑤

⑧　$\neg Q(c)$　　　　　　　US⑥

⑨　$\forall x(P(x) \vee Q(x))$　　　P

⑩　$P(c) \vee Q(c)$　　　　　US⑨

⑪　$Q(c)$　　　　　　　　T⑦⑩　I

⑫　$Q(c) \wedge \neg Q(c)$（矛盾）　T⑧⑪　I　　　　　　■

例 2-22　证明 $\forall x(P(x) \rightarrow Q(x)) \Rightarrow \forall xP(x) \rightarrow \exists xQ(x)$。

证明　由于结论为条件式，这里采用 CP 规则。

①　$\forall x(P(x) \rightarrow Q(x))$　　P

②　$P(c) \rightarrow Q(c)$　　　　US①

③　$\forall xP(x)$　　　　　　P（附加前提）

④　$P(c)$　　　　　　　　ES③

⑤　$Q(c)$　　　　　　　　T②④　I

⑥　$\exists xQ(x)$　　　　　　EG⑤

⑦　$\forall xP(x) \rightarrow \exists xQ(x)$　　CP　　　　　　　　　■

例 2-23　证明下述论断：所有有理数都是实数，所有无理数也是实数，虚数不是实数。因此，虚数既不是有理数也不是无理数。

证明　记 $Q(x)$：x 是有理数，$N(x)$：x 是无理数，$R(x)$：x 是实数，$I(x)$：x 是虚数，可符号化为

$$\forall x(Q(x) \to R(x)), \forall x(N(x) \to R(x)), \forall x(I(x) \to \neg R(x)) \Rightarrow \forall x(I(x) \to (\neg Q(x) \wedge \neg N(x)))$$

① $\forall x(I(x) \to \neg R(x))$　　　P
② $I(a) \to \neg R(a)$　　　US①
③ $\forall x(Q(x) \to R(x))$　　　P
④ $Q(a) \to R(a)$　　　US③
⑤ $\neg R(a) \to \neg Q(a)$　　　T④ E
⑥ $I(a) \to \neg Q(a)$　　　T②⑤ I
⑦ $\forall x(N(x) \to R(x))$　　　P
⑧ $N(a) \to R(a)$　　　US⑦
⑨ $\neg R(a) \to \neg N(a)$　　　T⑧ E
⑩ $I(a) \to \neg N(a)$　　　T②⑨ I
⑪ $I(a) \to (\neg Q(a) \wedge \neg N(a))$　　　T⑥⑩ I
⑫ $\forall x(I(x) \to (\neg Q(x) \wedge \neg N(x)))$　　　UG⑪　■

注意，结论中的条件式是被量词约束的，不能采用 CP 规则论证。

例 2-24　证明下述论断：每一个大学生不是文科生就是理工科生，有的大学生是优等生，小张不是文科生，但他是优等生。因此，如果小张是大学生，他就是理工科学生。

证明　记 $S(x)$：x 是大学生，$A(x)$：x 是文科学生，$E(x)$：x 是理工科学生，$T(x)$：x 是优等生，z：小张，可符号化为

$$\forall x(S(x) \to (A(x) \vee E(x))), \exists x(S(x) \wedge T(x)), \neg A(z) \wedge T(z) \Rightarrow S(z) \to E(z)$$

这个题目的很多条件是冗余的。由常识可知，优等生跟文理科学生毫不相干，对推理没有帮助。

① $\neg A(z) \wedge T(z)$　　　P
② $\neg A(z)$　　　T① I
③ $S(z)$　　　P（附加前提）
④ $\forall x(S(x) \to (A(x) \vee E(x)))$　　　P
⑤ $S(z) \to (A(z) \vee E(z))$　　　US④
⑥ $A(z) \vee E(z)$　　　T③⑤ I
⑦ $E(z)$　　　T②⑥ I
⑧ $S(z) \to E(z)$　　　CP　■

例 2-25　下面的推理过程正确吗？为什么？
(1) ① $\forall x(P(x) \to Q(x))$　　　P
　　② $P(y) \to Q(y)$　　　US①
　　③ $\exists x P(x)$　　　P
　　④ $P(y)$　　　ES③
　　⑤ $Q(y)$　　　T②④ I
　　⑥ $\exists x Q(x)$　　　EG⑤
(2) ① $P(x) \to Q(y)$　　　P
　　② $\exists x(P(x) \to Q(x))$　　　EG①
(3) ① $\forall x(P(x) \to Q(x))$　　　P
　　② $P(t) \to Q(x)$　　　US①

(4) ① $\exists x P(x)$ P

    ② $P(c)$ ES①

    ③ $\exists x Q(x)$ P

    ④ $Q(c)$ ES③

解 (1) 步骤④的存在指定到个体时，不能保证是 y。正确方法是调换步骤③、④和步骤①、②的顺序。

(2) 步骤①中的 x、y 是不同变元，不能推广为同一变元。

(3) 采用量词指定规则时，辖域中的同一变元必须指定到同一个个体。

(4) 存在量词指定时只能是特殊的个体。对于不同的存在量词量化命题，保证其成立的个体一般是不同的，不能指定到同一个个体。步骤④应为不同于 c 的名字，如 s。 ■

思考与练习 2.5

2-25 说明下述推理中的错误。

    (a) ① $\neg \exists x(p(x) \vee q(x))$ P

       ② $p(y) \vee q(y)$ ES①

    (b) ① $\forall x(p(x) \rightarrow q(y))$ P

       ② $\forall x(p(x)) \rightarrow q(y)$ T①E

    (c) ① $\forall x(p(x) \vee q(x))$ P

       ② $p(a) \vee q(a)$ US①

       ③ $\exists x(p(x))$ P

       ④ $p(a)$ ES③

    (d) ① $\forall x \exists y A(x, y)$ P

       ② $\exists y A(a, y)$ US①

       ③ $A(a, b)$ ES②

       ④ $\forall x A(x, b)$ UG③

       ⑤ $\exists y \forall x A(x, y)$ EG④

2-26 形式证明下列各式。

    (a) $\forall x(\neg P(x) \rightarrow Q(x))$, $\forall x \neg Q(x) \Rightarrow \exists x P(x)$

    (b) $\exists x P(x) \rightarrow \forall x Q(x) \Rightarrow \forall x(P(x) \rightarrow Q(x))$

    (c) $\forall x(P(x) \rightarrow Q(x)) \Rightarrow \forall x P(x) \rightarrow \forall x Q(x)$

    (d) $\forall x(P(x) \vee Q(x)) \Rightarrow \forall x P(x) \vee \exists x Q(x)$

    (e) $\forall x(P(x) \rightarrow Q(x))$, $\forall x(R(x) \rightarrow \neg Q(x)) \Rightarrow \forall x(R(x) \rightarrow \neg P(x))$

    (f) $\forall x(P(x) \vee Q(x))$, $\forall x(Q(x) \rightarrow \neg R(x))$, $\forall x R(x) \Rightarrow \forall x P(x)$

2-27 符号化并形式证明下列推理过程。

    (a) 有理数都是实数，有些有理数是整数，因此，有些实数是整数。

    (b) 如果一个人喜欢步行就不喜欢骑马。每个人都喜欢骑马或乘车。有的人不爱乘车。因此，有的人不爱步行。

    (c) 每个旅客都坐头等舱或二等舱，富裕的旅客才坐头等舱，有的旅客富裕，有的不富裕。因此，有的旅客坐二等舱。

2.6 *数学证明初步

2.6.1 数学论题的描述

数学论题中存在一些专用的术语和描述方法。

[定义 2-13] 定理（theorom）是一个能被证明为真的语句。当然，只有那些重要的结果才被认为是定理。一个定理一般是由若干个前提和一个结论组成的条件语句。

[定义 2-14] 重要性稍差的定理可以称为命题（proposition）。

[定义 2-15] 用于辅助定理证明的命题称为引理（lemma）。引理通常是一个定理的复杂证明过程所需要的中间结果，可被独立证明。

[定义 2-16] 从一个定理直接建立起来的定理一般称为推论（corollary）。

[定义 2-17] 公理（axiom）是指经过人类长期反复实践的考验，不需要进行证明的基本命题。

例如，平面几何公理（如直线公理、圆公理）、实数公理（如加法结合律、结合律）等。事实上，公理通常也不能被证明，它们是证明的起点。

数学定理的描述常常会省略一些成分，典型地，可能对量的任意性不加说明。例如，对于 1.7 节曾提到的命题：

$$若 n 是偶数，则 n^2 也是偶数。$$

更准确的陈述是

$$对任意的 n，若 n 是偶数，则 n^2 也是偶数。$$

论题的实质是证明 $\forall n(p(n) \rightarrow q(n))$ 为真，证明的方法通常是对论域中的任意个体 a，说明 $p(a) \rightarrow q(a)$ 为真。

不过，在需要强调时，也会明确说明，如函数 $f(x)$ 在 x_0 处连续的定义：对任意的 $\varepsilon > 0$，（总，一定）存在 $\delta > 0$，当 $|x - x_0| < \delta$ 时，有 $|f(x) - f(x_0)| < \varepsilon$。这里强调"任意的"是为了与"存在"相区别。

2.6.2 证明方法

很明显，一个定理的符号描述即为 $p \rightarrow q$ 或 $p \vdash q$，而被证明的定理可表示为 $p \Rightarrow q$ 或 $p \vDash q$。数学证明通常采用 1.7.1 节中的非形式化证明，主要是因为形式化证明冗长、烦琐而不易理解。数学证明的过程就是利用假设、定义（对概念的界定）、公理、已证明的结论和推理规则建立定理真实性的一个有效论证，而定理和证明中的所有术语"都""必须"是有定义的，证明的最后一步就是定理的结论。

这里以示例说明定理的几种常用证明方法。

1．直接证明法

证明条件句 $p \rightarrow q$ 永真的直接方法就是假定 p 为 1，经过推理，证明 q 为 1 的方法。

例 2-26 证明：若 m 和 n 是完全平方数，则 mn 也是完全平方数。

分析：论题涉及一个术语"完全平方数"，需要先明确其定义：对于整数 u，若存在整数 v 使得 $u = v^2$，则称 u 是完全平方数。

证明 首先，假定前提为真，即 m 和 n 是完全平方数。那么，依据定义，有 a 和 b，使得

$$m = a^2, \quad n = b^2$$

因此，有

$$mn = a^2b^2 = (aa)(bb) \underset{(乘法交换律、结合律)}{=} (ab)^2$$

所以，mn 也是完全平方数，即"mn 是完全平方数"为真。 ■

2．间接证明法

(1)反证法。因为 $p \to q \Leftrightarrow \neg q \to \neg p$，那么，证明条件句 $p \to q$ 永真等同于证明条件句 $\neg q \to \neg p$ 永真，即可以假定 $\neg q$ 为 1，经过推理，说明 $\neg q$ 为 1。这可以解释为，假定结论的否定为真，则前提的否定为真，或者说，假定结论不真，则前提也不真。

例 2-27 证明：对于正整数 a 和 b，若 $ab = n$，那么 $a \leqslant \sqrt{n}$ 或 $b \leqslant \sqrt{n}$。

证明 (1)若 $\neg(a \leqslant \sqrt{n} \vee b \leqslant \sqrt{n})$ 为真，则 $\neg(a \leqslant \sqrt{n}) \wedge \neg(b \leqslant \sqrt{n})$ 为真。于是，$\neg(a \leqslant \sqrt{n})$ 和 $\neg(b \leqslant \sqrt{n})$ 都为真，那么，$a > \sqrt{n}$ 和 $b > \sqrt{n}$ 为真。对正整数 s 和 t，若 $m > s$ 且 $n > t$，则有 $mn > st$。由此规则可知，$ab > \sqrt{n}\sqrt{n} = n$，即 $\neg(ab = n)$ 为真，或者说 $ab \neq n$ 为真，与 $ab = n$ 矛盾。 ■

(2)归谬法。对于条件句 $p \to q$，若假定 p 和 $\neg q$ 都为 1，经过推理，得到一个矛盾式如 $r \wedge \neg r$，即 $\neg q \to (r \wedge \neg r) \Leftrightarrow 1 \to 0$ 为真，因为这是不可能的，说明 $\neg q$ 不能为 1，即 q 为 1。

例 2-28 证明：若 $5n + 2$ 为奇数，则 n 为奇数。

分析：这里涉及的术语是奇数和偶数：对于整数 m，若存在整数 k，使得 $m = 2k + 1$，则 m 是奇数。若存在整数 k，使得 $m = 2k$，则 m 是偶数。同时，一个整数非奇数就是偶数，反之亦然。

证明 记"$5n + 2$ 为奇数"为 p，"n 为奇数"为 q。那么，$\neg p$ 和 q 分别为命题"$5n + 2$ 为偶数"和"n 为偶数"。

假定 p 和 $\neg q$ 都为真。由 $\neg q$ 为真可知，n 为偶数。于是，有整数 k 使得 $n = 2k$。因此，有 $5n + 2 = 5(2k) + 2 = 2(5k) + 2 = 2(5k + 1)$。因为 $5n + 2$ 为偶数，说明 $\neg p$ 为真。于是，$p \wedge \neg p$ 为真，此为矛盾式。说明原题成立。 ■

证明中同样使用了乘法交换律和结合律等推理规则。

3．穷举证明法

如果前提能分成有限的类别，可以通过对每个类别进行证明达到目的，即要证明条件句 $p \to q$ 永真，而 $p \Leftrightarrow p_1 \vee p_2 \vee \cdots \vee p_n$。由于

$$(p_1 \vee p_2 \vee \cdots \vee p_n) \to q \Leftrightarrow \neg(p_1 \vee p_2 \vee \cdots \vee p_n) \vee q$$
$$\Leftrightarrow (\neg p_1 \wedge \neg p_2 \wedge \cdots \wedge \neg p_n) \vee q$$
$$\Leftrightarrow (\neg p_1 \vee q) \wedge (\neg p_2 \vee q) \wedge \cdots \wedge (\neg p_n \vee q)$$
$$\Leftrightarrow (p_1 \to q) \wedge (p_2 \to q) \wedge \cdots \wedge (p_n \to q)$$

这等同于证明所有条件句 $p_i \to q$ 永真，$i = 1, 2, \cdots, n$。因此，可对每个为 1 的条件 p_i，证明 q 为 1。此方法被称为"分情形证明法"。如果这些情形代表对有限个例子的验证则称为"穷举证明法"。

例 2-29 证明：若正整数 n 满足 $n \leqslant 5$，则 $p(n) = n^2 - n + 17$ 是素数。

证明 只要逐个检验 $n=1$、2、3、4、5 时 $p(n)$ 的值。因为 $p(1) = 17$，$p(2) = 19$，$p(3) = 23$，$p(4) = 29$，$p(5) = 37$ 都是素数，即用穷举法证明了结论成立。 ■

对再大一些的 n，结论也成立，但 $n = 17$ 时，$p(17) = 17 \times 17$ 不再是素数。

4．数学归纳法

数学归纳法通常用于处理与自然数 n 有关的命题，例如，可以对一些小的 n 建立一个猜想，再论证猜想对更大的 n 也是正确的。

设 $p(n)$ 为描述自然数 n 具有某性质的谓词（即与自然数 n 有关的命题），$n_0 \in \mathbf{N}$ 为一个起始值。数学归纳法包括 2 个步骤：

(1) $p(n_0)$ 为真；

(2) 对 $\forall n \in \mathbf{N}$ 且 $n \geq n_0$，若 $p(n)$ 为真，则可证明 $p(n+1)$ 为真。

那么，对 $\forall n \in \mathbf{N}$ 且 $n \geq n_0$，$p(n)$ 必然为真。

例 2-30　证明前 n 个奇自然数的和等于 n^2。

证明　$\vdash \overbrace{1+3+\ldots+(2n-1)}^{n\,\uparrow} = n^2$。采取如下 2 个步骤：

(1)令 $n_0 = 1$。对 $n = n_0 = 1$，$n^2 = 1$，命题对 $n = n_0$ 成立。

(2)假设对 $n = k$，有 $1+2+\ldots+(2k-1) = k^2$。增加第 $n = k+1$ 个奇数 $2k+1$，有

$$1+2+\ldots+(2k-1)+(2k+1) = k^2 + 2k + 1 = (k+1)^2$$

即命题对 $n = k+1$ 成立。因此，对所有 n，前 n 个奇自然数的和等于 n^2。　■

通常，$n_0 = 1$。但也存在一些命题，对一些较小的、特殊的 n 是不正确的，此时的 n_0 是一个经过精心验证的常数。

2.6.3　证明策略

1．等价式的证明

如果一个命题的形式是"p 当且仅当 q"，即证明 $p \Leftrightarrow q$。因为

$$p \Leftrightarrow q \text{当且仅当} p \Rightarrow q \text{且} q \Rightarrow p$$

故需要证明 $p \Rightarrow q$ 且 $q \Rightarrow p$，即实施两个方向的证明。

如果要证明多个命题等价：

$$p_1 \Leftrightarrow p_2 \Leftrightarrow p_3 \Leftrightarrow \cdots \Leftrightarrow p_n$$

即所有命题都有相同的真值，可以采取循环等价法证明：

$$p_1 \Rightarrow p_2, \quad p_2 \Rightarrow p_3, \quad \ldots, \quad p_{n-1} \Rightarrow p_n, \quad p_n \Rightarrow p_1$$

2．反例证明

对一个 $\forall x p(x)$ 形式的论证，如果能找到论域中的某个个体 a，说明 $p(a)$ 为假，则可证明原断言不真。此例称为反例。

有时，为了肯定或否定一个猜想，反例证明是否定它的有效办法，而肯定此猜想则要经过严格的论证。

例 2-31　肯定或否定：对所有的实数 x、y 和 z，若 $y > z$，有 $x \cdot y > x \cdot z$。

解　若 $x = -1$，$y = 2$，$z = 1$，显然有

$$x \cdot y = -2 < -1 = x \cdot z$$

故结论不成立。　■

3．存在性证明与构造性证明

对于一个 $\exists x P(x)$ 形式的命题（一般称为存在性证明），如果能找到一个个体 a，说明 $p(a)$ 为

真，则此证明方法称为构造性的（constructive）。如果找不到这样的 a，但可利用其他方法论证 $\exists x P(x)$ 为真，称此方法为非构造性的（nonconstructive，也直接称为存在性的）。

在构造性方法中，a 是一个物证，常常代表着一种得到对象的方法，有很好的指导作用。

简言之，构造性证明是通过把存在的对象构造出来（找到）来证明，非构造性证明仅是利用推理说明该对象存在。例如，对于断言"一个 30 人组成的班级总会有 2 个学生的生日在同一个月份"，可以实际找到这 2 个生日的月份相同的学生（构造性证明），也可以根据 30 个人但至多有 12 个月份来推理（非构造性证明）。

例 2-32 证明存在一个正整数，可以有两种形式将其表示为 2 个正整数的立方和。

证明 对于 $n=1729$，有

$$1729 = 1^3 + 12^3 = 9^3 + 10^3$$

我们实际构造出了这个整数。

著名的两个整数的"辗转相除法"就给出了这两个整数最大公约数存在的构造性证明。

例 2-33 证明无理数的无理数次方可以是有理数。

证明 设 a 是一个有理数，但 $\sqrt{a}$ 是无理数（这样的 a 很多，如 2、3、5 等）。

若 $\sqrt{a}^{\sqrt{2}}$ 是有理数，则命题得证，因为 $\sqrt{a}$ 和 $\sqrt{2}$ 都是无理数。否则，$\sqrt{a}^{\sqrt{2}}$ 是无理数，由

$$(\sqrt{a}^{\sqrt{2}})^{\sqrt{2}} = \sqrt{a}^2 = a$$

命题得证。

上述证明中并没有说明究竟哪 2 个无理数满足这样的特性，但也使命题得到了证明。

4．唯一性证明

很多问题都涉及到唯一性证明（uniqueness proof），其含义是具有某种性质的对象唯一存在。如果用 $P(x)$ 代表这种性质，那么，证明存在唯一的元素 x 使 $P(x)$ 为真可形式化描述为

$$\exists x(P(x) \land \forall y(y \neq x \rightarrow \neg P(y)))$$

或

$$\exists x(P(x) \land \forall y(P(y) \rightarrow x = y))$$

为此，需要完成两方面证明：

(1)存在性。存在元素 x 使 $P(x)$ 为真。

(2)唯一性。若元素 y 使 $P(x)$ 为真，则 $y = x$。

例 2-34 证明一次实数方程 $ax = b$ 有唯一解，其中，$a \neq 0$。

证明 因为 $a \cdot (b/a) = b$，说明 b/a 是方程的解。此为存在性证明，且是构造性的。

若有 r 满足方程，则

$$a \cdot (b/a) = b = a \cdot r$$

有 $r = b/a$。

此为唯一性证明。

思考与练习 2.6

知识导图
谓词逻辑

习题导引

2-28　说明数学证明与自然推理证明的主要区别是什么。

2-29　数学证明中时常采用"不失一般性"（without loss of generality，WLOG）的说法，通过查阅文献理解并说明其含义。

2-30   证明 $2^n > n$ 对所有正整数 n 成立。

2-31   证明对所有正整数 n，$5^n - 1$ 可被 4 整除。

2-32   证明（或否定）下述断言，并说明你采用的方法和策略。

    (a) 对所有不超过 4 的自然数 n，有 $n^2 + 1 \geq 2^n$。

    (b) 对任意的实数 x 和 y，有 $\max(x, y) + \min(x, y) = x + y$。

    (c) 有理数的无理数次方可以是无理数。

    (d) 有理数的有理数次方一定是无理数。

    (e) 实系数一次线性方程 $ax + b = c$ 有唯一解，其中，$a \neq 0$。

    (f) 对任意的正整数 a、b 和 c，若 $n = abc$，则有 $a \leq \sqrt[3]{n}$，或 $b \leq \sqrt[3]{n}$，或 $c \leq \sqrt[3]{n}$。

    (g) 任意两个无理数之间都存在一个有理数。

    (h) 任意两个有理数之间都存在一个无理数。

    (i) 对于一幅地图（边界无交叉），用 3 种颜色对所有国家（或地区）涂色，不能保证相邻国家（或地区）所涂颜色不同。

第 3 章　集合论基础

集合论是现代数学的基础，其概念出现在所有的数学分支中。集合论的开创性工作来自 19 世纪末的德国数学家康托尔（Georg Cantor）。康托尔对任意元素的集合进行了深入研究，提出了关于基数、序数和良序集等理论，奠定了集合论的深厚基础。随着 1900 年前后出现的各种悖论，使人们意识到集合论中存在着漏洞，并促使集合论向公理化发展。1904～1908 年，策墨罗（Zermelo）提出了第一个集合论的公理系统，使集合论的矛盾得以解决，并逐步形成了公理化集合论与抽象集合论，集合理论得以完善。相对地，康托尔的集合论被称为朴素集合论，也是我们今天广泛使用的集合论。

在计算机领域中，集合几乎无处不在，尤其在数据结构、数据库、人工智能领域及程序设计语言等课程中，集合论有着重要的直接应用。

3.1　集合的概念和表示方法

3.1.1　集合描述

集合（set）是一个不能精确定义的概念，一些可区分的事物（对象）组成的整体就是"集合"。若 a 是组成集合 A 的事物，则 a 是集合 A 的元素（element），称作" a 属于 A "，记作

$$a \in A$$

否则，a 不是集合 A 的元素，称作" a 不属于 A "，记作

$$a \notin A$$

[辨析] $a \in A$ 和 $a \notin A$ 都是命题，即命题 $a \in A$ 为真，则 a 是集合 A 的元素；$a \notin A$ 为真，则 a 不是集合 A 的元素。$a \notin A \Leftrightarrow \neg(a \in A)$，或者说，$a \notin A$ 是 $\neg(a \in A)$ 的简单表示。

如果组成一个集合的元素个数是有限的，即元素个数为 n（n 为某个自然数），则称其为有限（穷）集合，否则称为无限（穷）集合。有限集合 A 的元素个数用 $|A|$ 表示。

集合有 2 种表示法。

1. 枚举元素法

枚举元素法也称为外延法或列举法，是指直接列出集合的所有元素，例如

$$X = \{1, 2, 3\}$$

$$M = \{花, 水, 空气\}$$

这种方法说明了一个集合中"有什么"，只能表示那些包含有限个元素的有限集。集合中可以包含任何对象，且集合的元素可按任意次序排列。

[拓展] 在程序设计语言中一般也采用这样的表示法。例如，C 语言中定义一个一维数组就构成了一个集合

```
int a[3] = {3, 2, 5};
```

与数学中的概念不同，集合 a 仅能包含类型相同（int 类型）的 3 个元素，且元素是有序的[1]。

2．描述法

描述法也称为"内涵法"或"叙述法"。如果集合中的元素性质相同或相近，可以用谓词 $p(x)$ 来刻画其性质，如令 $p(x)$：x 是奇数，则奇数集合可表示为

$$A = \{x \mid p(x)\} \text{ 或者 } A = \{x \mid x \text{是奇数}\}$$

上述表示法说明了集合的元素"是什么"，可以解释为：对于任何一个个体 x_0，若谓词填式 $p(x_0)$ 为真，则 x_0 是 A 的元素，否则 x_0 不是 A 的元素。

集合的元素仍可以是集合，如 $A = \{a, \{a, b\}, b\}$，此集合有 3 个元素，a、b 和集合 $\{a, b\}$。

无论怎样表示，集合只注重其组成成分，元素都应是可以区分的，既不重复，也无次序。相反，程序设计语言中的数组元素可以重复并利用次序来区分。

[外延性公理] 两个集合相等当且仅当它们有相同的元素。

外延性公理说明，只要两个集合的元素一样就是一个集合，只是外观不同。例如，下述三个集合是相同的

$$\{1, 2, 3\}$$

$$\{2, 3, 1\}$$

$$\{x \mid x \text{是方程}(x-1)(x-2)(x-3) = 0 \text{的根}\}$$

[辨析] 练习用谓词逻辑的观点看待集合，进而去严格推理，逐步将朴素的思维提升到严密的逻辑思维。

一些常用集合用固定字母表示，包括自然数集 $\mathbf{N} = \{0, 1, 2, \cdots\}$、整数集 $\mathbf{Z} = \mathbf{I} = \{\cdots, -2, -1, 0, 1, 2, \cdots\}$、正整数集 $\mathbf{Z}^+ = \mathbf{I}^+ = \{1, 2, \cdots\}$、有理数集 $\mathbf{Q} = \{p/q \mid p, q \in \mathbf{Z} \text{且} q \neq 0\}$、实数集 $\mathbf{R}$、正实数集 $\mathbf{R}^+$ 和复数集 $\mathbf{C}$ 等。

3.1.2 集合的包含与相等

1．子集与集合包含

[定义 3-1] 如果集合 A 的每个元素都是集合 B 的元素，称集合 A 是集合 B 的子集（subset），或集合 A 包含于集合 B，记作 $A \subseteq B$。用谓词符号表示为：

$$A \subseteq B \Leftrightarrow \forall x (x \in A \rightarrow x \in B)$$

由定义可知，对任意的集合 A，显然有 $A \subseteq A$。

这是一个至关重要的核心定义，用自然语言应描述为：对每个 x，只要 $x \in A$，则 $x \in B$。

[辨析] "包含于"不是"包含"，二者恰好相反。它们都可以被理解成关系运算。

[辨析] 概念成立的要求是"对每个元素"或"对所有的元素"而不是"存在一个或一些"，即定义要用全称量词而不是存在量词来刻画。这种对全部数量的要求体现在绝大多数定义中。

[定理 3-1] 对任意的集合 A、B、C，若 $A \subseteq B$ 且 $B \subseteq C$，则 $A \subseteq C$。

证明 对 $\forall x \in A$，由 $A \subseteq B$，有 $x \in B$。又因为 $B \subseteq C$，有 $x \in C$，故 $A \subseteq C$。   ∎

[辨析] 上述性质与"$a \leq b$ 且 $b \leq c$，则 $a \leq c$"一致，称为包含于关系 $\subseteq$ 具有"传递性"。

[定理 3-2] 两集合相等的充分必要条件是它们互为子集，即互相包含，符号表示为

$$A = B \Leftrightarrow A \subseteq B \wedge B \subseteq A \Leftrightarrow \forall x (x \in A \leftrightarrow x \in B)$$

证明 若集合 $A = B$，则二者有相同的元素，故 $\forall x (x \in A \rightarrow x \in B)$ 与 $\forall x (x \in B \rightarrow x \in A)$ 均为

真，有 $A \subseteq B$ 且 $B \subseteq A$。

若集合 A 与 B 互为子集，如果 $A \ne B$，则 $\exists x(x \in A \wedge x \notin B)$ 为真，或 $\exists x(x \in B \wedge x \notin A)$ 为真。因为

$$\exists x(x \in A \wedge x \notin B) \Leftrightarrow \exists x \neg(\neg x \in A \vee x \in B) \Leftrightarrow \neg \ \forall x(x \in A \rightarrow x \in B)$$

$$\exists x(x \in B \wedge x \notin A) \Leftrightarrow \exists x \neg(\neg x \in B \vee x \in A) \Leftrightarrow \neg \ \forall x(x \in B \rightarrow x \in A)$$

故 $A \subseteq B$ 为假或 $B \subseteq A$ 为假，与假定矛盾，结论成立。　　　　■

这是集合论中最核心的定理，是证明集合相等的根本方法。

[辨析] 两数 a 和 b 相等描述为 $a \le b$ 且 $b \le a$，两集合 A 和 B 相等描述为 $A \subseteq B$ 且 $B \subseteq A$，可见运算 $\subseteq$ 与 $\le$ 有类似的含义。

理解符号表示

2．真子集

[定义 3-2] 如果集合 A 的每个元素都是集合 B 的元素，但集合 B 中至少有一个元素不属于 A，称集合 A 是集合 B 的真子集（proper subset），或集合 A 真包含于（严格包含于）集合 B，记作 $A \subset B$。符号表示为

$$A \subset B \Leftrightarrow \forall x(x \in A \rightarrow x \in B) \wedge \exists x(x \in B \wedge x \notin A) \Leftrightarrow A \subseteq B \wedge A \ne B$$

例如，集合 $\{a,b\}$ 是 $\{a,b,c\}$ 的子集，也是真子集。

[辨析] 定义中的"集合 B 中至少有一个元素不属于 A"也可说成"$A \ne B$"。

3.1.3　空集和全集

1．空集

[定义 3-3] 不包含任何元素的集合称为空集，记作 $\varnothing$。符号表示为

$$\varnothing = \{x \mid p(x) \wedge \neg \ p(x)\}，p(x) \text{是任意谓词}$$

[辨析] 对任意的个体 x，命题 $x \in \varnothing$ 恒为 0，即该命题为永假式。

[辨析] $\varnothing \ne \{0\}$，$\varnothing \ne \{\varnothing\}$。$\varnothing$ 表示集合里没有任何对象。如果把集合看作一个文件夹，$\varnothing$ 就是不包含任何文件的空文件夹。

显然，若 $A \ne \varnothing$，则命题 $\exists x(x \in A)$ 为真。

[定理 3-3] 对任意的集合 A，有 $\varnothing \subseteq A$，即空集是所有集合的子集。

证明　由于空集没有任何元素，通常用反证法证明。

若 $\varnothing \subseteq A$ 为假，则 $\neg \ \forall x(x \in \varnothing \rightarrow x \in A)$ 为真。因为

$$\neg \ \forall x(x \in \varnothing \rightarrow x \in A) \Leftrightarrow \exists x \neg(\neg x \in \varnothing \vee x \in A) \Leftrightarrow \exists x(x \in \varnothing \wedge x \notin A)$$

$$\Rightarrow \exists x(x \in \varnothing) \wedge \exists x(x \notin A) \Rightarrow \exists x(x \in \varnothing)$$

说明 $\exists x(x \in \varnothing)$ 为真。这与空集的定义矛盾。　　　　■

在集合论中，大量的问题仅是对一个概念是否成立的判定，而这又取决于判定描述此概念的条件命题是否为真。这是学习时需要掌握的核心技术。对于定理 3-3，要证明 $\varnothing \subseteq A$ 成立，只要说明 $\forall x(x \in \varnothing \rightarrow x \in A)$ 为真。于是，也可以不采用反证法证明。

例 3-1　利用逻辑推理直接证明 $\varnothing \subseteq A$。

证明　对 $\forall x$，由于 $x \in \varnothing$ 为永假式，故

$$\forall x(x \in \varnothing \rightarrow x \in A) \Leftrightarrow \forall x(0 \rightarrow x \in A) \Leftrightarrow 0 \rightarrow \forall x(x \in A) \Leftrightarrow 1$$

　　　　■

可见，任意集合 $A \neq \varnothing$ 均有两个子集，分别是 $\varnothing$ 和 A。

2．全集

[定义 3-4] 在一定范围内，包含所有元素的集合称为全集，记作 U（universal set，或 E）。符号表示为

$$U = \{x \mid p(x) \vee \neg p(x)\}，\quad p(x) \text{是任意谓词}$$

对任意的对象 x，命题 $x \in U$ 恒为 1，即该命题为永真式。

对任意的集合 A，有 $A \subseteq U$。

[辨析] 空集是绝对的概念，全集则是相对的概念，即只要涵盖所讨论对象的集合就可以作为全集，而并非需要包括世间万物。

[拓展] 悖论体现了逻辑上的不一致性，可以由集合反映出来。例如，把所有集合分为 2 类，第一类中的集合以其自身为元素，第二类中的集合不以自身为元素。令第二类集合所组成的集合为 Q，有

$$Q = \{A \mid A \notin A\}$$

那么，无论说 $Q \in Q$ 还是 $Q \notin Q$ 都会产生矛盾，即不能说明 $Q \in Q$ 的真假。这就是集合论悖论（罗素悖论）。

集合悖论

在信息领域处理的实际问题中，都有一个明确甚至有限的全集，不会产生悖论[19]。因此，本课程仍然介绍朴素集合论而非公理集合论。

利用下述示例可以帮助我们正确理解属于 $\in$ 和包含于 $\subseteq$ 的含义。

例 3-2 构造集合 A、B 和 C，使 $A \in B$，$B \in C$，且 $A \notin C$。

解 令 $A = \{a\}$，$B = \{\{a\},b\}$，$C = \{\{\{a\},b\},c\}$ 则满足要求。 ∎

为了消除括号带来的混乱，可写成

$$A = \{a\}，\quad B = \{A,b\}，\quad C = \{B,c\}$$

这更能体会出构造者的想法。

例 3-3 对任意集合 A、B 和 C，确定下述命题是否为真。

(1) 如果 $A \in B$ 及 $B \subseteq C$，则 $A \in C$。　　(2) 如果 $A \in B$ 及 $B \subseteq C$，则 $A \subseteq C$。

(3) 如果 $A \subseteq B$ 及 $B \in C$，则 $A \in C$。　　(4) 如果 $A \subseteq B$ 及 $B \in C$，则 $A \subseteq C$。

(5) 如果 $A \subseteq B$ 及 $B \nsubseteq C$，则 $A \notin C$。　　(6) 如果 $A \subseteq B$ 及 $B \in C$，则 $A \notin C$。

(7) 如果 $A \subseteq B$ 则 $A \notin B$。

解 (1) 真。因为 B 是 C 的子集，故 B 的元素 A 也是 C 的元素。

(2) 假。如 $A = \{a\}$，$B = \{A\}$，$C = \{A,c\}$。

(3) 假。如 $A = \{a\}$，$B = \{a,b\}$，$C = \{B,c\}$。

(4) 假。反例同(3)。

(5) 假。如 $A = \{a\}$，$B = \{a,b\}$，$C = \{A,c\}$。

(6) 假。如 $A = \{a\}$，$B = \{a,b\}$，$C = \{A,B\}$。

(7) 假：如 $A = \{a\}$，$B = \{a,A\}$。 ∎

[辨析] 给出一定的条件，要求说明某论断是否成立是常见的问题形式。若给出肯定回答，一般需要完成一次证明，而否定回答时可举出一个说明论断不真的例子，即反例。

3.1.4　集合的幂集

[定义 3-5] 集合 A 的所有子集构成的集合称为 A 的幂集（power set），记作
$$\mathscr{P}(A) = \{x \mid x \subseteq A\}$$

例如，$\mathscr{P}(\varnothing) = \{\varnothing\}$。若 $A = \{a,b,c\}$，则
$$\mathscr{P}(A) = \{\varnothing, \{a\}, \{b\}, \{c\}, \{a,b\}, \{a,c\}, \{b,c\}, \{a,b,c\}\}$$

不同子集含有的元素个数不同，在计算机内表示起来困难，也难以存储和运算。一个更有效的方法是将其表示为定长的串。若 $A = \{a_1, a_2, \cdots, a_n\}$，其所有子集可表示为
$$A_{x_1 x_2 \cdots x_n}$$

其中，
$$x_i = \begin{cases} 1 & , a_i \in A \\ 0 & , a_i \notin A \end{cases}, \quad 1 \leq i \leq n$$

例如，前述的幂集可写成
$$\mathscr{P}(A) = \{A_{000}, A_{100}, A_{010}, A_{001}, A_{110}, A_{101}, A_{011}, A_{111}\}$$

如果用十进制表示，其子集为 $A_0 \sim A_7$。

这种对子集的编码表示方法十分有效。例如，若 $|A|$ 不超过 8，可以用 1 字节的量存储 A 的子集，每个二进制位标志着对应的元素是否属于此子集。

[拓展] 利用程序设计语言中的位运算即可完成对编码子集的运算。例如，要计算子集 $A_{10010010}$ 和 $A_{01000010}$ 的交集，只需要对两个单字节的整数（机器内部为二进制串）10010010 和 01000010 做按位与运算&，得到子集 $A_{00000010}$。类似地，两个子集的并、对称差可分别由按位或运算|和按位异或运算^直接计算出来[1]。

[拓展] 对子集编码的表示方法可以解释为"将子集表示为向量"，这种思想可被用于 one-hot（独热）编码，也称"分类编码"。在人工智能的自然语言处理（NLP）领域，需要处理的文本一般要用独立的单词来表示。例如，一个文本 "The cat sat on the mat." 可表示为单词集合：
$$A = \{a_1, a_2, a_3, a_4, a_5, a_6\} = \{\text{the, cat, sat, on, mat, .}\}$$

单词很难被直接处理，一种简单的加工方法是将每个单词转换为向量后作为处理系统的输入而非直接输入单词：
$$A = \{100000, 010000, 001000, 000100, 000010, 000001\}$$

所谓"独热"是指此向量只有第 i 个元素（对应着单词的位置）是 1，其余元素都为 0。故独热编码也被称为"一位有效编码"，是一种简单的将特征数字化的方法。

通过子集的编码表示还可以很容易得到全部子集的数量，即幂集的元素个数。

[定理 3-4] 若 $|A| = n$，则 $|\mathscr{P}(A)| = 2^n$。

因为任何一个码字 x_i 只有 1 或 0 两种取值，故 n 个码字的总取值数量为
$$\overbrace{\binom{2}{1}\binom{2}{1}\cdots\binom{2}{1}}^{n\text{个}} = 2^n$$
∎

还可以分别计算含有 k（$0 \leq k \leq n$）个元素的子集个数，再累加得到所有子集的个数。

[辨析] 空集的幂集只有一个元素，其他集合的幂集有偶数个元素。

由于一个有限集合 X 的幂集 $|\mathscr{P}(X)|$ 有 $2^{|X|}$ 个元素，故也用 2^X 表示集合 X 的幂集。

例 3-4　求集合 A 的幂集。

(1)　$A=\{a,\{a\}\}$　　　　　　　　　　(2)　$A=\{\{1,\{2,3\}\}\}$

(3)　$A=\{\varnothing,a,\{b\}\}$　　　　　　　　(4)　$A=\mathscr{P}(\varnothing)$

解　(1) 集合 A 有 2 个元素，$\mathscr{P}(A)=\{\varnothing,\{a\},\{\{a\}\},\{\{a,\{a\}\}\}=\{\varnothing,\{a\},\{\{a\}\},A\}$。

(2) 集合 A 有 1 个元素，$\mathscr{P}(A)=\{\varnothing,\{\{1,\{2,3\}\}\}\}=\{\varnothing,A\}$。

(3) 集合 A 有 3 个元素，$\mathscr{P}(A)=\{\varnothing,\{\varnothing\},\{a\},\{\{b\}\},\{\varnothing,a\},\{\varnothing,\{b\}\},\{a,\{b\}\},A\}$。

(4)　$\mathscr{P}(A)=\mathscr{P}(\mathscr{P}(\varnothing))=\mathscr{P}(\{\varnothing\})=\{\varnothing,\{\varnothing\}\}$。　　　　■

思考与练习 3.1

习题导引

3-1　准确说明并用符号描述 $A\subseteq B$、$A\subset B$、$A=B$ 的含义。

3-2　利用基本定义推出 $A\nsubseteq B$、$A\not\subset B$、$A\neq B$ 定义的符号描述。

3-3　何谓集合 A 的幂集？对于有限集，其幂集的元素个数是多少？

3-4　找出使命题 $A\in B$ 且 $A\subseteq B$ 成立的例子。

3-5　证明或否定：

(a)　$\varnothing\subseteq\varnothing$　　　　　　　　　　(b)　$\varnothing\in\varnothing$

(c)　$\varnothing\in\{\varnothing\}$　　　　　　　　　(d)　$\{a,b\}\subseteq\{a,b,c,\{a,b,c\}\}$

(e)　$\{a,b\}\in\{a,b,c,\{a,b,c\}\}$

3-6　对任意的集合 A、B、C，证明或否定：

(a)　若 $A\in B$ 且 $B\in C$，则 $A\in C$。　　(b)　若 $A\in B$ 且 $B\nsubseteq C$，则 $A\notin C$。

3-7　求下列集合的幂集：

(a)　$\{a,\{a\}\}$　　　　　　　　　　(b)　$\{\{a,\{b,c\}\}\}$

(c)　$\{\varnothing,1,\{2\}\}$　　　　　　　　(d)　$\mathscr{P}(\mathscr{P}(\varnothing))$

3-8　记 $T=\mathscr{P}(\mathscr{P}(\mathscr{P}(\varnothing)))$，判别是否有：$\varnothing\in T$、$\varnothing\subseteq T$、$\{\varnothing\}\in T$、$\{\varnothing\}\subseteq T$、$\{\{\varnothing\}\}\in T$ 和 $\{\{\varnothing\}\}\subseteq T$？

3-9　设 $A=\{a_1,a_2,\cdots,a_8\}$，问 A_{17} 和 A_{33} 表示的子集是什么？子集 $\{a_2,a_3,a_7\}$ 和 $\{a_5,a_8\}$ 又是如何编码的？

3-10　证明空集 $\varnothing$ 是唯一的。

3-11　设 A、B 为任意集合，证明：$A=B$ 当且仅当 $\mathscr{P}(A)=\mathscr{P}(B)$。

3.2　集　合　运　算

3.2.1　基本运算

集合运算是由已知集合得到新集合的手段。

1. 集合的交（intersection）

[定义 3-6] 集合 A 和 B 的所有共同元素组成的集合称为 A 与 B 的交，记作 $A\bigcap B$。符号表示为

$$A \bigcap B = \{x | x \in A \land x \in B\}$$

例如，$\{1,2,3\} \bigcap \{2,1,-1\} = \{1,2\}$，$\{1,3\} \bigcap \varnothing = \varnothing$，$\{1,3\} \bigcap U = \{1,3\}$。

[理解] (1) 只要 $x \in A$ 且 $x \in B$，必有结论 $x \in A \bigcap B$；(2) 只要 $x \in A \bigcap B$，必有结论 $x \in A$ 且 $x \in B$，即 $x \in A \land x \in B$ 为真。也可换个说法：若 $x \in A_1 \bigcap A_2$，则 $\forall i (1 \leqslant i \leqslant 2 \land i \in \mathbf{Z} \to x \in A_i)$ 为真，或者说，$\forall i ((i = 1 \lor i = 2) \to x \in A_i)$ 为真。

若 $A \bigcap B = \varnothing$，称集合 A 与 B 是不相交的。

2．集合的并（union）

[定义 3-7] 属于集合 A 或者属于集合 B 的所有元素组成的集合称为 A 与 B 的**并**，记作 $A \bigcup B$。符号表示为

$$A \bigcup B = \{x | x \in A \lor x \in B\}$$

例如，$\{1,2,3\} \bigcup \{2,1,-1\} = \{1,2,3,-1\}$，$\{1,3\} \bigcup \varnothing = \{1,3\}$，$\{1,3\} \bigcup U = U$。

[理解] (1) 只要 $x \in A$ 或者 $x \in B$，必有结论 $x \in A \bigcup B$；(2) 只要 $x \in A \bigcup B$，必有结论 $x \in A$ 或者 $x \in B$，即 $x \in A \lor x \in B$ 为真。也可换个说法：若 $x \in A_1 \bigcup A_2$，则 $\exists i (1 \leqslant i \leqslant 2 \land i \in \mathbf{Z} \land x \in A_i)$ 为真，或者说，$\exists i ((i = 1 \lor i = 2) \land x \in A_i)$ 为真。

3．集合的差（difference，subtraction）

[定义 3-8] 属于集合 A 而不属于集合 B 的所有元素组成的集合称为集合 A 与 B 的**差**，记作 $A - B$。符号表示为

$$A - B = \{x | x \in A \land x \notin B\} = \{x | x \in A \land \neg\, x \in B\}$$

对于一般集合，$A - B$ 也称为 B 对于 A 的补或相对补，$U - B$ 称为 B 的绝对补或 B 的余集，简记为 $\sim B$ 或 $\overline{B}$。

[理解] (1) 只要 $x \in A$ 且 $x \notin B$，必有结论 $x \in A - B$；(2) 只要 $x \in A - B$，必有结论 $x \in A$ 且 $x \notin B$；(3) 只要 $x \in A$ 且 $x \in B$，必有结论 $x \notin A - B$。

[辨析] 依定义，$\sim B = U - B = \{x | x \in U \land x \notin B\} = \{x | 1 \land \neg\, x \in B\} = \{x | \neg\, x \in B\}$，即 $\sim B$ 是由所有不属于 B 的元素组成的集合。于是，有

$$A - B = \{x | x \in A \land \neg\, x \in B\} = A \bigcap \sim B$$

例 3-5　若 A 为素数集合，B 为奇数集合，求 $A - B$。

解　$A - B = \{2\}$。　　　　　　　　　　　　　　　　　　　　■

4．集合的对称差（symmetric difference）

[定义 3-9] 属于集合 A 或者属于集合 B，但不同时属于 A 和 B 的所有元素组成的集合称为集合 A 与 B 的对称差，记作 $A \oplus B$。符号表示为

$$
\begin{aligned}
A \oplus B &= (A \bigcup B) - (A \bigcap B) = \{x | x \in A \bigcup B \land x \notin A \bigcap B\} \\
&= (A - B) \bigcup (B - A) = \{x | x \in A - B \lor x \in B - A\} \\
&= \{x | x \in A \,\underline{\vee}\, x \in B\}
\end{aligned}
$$

[理解] (1) 只要 $x \in A$ 或 $x \in B$，且 $x \notin A \bigcap B$，必有结论 $x \in A \oplus B$；(2) 只要 $x \in A \oplus B$，必有结论 $x \in A$ 或 $x \in B$，且 $x \notin A \bigcap B$；(3) 只要 $x \in A \land x \in B$，即 $x \in A \bigcap B$，必有 $x \notin A \oplus B$。

例 3-6　设 $X = \{x | x \in \mathbf{Z}^+ \land x$ 是 12 的因数$\}$，$Y = \{x | x \in \mathbf{Z}^+ \land x$ 是 16 的因数$\}$，求 $X \oplus Y$。

解　$X = \{1,2,3,4,6,12\}$，$Y = \{1,2,4,8,16\}$，有

$$X \oplus Y = (X-Y) \bigcup (Y-X) = \{3,6,12\} \bigcup \{8,16\} = \{3,6,8,12,16\}$$　■

例 3-7　确定以下各式的值：

$\varnothing \bigcap \{\varnothing\}$，$\{\varnothing\} \bigcap \{\varnothing\}$，$\varnothing \bigcup \{\varnothing\} \bigcup \{\{\varnothing\}\}$，$\{\varnothing,\{\varnothing\}\} - \varnothing$，$\{\varnothing,\{\varnothing\}\} - \{\varnothing\}$，$\{\varnothing,\{\varnothing\}\} - \{\{\varnothing\}\}$，$\{\varnothing,\{\varnothing\}\} \oplus \{\{\varnothing\}\}$

解　$\varnothing \bigcap \{\varnothing\} = \varnothing$，$\{\varnothing\} \bigcap \{\varnothing\} = \{\varnothing\}$，$\varnothing \bigcup \{\varnothing\} \bigcup \{\{\varnothing\}\} = \{\varnothing,\{\varnothing\}\}$

$\{\varnothing,\{\varnothing\}\} - \varnothing = \{\varnothing,\{\varnothing\}\}$，$\{\varnothing,\{\varnothing\}\} - \{\varnothing\} = \{\{\varnothing\}\}$

$\{\varnothing,\{\varnothing\}\} - \{\{\varnothing\}\} = \{\varnothing\}$，$\{\varnothing,\{\varnothing\}\} \oplus \{\{\varnothing\}\} = \{\varnothing\}$　■

[辨析] 直观理解基本运算的有效技术是英国数学家 John Venn 在 1881 年给出的文氏图（维恩图）。用一个矩形表示全集 U，内部用圆或椭圆表示集合，用点表示集合的元素，如图 3-1 所示，其中，阴影部分显示了集合运算的结果。

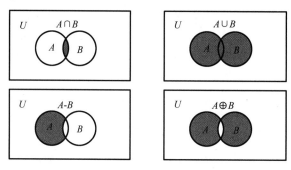

图 3-1

考虑到运算的封闭性，通常将集合运算放在一个幂集上来考虑。例如，对于任意集合 S，可以在其幂集 $\mathscr{P}(S)$ 上讨论集合的运算。这样一来，S 就是全集，对任意的 $x \in \mathscr{P}(S)$，$y \in \mathscr{P}(S)$，集合 x 与 y 的运算结果 z 仍是 S 的子集，即 $z \in \mathscr{P}(S)$。

3.2.2　多集合的交与并

1. 多个集合的交

[定义 3-10] 所有集合 $A_i (1 \leq i \leq n)$ 的共同元素组成的集合称为 A_i 的交，记作 $\bigcap_{i=1}^{n} A_i$。符号表示为

$$\bigcap_{i=1}^{n} A_i = \{x \mid \forall i (1 \leq i \leq n \rightarrow x \in A_i)\}$$

尽管定义中没有体现，容易理解，i 应为整数。当然，也可以在定义中明确指出。

[理解] 若有 $x \in \bigcap_{i=1}^{n} A_i$，则对 $\forall i$，只要 $1 \leq i \leq n$，则 $x \in A_i$。

2. 多个集合的并

[定义 3-11] 至少属于某个集合 A_i（$1 \leq i \leq n$）的元素组成的集合称为 A_i 的并，记作 $\bigcup_{i=1}^{n} A_i$。符号表示为

$$\bigcup_{i=1}^{n} A_i = \{x \mid \exists i (1 \leq i \leq n \wedge x \in A_i)\}$$

[理解] 若有 $x \in \bigcup_{i=1}^{n} A_i$，则 $\exists i$，$1 \leq i \leq n$，使 $x \in A_i$。

如果将定义中的 n 改为 $+\infty$，就是无穷个集合的交与并。

例 3-8　若 $A_i = \{1, 1/2, 1/3, \cdots, 1/i\}$，求 $\bigcap_{i=1}^{+\infty} A_i$ 和 $\bigcup_{i=1}^{+\infty} A_i$。

解

$$\bigcap_{i=1}^{+\infty} A_i = \{1\}$$

$$\bigcup_{i=1}^{+\infty} A_i = \{1/i \mid i \geqslant 1 \wedge i \in \mathbf{Z}\}$$ ■

3．集合的广义交与并

[定义 3-12] 设集合 $\mathscr{A}$ 的元素为集合，所有 $\mathscr{A}$ 的元素的共同元素组成的集合称为 $\mathscr{A}$ 的"广义交"，记作 $\bigcap \mathscr{A}$。符号表示为

$$\bigcap \mathscr{A} = \{x \mid \forall z (z \in \mathscr{A} \rightarrow x \in z)\}$$

很明显，若有 $x \in \bigcap \mathscr{A}$，则对 $\forall z \in \mathscr{A}$，必有 $x \in z$。

[定义 3-13] 设集合 $\mathscr{A}$ 的元素为集合，属于 $\mathscr{A}$ 的某个元素的元素组成的集合称为 $\mathscr{A}$ 的"广义并"，记作 $\bigcup \mathscr{A}$。符号表示为

$$\bigcup \mathscr{A} = \{x \mid \exists z (z \in \mathscr{A} \wedge x \in z)\}$$

很明显，若有 $x \in \bigcup \mathscr{A}$，则 $\exists z \in \mathscr{A}$，使 $x \in z$。

通俗地讲，集合 $\mathscr{A}$ 的广义交和广义并就是 $\mathscr{A}$ 的所有元素（集合）的交和并。

例 3-9　若 $\mathscr{A} = \{\{a,b,c\}, \{b,c,d\}, \{a,c\}\}$，求 $\bigcap \mathscr{A}$ 和 $\bigcup \mathscr{A}$。

解

$$\bigcap \mathscr{A} = \{a,b,c\} \bigcap \{b,c,d\} \bigcap \{a,c\} = \{c\}$$

$$\bigcup \mathscr{A} = \{a,b,c\} \bigcup \{b,c,d\} \bigcup \{a,c\} = \{a,b,c,d\}$$ ■

[拓展] 科技文献中的多集合的交与并可以有各种灵活的记法。例如，$\bigcap_{i=1}^{n} A_i$ 和 $\bigcup_{i=1}^{n} A_i$ 可以表示为

$$\bigcap_{1 \leqslant i \leqslant n} A_i, \quad \text{或} \bigcap_{i \in \{1,2,\cdots,n\}} A_i, \quad \text{或} \bigcap_{i \in X} A_i, \quad X = \{1, 2, \cdots, n\}$$

$$\bigcup_{1 \leqslant i \leqslant n} A_i, \quad \text{或} \bigcup_{i \in \{1,2,\cdots,n\}} A_i, \quad \text{或} \bigcup_{i \in X} A_i, \quad X = \{1, 2, \cdots, n\}$$

例 3-10　记 H、G 为集合，定义

$$aH = \{a \times h \mid h \in H\}$$

若 $H = \{0,1,2\}$，$G = \{1,2,3\}$，求 $\bigcup_{a \in G} aH$。

解　显然，$\bigcup_{a \in G} aH = \bigcup \{aH \mid a \in G\}$ 代表了一种集合的广义并。对 H 和 G，有

$$\bigcup_{a \in G} aH = \bigcup_{a=1}^{3} aH = 1H \bigcup 2H \bigcup 3H$$

$$= \{0,1,2\} \bigcup \{0,2,4\} \bigcup \{0,3,6\} = \{0,1,2,3,4,6\}$$ ■

多集合交与并

熟悉多集合运算的表示方法有利于对实际问题进行更准确的数学描述。

[拓展] 一种直接利用集合基本运算所产生的应用技术称为数学形态学，它在图像处理领域的图像分割、特征抽取、边缘检测、图像滤波、图像增强和恢复等方面有广泛的用途[20-22]。例如，对于一幅二值（黑白）图像，其数据可描述成一个由 0（黑）和 1（白）组成的集合，记作 A。令 B 是一个小的图像集合，称为结构元素或探针。于是，可以定义如下的形态学运算：

$$A \ominus B = \{x \mid B + x \subset A\}$$

$$A \oplus B = \bigcup \{A + b \mid b \in B\}$$

它们分别称为腐蚀和膨胀。$A \ominus B$ 是将 B 平移 x 后仍包含于 A 的所有 x 组成的集合，$A \oplus B$ 的定义采用了集合的广义并，含义是将 A 依据 B 的全部元素平移后产生的所有元素集合。这些运算作用到集合后就会产生如其名字所体现的作用。例如，图 3-2 是利用一个圆形的小结构元素 B 腐

蚀一个矩形图像 A 的结果。

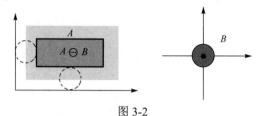

图 3-2

显然，原始图像 A 被腐蚀掉了边界。通过这种运算可以消除图像中的杂点、毛刺等噪声。类似地，通过膨胀可以添补图像中的小孔洞等成分。在此基础上，可以进一步定义开、闭、击中、击不中等运算。本质上，数学形态学是一种对信号的滤波。

思考与练习 3.2

3-12 说明并用符号描述 $A \cap B$、$A \cup B$、$A - B$、$\sim A$ 和 $A \oplus B$ 的含义。

3-13 设 $A = \{x | x$ 是 book 中的字母$\}$，$B = \{x | x$ 是 blood 中的字母$\}$，求 $A \cap B$、$A \cup B$、$A - B$ 和 $A \oplus B$。

3-14 设有自然数集 **N** 的子集 $A = \{i | i$ 可被 3 整除$\}$，$B = \{i | i$ 可被 5 整除$\}$，求 $A \cap B$、$A \cup B$、$\sim A$、$\sim (A \cap B)$、$A \oplus B$。

3-15 由 $x \in A \cup B \cup C$ 和 $x \in A \cap B \cap C$ 分别可得到什么结论？用符号形式描述。

3-16 由 $x \in \bigcup_{i=1}^{+\infty} A_i$ 和 $x \in \bigcap_{i=1}^{+\infty} A_i$ 分别能得到什么结论？用符号形式描述。

3-17 对任意的正整数 i 和下述集合，求 $\bigcup_{i=1}^{+\infty} A_i$ 和 $\bigcap_{i=1}^{\infty} A_i$。

(a) $A_i = \{i, i+1, i+2, \cdots\}$　　　　　(b) $A_i = \{0, i\}$

(c) $A_i = \{x | x \in \mathbf{R} \wedge 0 < x < i\}$　　　(d) $A_i = \{x | x \in \mathbf{R} \wedge x > i\}$

3-18 有集合 $\varnothing \cup \{\varnothing\}$、$\{\varnothing\} \cap \{\varnothing\}$、$\{\varnothing, \{\varnothing\}\} - \{\varnothing\}$ 和 $\{\varnothing, \{\varnothing\}\} - \{\{\varnothing\}\}$，哪个集合的值不等于 $\{\varnothing\}$？

3-19 根据定义总结 $\cap$、$\cup$ 运算满足的算律。

3-20 设 $A = \{\{\varnothing\}, \{\{\varnothing\}\}\}$，求 $\mathscr{P}(\cap A)$ 和 $\mathscr{P}(\cup A)$。

3-21 对任意的集合 A，说明：

(a) $A \oplus A = ?$　$A \oplus \varnothing = ?$　$A \oplus U = ?$　(b) $\oplus$ 运算还满足的其他算律。

3-22 设 A、B 为集合，若 $A - B = B$，A 与 B 有何关系？若 $A - B = A$，A 与 B 有何关系？

3-23 设 A、B 为集合，证明或否定：

(a) $A \subseteq B$ 当且仅当 $A \cup B = B$。　　(b) $A \subseteq B$ 当且仅当 $A \cup (B - A) = B$。

(c) $A \subseteq B$ 当且仅当 $A \cap B = A$。　　(d) $B \subseteq A$ 当且仅当 $(A - B) \cap B = A$。

3-24 对任意集合 A、B、C，下述命题是否成立？为什么？

(a) $A \cup B = A \cup C$ 则 $B = C$。　　(b) $A \cap B = A \cap C$ 则 $B = C$。

3-25 画出下述集合的文氏图。

(a) $\sim A \cap \sim B$　　　　(b) $A - \overline{(B \cup C)}$　　　　(c) $A \cap (\sim B \cup C)$

3-26 用集合运算公式表示出图 3-3 中的阴影部分。

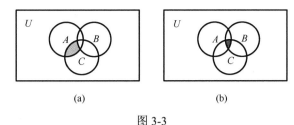

图 3-3

3-27　设集合 $\mathscr{A} = \{\{\varnothing, \{\varnothing\}\}, \{\varnothing, \{\varnothing\}, \{\{\varnothing\}\}\}, \{\varnothing, \{\{\varnothing\}\}\}\}$，求 $\bigcap \mathscr{A}$ 和 $\bigcup \mathscr{A}$。

3-28　*编制程序，使之能计算两个集合的各种运算结果。

3.3　集合运算的性质

集合运算满足很多与命题演算一致的性质。除了简单的集合元素计算（包括幂集）之外，为了得到或验证集合运算所具有的特性，几乎仅需要证明一个问题：集合包含。一个论证可能要求直接说明集合包含，或者要求说明集合相等，但本质上都是集合包含（相等时要说明互相包含）。

集合的恒等变换提供了一种说明集合相等的方法，而集合包含的定义提供了论证集合之间存在包含或相等关系的根本途径。

3.3.1　集合算律与恒等变换

可以通过化简、变形等运算证明集合包含或相等关系，从而得到一些基本算律。这些算律可视为集合运算的基本性质。

由于集合运算的定义来自于命题逻辑及谓词逻辑，基本算律和性质都与命题逻辑的算律完全相同，如交换律、结合律和分配律等。因此，可以从命题逻辑的基本等价式直接推断出集合运算的对应性质，参见表 3-1。

表 3-1

集合算律	对应的命题等价关系	含　义
$A \cup \varnothing = A$ $A \cap U = A$	$a \vee 0 \Leftrightarrow a$ $a \wedge 1 \Leftrightarrow a$	同一律
$A \cup U = U$ $A \cap \varnothing = \varnothing$	$a \vee 1 \Leftrightarrow 1$ $a \wedge 0 \Leftrightarrow 0$	零律
$A \cup A = A$ $A \cap A = A$	$a \vee a \Leftrightarrow a$ $a \wedge a \Leftrightarrow a$	等幂律
$\sim (\sim A) = A$	$\neg (\neg a) \Leftrightarrow a$	对合律（补集律）
$A \cup B = B \cup A$ $A \cap B = B \cap A$	$a \vee b \Leftrightarrow b \vee a$ $a \wedge b \Leftrightarrow b \wedge a$	交换律
$A \cup (B \cup C) = (A \cup B) \cup C$ $A \cap (B \cap C) = (A \cap B) \cap C$	$a \vee (b \vee c) \Leftrightarrow (a \vee b) \vee c$ $a \wedge (b \wedge c) \Leftrightarrow (a \wedge b) \wedge c$	结合律
$A \cap (B \cup C) = (A \cap B) \cup (A \cap C)$ $A \cup (B \cap C) = (A \cup B) \cap (A \cup C)$	$a \wedge (b \vee c) \Leftrightarrow (a \wedge b) \vee (a \wedge c)$ $a \vee (b \wedge c) \Leftrightarrow (a \vee b) \wedge (a \vee c)$	分配律
$\sim (A \cup B) = \sim A \cap \sim B$ $\sim (A \cap B) = \sim A \cup \sim B$	$\neg (a \vee b) \Leftrightarrow \neg a \wedge \neg b$ $\neg (a \wedge b) \Leftrightarrow \neg a \vee \neg b$	德·摩根律
$A \cup (A \cap B) = A$ $A \cap (A \cup B) = A$	$a \vee (a \wedge b) \Leftrightarrow a$ $a \wedge (a \vee b) \Leftrightarrow a$	吸收律
$A \cup \sim A = U$ $A \cap \sim A = \varnothing$	$a \vee \neg a \Leftrightarrow 1$ $a \wedge \neg a \Leftrightarrow 0$	否定律

　　利用各运算的定义能够直接验证上述算律中的等式，还可以依据这些基本算律经过恒等变换证明其他集合等式或包含关系。

　　例 3-11　利用集合演算证明下述等式。

(1) $A \cup (A \cap B) = A$　　　　　　　　　(2) $A \cap (B - C) = (A \cap B) - (A \cap C)$

(3) $(B - A) \cup A = B \cup A$　　　　　　　(4) $\sim (A \cup (B \cap C)) = (\sim B \cup \sim C) \cap \sim A$

　　证明　(1) $A \cup (A \cap B) = (A \cap U) \cup (A \cap B) = A \cap (U \cup B) = A$。此为吸收律。

(2) $(A \cap B) - (A \cap C) = (A \cap B) \cap \sim (A \cap C) = (A \cap B) \cap (\sim A \cup \sim C)$
$$= (A \cap B \cap \sim A) \cup (A \cap B \cap \sim C) = \varnothing \cup (A \cap (B \cap \sim C))$$
$$= A \cap (B - C)$$

(3) $(B - A) \cup A = (B \cap \sim A) \cup A = (B \cup A) \cap (\sim A \cup A) = (B \cup A) \cap U = B \cup A$

(4) $\sim (A \cup (B \cap C)) = \sim A \cap \sim (B \cap C) = \sim (B \cap C) \cap \sim A = (\sim B \cup \sim C) \cap \sim A$ ■

　　用恒等变换（演算）证明集合相等经常采取的方法是将复杂的表达式进行化简，但需要一定的技巧，应用范围也有限。

3.3.2　基于定义的运算性质验证

　　集合运算证明的核心问题是集合包含，即 $\mathscr{A} \subseteq \mathscr{B}$，基于定义的证明方法是指：由 $\forall x \in \mathscr{A}$ 的假定出发，推证出 $x \in \mathscr{B}$ 的结论。

　　集合的名字可以变化，集合的元素可以变化，但由这种假定（前提）到结论的推证过程是确定的。

　　例 3-12　设 $A \subseteq B$，求证 $A \cap C \subseteq B \cap C$。

　　证明　这里的 $\mathscr{A} = A \cap C$，$\mathscr{B} = B \cap C$。

　　对 $\forall x$，若 $x \in \mathscr{A}$，由集合交的定义，有
$$x \in A \wedge x \in C$$

因为 $A \subseteq B$，有
$$x \in B \wedge x \in C$$

故 $x \in \mathscr{B}$。结论成立。 ■

　　[辨析] 观察要证明的结论，而不是条件！做出正确的假设"$\forall x \in \mathscr{A}$"并明确要推证的结论"$x \in \mathscr{B}$"之后，再细致研究题目给定的其他条件。

　　观察证明过程可知，集合的包含证明就是将结论中的集合"替代"定义中的集合，再逐个解释、组合定义的过程。

$$\forall x,\ x \in \mathscr{A} \underset{(A \cap C \text{定义})}{\Leftrightarrow} x \in A \wedge x \in C \underset{(A \subseteq B \text{定义})}{\Rightarrow} x \in B \wedge x \in C \underset{(B \cap C \text{定义})}{\Leftrightarrow} x \in \mathscr{B}$$
$$\underline{\hspace{4cm} \mathscr{A} \subseteq \mathscr{B} \text{ 定义} \hspace{4cm}}$$

　　例 3-13　证明 $\sim (A \cup B) = \sim A \cap \sim B$。

　　证明　$\vdash \sim (A \cup B) \subseteq \sim A \cap \sim B$。

　　对 $\forall x$，有
$$x \in \sim (A \cup B) \Rightarrow \neg x \in (A \cup B) \Rightarrow \neg (x \in A \vee x \in B)$$
$$\Rightarrow \neg x \in A \wedge \neg x \in B \Rightarrow x \in \sim A \wedge x \in \sim B$$
$$\Rightarrow x \in \sim A \cap \sim B$$

由于上述过程都是可逆的，有 $\sim A \cap \sim B \subseteq \sim (A \cup B)$，结论成立。 ■

例 3-14 证明 $A-B=A-(A\bigcap B)$。

证明 $\vdash A-B\subseteq A-(A\bigcap B)$。

对 $\forall x$，有

$$x\in A-B\Rightarrow x\in A\wedge x\notin B\Rightarrow x\in A\wedge x\notin A\bigcap B\Rightarrow x\in A-(A\bigcap B)$$

$\vdash A-(A\bigcap B)\subseteq A-B$。

对 $\forall x$，有

$$x\in A-(A\bigcap B)\Rightarrow x\in A\wedge\neg\, x\in A\bigcap B\Rightarrow x\in A\wedge\neg(x\in A\wedge x\in B)$$
$$\Rightarrow x\in A\wedge(\neg\, x\in A\vee\neg\, x\in B)$$
$$\Rightarrow (x\in A\wedge\neg\, x\in A)\vee(x\in A\wedge\neg\, x\in B)$$
$$\Rightarrow x\in A\wedge\neg\, x\in B\Rightarrow x\in A-B。结论成立。 ∎$$

例 3-15 证明 $A\oplus(B\oplus C)=(A\oplus B)\oplus C$，即对称差运算 $\oplus$ 满足结合律。

证明 对 $\forall x$，有

$$x\in A\oplus(B\oplus C)\Rightarrow x\in A\,\overline{\vee}\,(x\in B\,\overline{\vee}\,x\in C)$$
$$\Rightarrow (x\in A\,\overline{\vee}\,x\in B)\,\overline{\vee}\,x\in C\Rightarrow x\in(A\oplus B)\oplus C$$

故 $A\oplus(B\oplus C)\subseteq(A\oplus B)\oplus C$。

因为上述蕴含关系都是可逆的，故 $(A\oplus B)\oplus C\subseteq A\oplus(B\oplus C)$。结论成立。 ∎

此例证明依赖于命题联结词 $\overline{\vee}$ 满足结合律的事实。

例 3-16 已知 $A\oplus B=A\oplus C$，问是否必有 $B=C$？

解 必有 $B=C$，这只要证明集合 B 和 C 相互包含。

$\vdash B\subseteq C$。对 $\forall x$，若 $x\in B$。分两种情况：

(1) 若 $x\in A$，则 $x\notin A\oplus B$。因 $A\oplus B=A\oplus C$，有 $x\notin A\oplus C$。又因为 $x\in A$，必有 $x\in C$。

(2) 若 $x\notin A$，则 $x\in A\oplus B$。因 $A\oplus B=A\oplus C$，有 $x\in A\oplus C$。又因 $x\notin A$，必有 $x\in C$。

总之，有 $x\in C$，即 $B\subseteq C$。

同理可证 $C\subseteq B$。结论成立。 ∎

此题目也可以采用集合算律来证明：

因 $A\oplus B=A\oplus C$，有

$$A\oplus(A\oplus B)=A\oplus(A\oplus C)$$

由对称差运算 $\oplus$ 满足结合律，有

$$(A\oplus A)\oplus B=(A\oplus A)\oplus C$$

因 $A\oplus A=\varnothing$，得 $\varnothing\oplus B=\varnothing\oplus C$，知 $B=C$。

例 3-17 对于集合 A、B、C，问在什么条件下，下列命题为真？

(1) $(A-B)\bigcup(A-C)=A$ (2) $(A-B)\bigcup(A-C)=\varnothing$

(3) $(A-B)\bigcap(A-C)=\varnothing$ (4) $(A-B)\oplus(A-C)=\varnothing$

解 此类问题应尽量化简等式左边的表达式，以得到能够容易说明其实质的简单关系。

(1) 因为

$$(A-B)\bigcup(A-C)=(A\bigcap\sim B)\bigcup(A\bigcap\sim C)$$
$$=A\bigcap(\sim B\bigcup\sim C)=A\bigcap\sim(B\bigcap C)=A-(B\bigcap C)$$

因此，结论成立的条件是 A 与 $B \cap C$ 不相交，即 $A \cap B \cap C = \emptyset$。

(2) 题目等同于 $A - (B \cap C) = \emptyset$，故结论成立的条件是 $A \subseteq B \cap C$。

(3) 因为

$$(A - B) \cap (A - C) = (A \cap \sim B) \cap (A \cap \sim C)$$
$$= A \cap (\sim B \cap \sim C) = A \cap \sim (B \cup C) = A - (B \cup C)$$

因此，结论成立的条件是 $A \subseteq B \cup C$。

(4) 对于任何集合 X，只有 $X \oplus X = \emptyset$。因此，结论成立的条件是 $A - B = A - C$。　■

思考与练习 3.3

习题导引

设 A、B、C 为集合。

3-29 用运算定义验证下述性质。

 (a) $(A \cap B) \cap C = A \cap (B \cap C)$　　　　(b) $(A \cup B) \cup C = A \cup (B \cup C)$

 (c) $A \cap (B \cup C) = (A \cap B) \cup (A \cap C)$　(d) $A \cup (B \cap C) = (A \cup B) \cap (A \cup C)$

3-30 将 $X \cap (A \cup B) = A$ 和 $A \cup (A \cap B) = X$ 中的 X 换成适当的集合使等式成立。它们是什么算律？

3-31 给出表达式 $(A - C) \cup B = A \cup B$ 成立的充分必要条件。

3-32 证明：

 (a) $A \oplus B = B \oplus A$　　　　　　　　(b) $(A \oplus B) \oplus B = A$

3-33 根据下述条件，分别说明集合 A 与 B 的关系。

 (a) $A - B = B - A$　　　　　　　　　(b) $A \cap B = A \cup B$

 (c) $A \oplus B = A$　　　　　　　　　　(d) $A \oplus B = \emptyset$

3-34 证明 $A \subseteq B$ 当且仅当 $\sim B \subseteq \sim A$。

3-35 证明：

 (a) $(A - B) - C = (A - C) - B$　　　(b) $A - (B \cup C) = (A - B) - C$

 (c) $(A - C) - (B - C) = (A - B) - C$

3-36 证明或否定：

 (a) $A \cap (B \oplus C) = (A \cap B) \oplus (A \cap C)$　(b) $A \cup (B \oplus C) = (A \cup B) \oplus (A \cup C)$

 (c) $A - (B \cup C) = (A - B) \cup C$　　　(d) $(A - B) \cap (B - A) = \emptyset$

 (e) $(A \cap B) \cup (B - A) = B$

3-37 下述各式中哪个命题与 $A \subseteq B$ 不等价？

 (a) $A \oplus B \subseteq B$　　　　　　　　　(b) $A \cup B = B$

 (c) $A \cap B = B$　　　　　　　　　　(d) $\mathscr{P}(A) \subseteq \mathscr{P}(B)$

3.4　集合划分和计数

  对于一个较大的集合（数据集），经常需要根据一定的性质将其划分为不同的部分，进而分别研究元素之间以及整体与部分之间的关系。

3.4.1　集合的划分与覆盖

[定义 3-14] 若 A 为非空集合，$\pi = \{A_1, A_2, \cdots, A_m\}$，满足：

(a) $A_i \subseteq A$，$1 \leqslant i \leqslant m$；

(b) $A_i \neq \varnothing$，$1 \leqslant i \leqslant m$；

(c) $\bigcup_{i=1}^{m} A_i = \pi$。

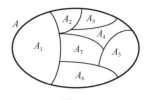

称 π 是 A 的覆盖（covering）。若 π 还满足：

(d) $A_i \bigcap A_j = \varnothing$，$1 \leqslant i \neq j \leqslant m$。

称 π 是 A 的划分（partition）。图 3-4 给出了一个划分的示意图。　　　　　图 3-4

例如，$A = \{a,b,c\}$。$\{\{a,b\},\{c\}\}$ 是 A 的覆盖，也是划分，但 $\{\{a,b\},\{b,c\}\}$ 是覆盖，不是划分。

划分的子集数可以是无限的。例如，对于整数集 $\mathbf{Z}$，$\pi_1 = \{\mathbf{Z}_E, \mathbf{Z}_O\}$ 和 $\pi_2 = \{\{0\}, \{-1,1\}, \{-2,2\}, \cdots\}$ 都是其划分，其中的 $\mathbf{Z}_E$ 和 $\mathbf{Z}_O$ 分别表示偶数集和奇数集。

简言之，集合的划分就是将一个集合拆分成不相交的非空子集族。

[辨析] 一般称划分 π 的每个元素是集合 A 的一个（分）块，π 是 A 的分块（子集）集合，规则(d)是指任意两个不同的分块不相交。

[辨析] 很明显，一个集合的划分一定是覆盖，是分块不相交的覆盖，而覆盖不一定是划分。

例 3-18　求集合 $A = \{a,b,c\}$ 的所有划分。

解　共 5 种划分，分别由 1、2 和 3 个块组成。1 个块的划分 $S_1 = \{A\} = \{\{a,b,c\}\}$；2 个块的划分 $S_2 = \{\{a\},\{b,c\}\}$、$S_3 = \{\{b\},\{a,c\}\}$ 和 $S_4 = \{\{c\},\{a,b\}\}$；3 个块的划分 $S_5 = \{\{a\},\{b\},\{c\}\}$。　■

例 3-19　对整数集 $\mathbf{Z}$，设 $x \bmod 5$ 表示 x 被 5 除所得的余数，$M_i = \{x \mid x \in \mathbf{Z} \wedge x \bmod 5 = i\}$，证明 $\{M_i \mid 0 \leqslant i \leqslant 4\}$ 是 $\mathbf{Z}$ 的划分。

证明　由题设，有

$$M_0 = \{\cdots, -15, -10, -5, 0, 5, 10, 15, \cdots\}, \quad M_1 = \{\cdots, -14, -9, -4, 1, 6, 11, 16, \cdots\}$$
$$M_2 = \{\cdots, -13, -8, -3, 2, 7, 12, 17, \cdots\}, \quad M_3 = \{\cdots, -12, -7, -2, 3, 8, 13, 18, \cdots\}$$
$$M_4 = \{\cdots, -11, -6, -1, 4, 9, 14, 19, \cdots\}$$

因为 $M_i \subseteq \mathbf{Z}$，$M_i \neq \varnothing$，$M_i \bigcap M_j = \varnothing (i \neq j)$，且 $\bigcup_{0 \leqslant i \leqslant 4} M_i \subseteq \mathbf{Z}$，故 $\{M_i \mid 0 \leqslant i \leqslant 4\}$ 是 $\mathbf{Z}$ 的划分。　■

[定义 3-15] 若 $\pi = \{\pi_1, \pi_2, \cdots, \pi_m\}$ 和 $\tau = \{\tau_1, \tau_2, \cdots, \tau_n\}$ 是集合 A 的划分，且每个 π 的分块都包含于 τ 的某个分块，则称 π 是 τ 的加细划分。

加细划分意味着分块更小，分类更细致。

例如，在前例中，$S_5 = \{\{a\},\{b\},\{c\}\}$ 是 $S_2 = \{\{a\},\{b,c\}\}$ 的加细划分。

[定理 3-5] $\pi = \{\pi_1, \pi_2, \cdots, \pi_m\}$ 和 $\tau = \{\tau_1, \tau_2, \cdots, \tau_n\}$ 是集合 A 的划分，则由所有 $\pi_i \bigcap \tau_j \neq \varnothing$ 构成的集合仍是 A 的划分，称为 π 和 τ 的交叉划分或积，记作 $\pi \cdot \tau$。

证明　只要验证划分定义中的 4 条规则，且(b)已包含在假定中。

(a) 显然有 $\pi_i \bigcap \tau_j \subseteq A$。

(c) 对于所有 $\pi_i \bigcap \tau_j$，有

$$\bigcup_{i=1}^{m} \bigcup_{j=1}^{n} (\pi_i \bigcap \tau_j) = \bigcup_{i=1}^{m} (\pi_i \bigcap \bigcup_{j=1}^{n} \tau_j) = \bigcup_{i=1}^{m} (\pi_i \bigcap A) = \bigcup_{i=1}^{m} \pi_i = A$$

除去空的分块并不影响最后的结果。因此，所有非空分块的并也为 A。

(d) 若 $\pi_i \bigcap \tau_j$ 和 $\pi_s \bigcap \tau_t$ 是两个不同的分块，则要么 $i \neq s$，$\pi_i \bigcap \pi_s = \varnothing$，要么 $j \neq t$，$\tau_j \bigcap \tau_t = \varnothing$。总之，$(\pi_i \bigcap \tau_j) \bigcap (\pi_s \bigcap \tau_t) = \varnothing$。故结论成立。　■

例如，$A = \{a,b,c\}$，$\pi = \{\{a\},\{b,c\}\}$，$\tau = \{\{a,b\},\{c\}\}$，则 π 和 τ 的交叉划分为 $\{\{a\},\{b\},\{c\}\}$。又如，X 表示学生集合，π 是由各年级学生组成的划分，τ 是由各专业学生组成的划分，则 π 和 τ 的交叉划分 $\pi \cdot \tau$ 是由各年级不同专业学生组成的划分，每个块中的学生具有"同年级且同专业"关系。

显然，交叉划分是原来两个划分的加细，且容易说明，任意个划分的交叉划分都是加细划分。交叉划分提供了一种简单的方法把粗糙的分类做更进一步的细分。

[辨析] π 和 τ 的交叉划分 $\pi \cdot \tau$ 是对 π 和 τ 的小块求交而不是对集合 π 和 τ 求交。

[拓展] 划分是一个非常简单却十分有用的概念。在计算条件概率时，有一个著名的全概率公式：若 $S = \{S_1, S_2, \cdots\}$ 是样本空间 A 的一个划分，X 为任一事件，则 $P(X) = \sum\limits_{i=1}^{\infty} P(S_i) P(X / S_i)$。

[拓展] 对集合进行划分涉及机器学习中的最基本问题，即确定一个样本（元素）的类别。在实际问题中，可分为分类（Classification）和聚类（Clustering）两种，分别对应类别已知和未知的情况[24]。对于一个集合 A，如果已知其元素属于 c 个类别，则找出每个元素所属的类别称为分类。例如，输入一个由猫和狗图像组成的集合 A，其类别 $c = 2$，分类的目的就是将猫或狗图像正确地判别出来，这是常见人工智能系统（分类器）的核心工作。

如果某个商品销售网站的注册用户组成集合 A，网站可根据用户的偏好将其分为若干类别（类别未知，聚类），进而有目的地向不同组的用户推荐其感兴趣的商品，这是一种数据挖掘技术。

无论如何，集合 A 最终被划分为一组互不相交的非空子集，由于我们不希望漏掉任何元素，故所有子集之和应等于集合 A。

3.4.2　*集合计数的容斥原理

集合技术是应用中的一个基本问题。利用集合的基本运算可以衍生出两个著名的原理，即容斥原理（包含排斥原理，inclusion-exclusion principle）和鸽巢原理（pigeonhole principle），它们是被广泛应用的计数技术[2,3]。

若集合 A 可拆分成子集族 $\pi = \{A_1, A_2, \cdots, A_m\}$，每个 A_i 为一类元素，各 A_i 及其交集容易计数，则 A 的元素个数可由这些子集及其交的元素个数得到。

例如，若 $\pi = \{A_1, A_2\}$ 是有限集合 A 的子集族，那么

(1) 若 π 是划分，$A_1 \bigcap A_2 = \varnothing$，有 $|A| = |A_1 \bigcup A_2| = |A_1| + |A_2|$。

(2) 若 π 是覆盖，不能直接用上述公式来计算 A 的元素个数，否则，$A_1 \bigcap A_2$ 部分被重复地累加了一次。参见图 3-5。正确的做法是将重复累加的元素去除：

$$|A| = |A_1 \bigcup A_2| = |A_1| + |A_2| - |A_1 \bigcap A_2|$$

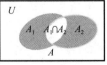

图 3-5

这就是容斥原理，其含义是包含整体 $|A_1| + |A_2|$ 并排斥掉共同的部分 $|A_1 \bigcap A_2|$。

在实际使用时，容斥原理有两种主要形式。

[定理 3-6] 若 $\{A_1, A_2\}$ 是有限集合 A 的覆盖，U 为全集，则

(1) $|A| = |A_1 \bigcup A_2| = |A_1| + |A_2| - |A_1 \bigcap A_2|$

(2) $|\sim A| = |\sim (A_1 \bigcup A_2)| = |\sim A_1 \bigcap \sim A_2| = |U| - (|A_1| + |A_2|) + |A_1 \bigcap A_2|$　■

容斥原理可描述为：并集的元素个数等于各子集的元素个数和减去其交集的元素个数。

例 3-20　以 1 开头或者以 00 结尾的 8 位二进制符号串有多少个？

解　记满足题设的符号串集合为 Σ，且有覆盖 $\{A_1, A_2\}$，其中 A_1、A_2 分别是以 1 开头和以 00 结尾的 8 位二进制符号串集合。因为二进制字符只有 0 或 1 两种，有

$$|A_1| = 2^7, \quad |A_2| = 2^6$$

因为 $|A_1 \cap A_2| = 2^5$，故 $|\Sigma| = |A_1 \cup A_2| = 2^7 + 2^6 - 2^5 = 160$。∎

例 3-21　一个课外学习小组的 50 名学生参加 2 次竞赛。第一次获奖的有 25 人，第二次有 21 人，已知两次竞赛都没获奖的有 16 人，问两次竞赛都获奖的有多少人？

解　记两次竞赛都获奖的学生集合为 A，第一次竞赛和第二次竞赛获奖的学生集合分别为 X 和 Y，$A = X \cap Y$。由题设知，$|X| = 25$，$|Y| = 21$，$|\sim A| = |\overline{X \cup Y}| = 16$。

由 $|\sim A| = |U| - (|X| + |Y|) + |X \cap Y|$，有 $|X \cap Y| = |\sim A| + |X| + |Y| - |U| = 25 + 21 - 50 + 16 = 12$。∎

[定理 3-7]　对一般情况，若 $\pi = \{A_1, A_2, \cdots, A_n\}$ 是有限集合 A 的覆盖，容斥原理的基本形式为

$$|A| = \sum_{1 \le i \le n} |A_i| - \sum_{1 \le i < j \le n} |A_i \cap A_j| + \sum_{1 \le i < j < k \le n} |A_i \cap A_j \cap A_k| + \cdots + (-1)^{n-1} |A_1 \cap A_2 \cap \cdots \cap A_n|$$　∎

例 3-22　某班有 35 名学生，19 人选修 C 语言，15 人选修 Java 语言，8 人同时选修 C 语言和 Java 语言，6 人选修 C 语言和 Python 语言，4 人同时选修这 3 种语言，且 7 个选修 Python 语言的人都选修另外一种语言，问三种语言都不选的人有多少？

解　学生集合 S 被拆分成 3 个子集：C、J 和 P 分别表示选修 C 语言、Java 语言和 Python 语言的学生集合，有

$$|C| = 19, \quad |J| = 15, \quad |P| = 7, \quad |C \cap J| = 8, \quad |C \cap P| = 6, \quad |C \cap J \cap P| = 4, \quad |P \cap (C \cup J)| = 7$$

先计算 $|P \cap J|$。因为

$$|P \cap (C \cup J)| = |(P \cap C) \cup (P \cap J)| = |P \cap C| + |P \cap J| - |P \cap C \cap J|$$

得 $|P \cap J| = |P \cap (C \cup J)| - |P \cap C| + |P \cap C \cap J| = 7 - 6 + 4 = 5$。

所以，$|C \cup J \cup P| = (19 + 15 + 7) - (8 + 6 + 7) + 4 = 24$，$|\overline{C \cup J \cup P}| = |S| - |C \cup J \cup P| = 35 - 24 = 11$。∎

[拓展]　鸽巢原理也称为抽屉原理，可描述为"若 n 个集合中所包含元素个数的总和大于 n，则至少有一个集合包含 2 个或更多个元素"[2]。

思考与练习 3.4

习题导引

3-38　覆盖与划分有何异同？

3-39　找出集合 $A = \{a, b, c, d\}$ 的所有划分，并说明在一个集合的划分中，子集数最多、最少的划分是什么。

3-40　设 π_1 和 π_2 是集合 $A \ne \varnothing$ 上的划分，说明下述集合是否为 A 的划分。

　　(a) $\pi_1 \cap \pi_2$　　　　　　　　(b) $\pi_1 \cup \pi_2$　　　　　　　　(c) $\pi_1 - \pi_2$

3-41　在 10 名学生中选修 Android 编程的有 5 人，选修 IOS 编程的有 7 人，同时选修 Android 编程和 IOS 编程的有 3 人。问 Android 编程和 IOS 编程都没选修的学生有几人？

3-42　求由 a、b、c、d 四个字母构成的 n 位符号串中，a、b 和 c 至少出现一次的符号串数目。

3-43　求 1～10000 之间不能被 4、5、6 之一整除的整数个数。

3-44 求 1～250 之间能被 2、3、5、7 之一整除的整数个数。

3.5 序偶与笛卡儿积

集合既可以由简单元素构成，也可由复杂元素如集合构成。特别地，当集合元素是一类特殊的集合——序偶时有着特殊的作用，这样的集合是构成关系和函数的基础。

3.5.1 序偶和元组

[定义 3-16] 序偶（ordered pair）是两个可重复元素组成的有序集合，记作 $<x,y>$，也称为有序对或二元组。x、y 分别称为序偶的第一、第二（个）元素。

序偶一词本身的含义就是"有序的对"。

生活中的许多事物之间有一定关系，且成对出现，如平面上点的 2 个坐标、飞机票与座位、上与下、左与右及计算机上的网线接头与插口等。计算机内用<地址码，操作码>来构成单地址指令，手机电话簿中用<拼音，人名>方式作为索引，或<人名，电话号码>作为条目。一张扑克牌有点数 A～K，还有花色{黑桃，红桃，梅花，方块}，故可用<点数，花色>来描述。

因为强调次序的原因，若 $x \neq y$，则 $<x,y> \neq <y,x>$。

除了有序，与普通集合不同的是，组成序偶的元素可以重复，如 $<x,x>$ 是正确的序偶。

[辨析] 注意序偶的限界符是"<>"，而非"( )"或"{ }"。通常 $\{x,y\}$ 表示一般集合（元素不重复），(x,y) 表示 2 个元素组成的无序集合（元素可重复）。若经过约定，也可以用"( )"代替"<>"。

[定义 3-17] 两个序偶相等，即 $<x,y> = <a,b>$ 当且仅当 $x=a$ 且 $y=b$。

例 3-23 若已知 $<2x+2,y> = <2y,x-y>$，求 x 和 y。

解 由定义，可构成一个二元一次方程组

$$2x+2=2y，y=x-y$$

解之得 $x=-2$，$y=-1$。 ∎

上述定义可推广（扩充）到 n 元组，如三元组、四元组等，形式为 $<x_1,x_2,\dots,x_n>$，其含义是：

$$<x_1,x_2,\cdots,x_n> = <<x_1,x_2,\cdots,x_{n-1}>,x_n>$$

一般情况下，$<x_1,x_2,\cdots,x_n> \neq <x_1,<x_2,\cdots,x_n>>$。

[辨析] 严格讲，$<x_1,<x_2,\cdots,x_n>>$ 不是一个 n 元组，而是二元组。该二元组由一个简单元素 x_1 和一个 $n-1$ 元组 $<x_2,\cdots,x_n>$ 组成。

最初的计算机中的 1 字节位数是不固定的，为防止歧义，早期的国际标准中常称一个 8 位二进制串为八元组而不是字节。电话簿中的条目<人名，电话号码，生日>是三元组。一个关系数据库是由若干个二维表组成的，每个表又由若干记录组成，而每个记录都是一个 n 元组。

[拓展] 实际上，程序设计中的所有运算和含有参数的函数在本质上都是以一个多元组为参数的。例如，对于如下的 C 语言函数 f：

```
void f(int x, double y, char z);
```

对函数 f 的调用形式为 f(2,3.5,'a')，这里的参数数量、类型和次序都是不可改变的，故是一个三元组，只是没有（也不需要）写成 $<2,3.5,'a'>$ 的形式而已[1]。

3.5.2　笛卡儿积

由于序偶的两个元素各来自于一个集合，因此，任给两个集合 A 和 B，都可以构造一种序偶的集合。

[定义 3-18]　若 A、B 是集合，它们构成的笛卡儿积（Cartesian product）是一个序偶集合，序偶的第一元素取自于 A，而第二个元素取自于 B，记作 $A \times B$，即

$$A \times B = \{<x, y> | x \in A \land y \in B\}$$

笛卡儿积也称为集合的直（接）积，或者叉乘。这是一个核心性的定义。

[理解]　若 $<x, y> \in A \times B$，必有结论 $x \in A$ 且 $y \in B$。反之，对 $\forall x \in A$，$\forall y \in B$，必有结论 $<x, y> \in A \times B$。由于集合 A 和 B 可以相同，因此，对 $\forall x, y \in A$，必有结论 $<x, x> \in A \times A$，$<x, y> \in A \times A$。

例 3-24　设 $A = \{a, b\}$，$B = \{1, 2, 3\}$，求 $A \times B$ 和 $B \times A$。

解

$$A \times B = \{<a, 1>, <a, 2>, <a, 3>, <b, 1>, <b, 2>, <b, 3>\}$$
$$B \times A = \{<1, a>, <1, b>, <2, a>, <2, b>, <3, a>, <3, b>\}$$ ∎

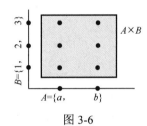

图 3-6

在组成笛卡儿积时，要求来自 A、B 的元素是全部的，因此，集合中不能缺少任何一个序偶。同时，对于有限的笛卡儿积，显然有 $|A \times B| = |A| \times |B|$，参见图 3-6。

事实上，若 $A = B = \mathbf{R}$，笛卡儿积 $\mathbf{R} \times \mathbf{R}$ 就是平面直角坐标系。可见，一般的笛卡儿积等同于"离散的直角坐标系"。

一副扑克牌，除了 2 张王牌共有 52 张，记点数集 Numbers={A, 2, 3, …, 10, J, Q, K}，花色集 Suit={黑桃♠，红桃♥，梅花♣，方块♦}，则一副牌的笛卡儿集描述为

Numbers×Suit = {< A, ♠>, <2, ♠>, …, <10, ♠>, <J, ♠>, <Q, ♠>, <K, ♠>,

　　　　　　　…

　　　　　　　< A, ♦>, <2, ♦>, …, <10, ♦>, < J, ♦>, <Q, ♦>, <K, ♦>}

由定义很容易得出以下结论，这是笛卡儿积的常用性质。

[定理 3-8]　对于任意集合 A、B 和 C，有

(1) $A \times \varnothing = \varnothing \times A = \varnothing$。

(2) 通常，笛卡儿积不满足交换律，即

$$A \times B \neq B \times A$$

(3) 笛卡儿积不满足结合律，即

$$(A \times B) \times C \neq A \times (B \times C)$$

其实，前者是三元组集合，而后者仅是二元组（序偶）集合。

为了与 n 元组的含义一致，约定

$$A_1 \times A_2 \times \cdots \times A_n = (A_1 \times A_2 \times \cdots \times A_{n-1}) \times A_n$$

特别地，$A^n = \overbrace{A \times A \times \cdots \times A}^{n \uparrow}$，$n \geq 1$。

(4) 笛卡儿积对交和并运算满足分配律，即

① $A \times (B \cup C) = (A \times B) \cup (A \times C)$　　　② $(B \cup C) \times A = (B \times A) \cup (C \times A)$

③ $A \times (B \bigcap C) = (A \times B) \bigcap (A \times C)$　　　　④ $(B \bigcap C) \times A = (B \times A) \bigcap (C \times A)$

证明　这里仅证明①，其余性质的证明方法类似。

对 $\forall <x, y>$，有

$$<x, y> \in A \times (B \bigcup C) \underset{(\text{笛卡儿积定义})}{\Leftrightarrow} x \in A \wedge y \in B \bigcup C$$

$$\underset{(\text{集合并定义})}{\Leftrightarrow} x \in A \wedge (y \in B \vee y \in C)$$

$$\underset{(\text{命题分配律})}{\Leftrightarrow} (x \in A \wedge y \in B) \vee (x \in A \wedge y \in C)$$

$$\underset{(\text{笛卡儿积定义})}{\Leftrightarrow} <x, y> \in A \times B \vee <x, y> \in A \times C$$

$$\underset{(\text{集合并定义})}{\Leftrightarrow} <x, y> \in (A \times B) \bigcup (A \times C)$$

故结论成立。　　　　　　　　　　　　　　　　　　　　　　　　　　　　　■

例 3-25　求证：

(1) 对非空集合 A、B、C、D，有 $A \subseteq C$ 且 $B \subseteq D \Leftrightarrow A \times B \subseteq C \times D$。

(2) 对集合 A、B、C，若 $C \neq \varnothing$，则 $A \subseteq B \Leftrightarrow A \times C \subseteq B \times C \Leftrightarrow C \times A \subseteq C \times B$。

证明　(1) $A \subseteq C \wedge B \subseteq D \vdash A \times B \subseteq C \times D$。对 $\forall <x, y>$，有

$$<x, y> \in A \times B \Rightarrow x \in A \wedge y \in B \Rightarrow x \in C \wedge y \in D \Rightarrow <x, y> \in C \times D$$

故 $A \times B \subseteq C \times D$。

$A \times B \subseteq C \times D \vdash A \subseteq C \wedge B \subseteq D$。对 $\forall x \in A$，因 $B \neq \varnothing$，$\exists y \in B$，有 $<x, y> \in A \times B$。因为 $A \times B \subseteq C \times D$，有 $<x, y> \in C \times D$，故 $x \in C$，即 $A \subseteq C$ 成立。同理，$B \subseteq D$。结论成立。

(2) $\vdash A \subseteq B \Leftrightarrow A \times C \subseteq B \times C$。首先，$A \subseteq B \vdash A \times C \subseteq B \times C$。

对 $\forall <x, y>$，有

$$<x, y> \in A \times C \Rightarrow x \in A \wedge y \in C \Rightarrow x \in B \wedge y \in C \Rightarrow <x, y> \in B \times C$$

其次，$A \times C \subseteq B \times C \vdash A \subseteq B$。对 $\forall x \in A$，因为 $C \neq \varnothing$，故 $\exists y (y \in C)$ 成立。有

$$<x, y> \in A \times C$$

因此，$<x, y> \in B \times C$，得 $x \in B$，即 $A \subseteq B$。结论成立。

同理可证，$A \subseteq B \Leftrightarrow C \times A \subseteq C \times B$。　　　　　　　　　　　　　■

[辨析] 这里的 $C \neq \varnothing$ 很重要，它保证了 C 至少含有一个以上的元素，从而与 A 中的元素构成序偶。

例 3-26　对任意集合 A、B、C，判断下述命题是否成立。

(1) $A \times B = A \times C \Rightarrow B = C$。　　　　　　　(2) $A - (B \times C) = (A - B) \times (A - C)$。

(3) 存在集合 A，使得 $A \subseteq A \times A$。

解　(1) $A = \varnothing$ 时不成立，否则成立。

(2) $A = \varnothing$ 时成立，否则不成立。

(3) 成立，如取 $A = \varnothing$。事实上，$\varnothing$ 是使命题成立的唯一一个集合。　　　　■

例 3-27　证明：若 $X \times X = Y \times Y$，则 $X = Y$。

证明　$\vdash X \subseteq Y$。对 $\forall x$，有

$$x \in X \Rightarrow <x, x> \in X \times X \Rightarrow <x, x> \in Y \times Y \Rightarrow x \in Y$$

同理可证 $Y \subseteq X$。结论成立。　　　　　　　　　　　　　　　　　　■

上述命题的逆命题也真，证明留作练习。

[理解] 题目要证明的是 $X \subseteq Y$ 且 $Y \subseteq X$，而不是 $X \times X \subseteq \cdots$，不能从 $\forall <x, y> \in X \times X$ 的假定出发，更不能用 $\forall <x, x> \in X \times X$ 作为前提进行论证。

思考与练习 3.5

3-45 对于集合 A、B，如果 $a \in A$ 且 $b \in B$，一定有 $<a,b> \in A \times B$ 吗？一定有 $<a,a> \in A \times A$ 吗？

3-46 设 A 为集合，A^n 的含义是什么？采用这种记法的原因是笛卡儿积运算满足结合律吗？

3-47 若 $<a,b> \in X \times Y$，能得到什么结论？

3-48 令 A、B 和 C 为满足一定条件的集合，以下是推证 $A^2 \times B \subseteq C$ 的过程：

证明：对任意的 $t \in s$，因为……，所以，……。结论成立。

这里的 t 和 s 分别是什么？

3-49 若 $A = \{0,1\}$，$B = \{1,2\}$，计算下述集合。

(a) $A \times \{1\} \times B$ 　　　　　(b) $A^2 \times B$ 　　　　　(c) $(B \times A)^2$

3-50 设 $A = \{\varnothing, \{\varnothing\}\}$，求 $\mathscr{P}(A) \times A$。

3-51 为了证明结论 $X \times X \subseteq Y \times Y$，如下的方法正确吗？错在哪里？

证明：$\forall <x,x> \in X \times X$，因为……，所以，$<x,x> \in Y \times Y$。故 $X \times X \subseteq Y \times Y$。

3-52 证明或否定：

(a) $(A \cup B) \times (C \cup D) = (A \times C) \cup (B \times D)$ 　　　(b) $(A - B) \times (C - D) = (A \times C) - (B \times D)$

(c) $(A \oplus B) \times (C \oplus D) = (A \times C) \oplus (B \times D)$ 　　　(d) $(A - B) \times C = (A \times C) - (B \times C)$

(e) $(A \oplus B) \times C = (A \times C) \oplus (B \times C)$

3-53 证明：

(a) $(A \cup B) \times (A \cap B) \subseteq A^2 \cup B^2$ 　　　　　(b) $(A \cap B)^2 \subseteq (A \times A)^2$

第4章 关　　系

关系是一个基本概念，最简单的关系体现了两个事物之间的联系，如数的大于关系、师生关系、上下级关系、元素与集合的属于关系、集合的包含关系、命题的蕴含关系和等价关系、机票与座位的对应关系以及朋友关系、同属一个网络社团或亲缘关系等。很明显，这样的关系可用序偶来表示。多个对象之间也存在类似的多元关系，此时可用 n 元组来表示。计算机科学中，建立在关系理论基础上的数据库称为关系型数据库。

这里仅讨论二元关系。

4.1　二元关系的含义与表示

4.1.1　二元关系

1. 关系的概念

[定义 4-1] 任意的序偶集合称为一个二元关系（binary relation）。若 R 是二元关系，且序偶 $<x,y>\in R$，可记作 xRy，称 x 与 y 有关系 R。若序偶 $<x,y>\notin R$，可记作 $x\overline{R}y$，称 x 与 y 没有关系 R。

例如，$R=\{<1,a>,<2,c>\}$ 是一个二元关系；实数集上的大于等于关系 $\geqslant$ 可记作

$$\geqslant=\{<x,y>|x\in \mathbf{R}，且 y\in \mathbf{R}，且 x 大于或等于 y\}$$

[辨析] 用 R 表示关系源自单词 relation 的第一个字母，生活中最常用的关系不用字母而是用其他的固定符号表示，如 $>$、$<$、$=$、$\geqslant$、$\leqslant$、$\neq$、$\in$ 等，此时，xRy 的表示法比 $<x,y>\in R$ 更常见。

例如，虽然 $2\leqslant5$ 和 $X\subseteq Y$ 也可写成 $<2,5>\in\leqslant$ 和 $<X,Y>\in\subseteq$，但后者几乎不用。同样地，有 $\neq$ 关系和 $\notin$ 关系时序偶表示为 $3\neq7$ 和 $2.5\notin \mathbf{N}$，而不是 $<3,7>\in\neq$ 和 $<2.5,\mathbf{N}>\in\notin$。

[定义 4-2] 设 X 和 Y 为集合，笛卡儿积 $X\times Y$ 的任意子集 R 称为 X 到 Y 的（二元）关系。若 $X=Y$，则称 R 为 X 上的二元关系。

例如，$A=\{1,2,3,4\}$，$\leqslant$ 为 A 上的小于或等于关系，即

$$\leqslant=\{<x,y>|x,y\in A\wedge x 小于或等于 y\}$$

那么，有

$$\leqslant=\{<1,1>,<1,2>,<1,3>,<1,4>,<2,2>,<2,3>,<2,4>,<3,3>,<3,4>,<4,4>\}$$

[辨析] 尽管以往我们一直使用 $\leqslant$ 关系，但从未将其表示出来，而对于有限集，序偶集合给出了一种有效的表示方法。

若 R 为二元关系，由 $<x,y>\in R$ 的所有 x 组成的集合 dom R 称为 R 的前域或定义域（或 dom(R)，domain），即

$$\text{dom } R=\{x\,|\,\exists y(<x,y>\in R)\}$$

由 $<x,y>\in R$ 的所有 y 组成的集合 ran R 称为 R 的值域（或 ran(R)，range），即

$$\text{ran } R=\{y\,|\,\exists x(<x,y>\in R)\}$$

直接说明关系的前域和值域可以更清楚地描述一个关系，且称 fld R = dom $R \bigcup$ ran R 为 R 的域（或 fld(R)、FLD R、FLD(R)，field）。

例如，对于集合 $A = \{1,2,3,4\}$ 上定义的二元关系 $R = \{<1,2>,<1,4>,<4,3>\}$，有 dom $R = \{1,4\}$，ran $R = \{2,3,4\}$，fld $R = \{1,2,3,4\}$。

[辨析] 对于一个普通二元关系的前域和值域描述有助于更清楚地说明关系。很明显，即便 R 是集合 X 到 Y 或 X 上的二元关系，dom R 也可能与 X 并不相同。

又如，Numbers = {20150101, 20150102, 20150103}表示学号集合，Names = {马军，李宏彦，雷云}表示学生姓名集合，则 $R = \{<20150101,马军>, <20150102,李宏彦>, <20150103, 雷云>\}$ 是 Numbers×Names 的子集，构成 Numbers 到 Names 的一个二元关系。它是关系型数据库中的一张表。Numbers 和 Names 分别是关系的前域和值域。

[拓展] 更一般地，如果关系 R 由 n（$n \geqslant 2$）元组组成，则称 R 为 n 元关系。n 元关系与二元关系的性质类似，但更为常见和实用，这样的关系一般都用表 4-2 来表示，是通过扩展表 4-1 中的列得到的，且每列称为关系的一个属性。

表 4-2 是一张简化的学习成绩表。由多个相关的表组成了一个关系型的数据库，利用程序设计语言或工具就可以在数据库的基础上实现对数据的自动化管理。

表 4-1

学号	姓名
20150101	马军
20150102	李宏彦
20150103	雷云

表 4-2

学号	姓名	C	Python	Java
20150101	马军	86	83	90
20150102	李宏彦	85	85	88
20150103	雷云	100	79	95

例 4-1 设 $A = \{a,b\}$，试求出 $\mathscr{P}(A)$ 上的包含关系 $\subseteq$。

解 因为 $\mathscr{P}(A) = \{\varnothing, \{a\}, \{b\}, A\}$，有

$\subseteq = \{<\varnothing,\varnothing>,<\varnothing,\{a\}>,<\varnothing,\{b\}>,<\varnothing,A>,<\{a\},\{a\}>,<\{a\},A>,<\{b\},\{b\}>,<\{b\},A>,<A,A>\}$ ■

2．关系的个数

对于有限集合 X 和 Y，若 $|X| = n$，$|Y| = m$，则 $|X \times Y| = mn$，因为所有 X 到 Y 的二元关系都是 $X \times Y$ 的子集，故 X 到 Y 的所有二元关系构成集合 $\mathscr{P}(X \times Y)$，这说明，共有 2^{mn} 个 X 到 Y 的二元关系。

特别地，X 上的二元关系有 2^{n^2} 个。其中，$\varnothing$ 称为 X 上（或 X 到 X）的空关系，而 $X \times X$ 称为 X 上（或 X 到 X）的全关系。

3．几个重要的关系实例

在 X 上的二元关系中，恒等关系是一个比较特殊且重要的关系。

[定义 4-3] $I_X = \{<x,x> | x \in X\}$ 称为 X 上的恒等关系。

例如，$X = \{1,2,3\}$，则 $I_X = \{<1,1>,<2,2>,<3,3>\}$。

例 4-2 若 $X = \{1,2\}$，$R_1 = \{<1,1>\}$ 和 $R_2 = \{<1,1>,<2,2>,<1,2>\}$ 是 X 上的恒等关系吗？

解 都不是恒等关系。R_1 中缺少 $<2,2>$，R_2 中多余了 $<1,2>$。 ■

[辨析] 关系 I_X 就是由所有 X 的元素 x 与自身组成的序偶的集合。如果少了序偶或多了其他序偶，就不再是恒等关系。

[理解] 若 $x \in X$，必有结论 $<x,x> \in I_X$；若 $<x,y> \in I_X$，必有结论 $x = y$。

[定义 4-4] 对于正整数 x、y 和集合 $A \subseteq \mathbf{Z}^+$，x 能整除 y 记作 " $x \mid y$"，否则记作 " $x \nmid y$"。A 上的整除关系定义为

$$R = \{<x,y> \mid x,y \in A \wedge x \mid y\}$$

例 4-3 求 $A = \{1,2,3,4,6\}$ 上的整除关系的序偶表示。

解 A 上的整除关系为

$$R = \{<1,1>,<2,2>,<3,3>,<4,4>,<6,6>,<1,2>,<1,3>,<1,4>,<1,6>,<2,4>,<2,6>,<3,6>\} \quad \blacksquare$$

一般可直接用符号 "|" 表示整除关系。

[定义 4-5] 对于一个不小于 2 的正整数 m，定义模 m 同余关系为

$$H = \{<x,y> \mid x \text{ 与 } y \text{ 被 } m \text{ 除的余数相同}\} = \{<x,y> \mid (x-y)/m \text{ 是整数}\}$$

为简单，通常用 $x \equiv y(\bmod m)$ 表示 "x 与 y 除以 m 的余数相同"，则常用的整数集 $\mathbf{Z}$ 上的模 m 同余关系可记为

$$H = \{<x,y> \mid x,y \in \mathbf{Z} \wedge x \equiv y(\bmod m)\}$$

若用 $x \bmod m$ 表示 x 被 m 除所得的余数，$x \equiv y(\bmod m)$ 也可以写作 $x \bmod m = y \bmod m$，或者，$(x-y) \bmod m = 0$，即 $x - y$ 被 m 除是整数。

因为关系是集合，因此，两个二元关系 R 和 S 可进行集合的交、并、补等运算，其结果也是一个二元关系。

例 4-4 设 $X = \{1,2,3,4\}$，有 X 上的二元关系 $H = \{<x,y> \mid (x-y)/2 \text{ 是整数}\}$，$S = \{<x,y> \mid (x-y)/3 \text{ 是正整数}\}$，求 $H \cup S$、$H \cap S$、$S - H$ 和 $\sim H$。

解 因为

$$H = \{<1,1>,<2,2>,<3,3>,<4,4>,<2,4>,<4,2>,<3,1>,<1,3>\}, \quad S = \{<4,1>\}$$

由此可计算出

$$H \cup S = \{<1,1>,<2,2>,<3,3>,<4,4>,<2,4>,<4,2>,<3,1>,<1,3>,<4,1>\}$$
$$H \cap S = \varnothing, \quad S - H = \{<4,1>\}$$
$$\sim H = X \times X - H = \{<1,2>,<2,1>,<1,4>,<4,1>,<2,3>,<3,2>,<3,4>,<4,3>\} \quad \blacksquare$$

题目中的 H 就是 "模 2 同余关系"。

4.1.2 关系的矩阵和图表示法

除了集合表示法，有限集合上的二元关系还可以采用关系矩阵或关系图来表示。

1. 关系矩阵

[定义 4-6] 设 $X = \{x_1,x_2,\cdots,x_m\}$，$Y = \{y_1,y_2,\cdots,y_n\}$，$R$ 是 X 到 Y 的关系。定义 R 的关系矩阵（matrix of relation）为 $M_R = [r_{ij}]_{m \times n}$，其中，

$$r_{ij} = \begin{cases} 1 & ,<x_i,y_j> \in R \\ 0 & ,<x_i,y_j> \notin R \end{cases}, \quad 1 \leq i \leq m, \ 1 \leq j \leq n$$

例如，设 $A = \{1,2,3,4\}$，则 A 上的大于关系为

$$>= \{<2,1>,<3,1>,<3,2>,<4,1>,<4,2>,<4,3>\}$$

关系矩阵为

$$M_> = \begin{bmatrix} 0 & 0 & 0 & 0 \\ 1 & 0 & 0 & 0 \\ 1 & 1 & 0 & 0 \\ 1 & 1 & 1 & 0 \end{bmatrix}$$

2. 关系图

利用结点加连线方式可以构成更直观的关系图 G_R（graph of relation），具体方法为：

(1) 用圆圈表示集合元素，称为结点；

(2) 若 $<x,y>\in R$，则有一条由 x 到 y 的带箭头的连线，称为边或弧。

关系图就是常见的有向图。

在前域 X 与值域 Y 不同时，要标记出这两个集合的元素。例如，$A=\{1,2,3\}$，$B=\{a,b,c,d\}$，A 到 B 的关系 $R=\{<1,a>,<1,b>,<1,d>,<2,c>,<2,d>,<3,a>,<3,b>\}$ 的关系图为图 4-1(a)。

对于定义在集合 X 上的二元关系，其关系图一般只标记出一组集合的元素。设 $A=\{1,2,3,4,5\}$，A 上的二元关系 $R=\{<1,5>,<1,4>,<2,3>,<3,1>,<3,4>,<4,4>\}$ 的关系图为图 4-1(b)。

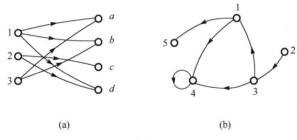

(a)　　　　　　　　　　　　(b)

图 4-1

图中的圆圈大小和位置、线段长短和曲直都无关紧要，但连线的有无和方向必须正确。类似结点 4 上由自身到自身的连线称为自回路或环。

[拓展] 社会网络分析（SNA）是一种针对不同社会行动者构成的网络结构的社会关系与结构进行分析的方法，大数据技术的兴起进一步推动了社会网络分析在职业流动、城市化、世界政治和经济体系、国际贸易等领域的应用，并发挥了重要作用。关系是该领域中的研究对象并得到了更充分的扩展。它不仅研究了两个行动者之间的关系，还通过连接度等因素将整个对象集划分为组、子群和群等部分对象集，从而发现它们之间的联系和运作规律。

思考与练习 4.1

习题导引

4-1　二元关系、X 到 Y 的关系及 X 上的关系各是什么含义？

4-2　设 $A=\{0,1,2,3,4\}$，定义 A 上的关系 $R=\{<x,y>|x=y+1$ 或 $y=x/2\}$，写出关系 R 的序偶表示。

4-3　设 $A=\{a,b,c,d\}$，定义 A 上的二元关系 $R=\{<a,b>,<b,d>,<c,c>\}$，$S=\{<a,c>,<b,d>,<d,b>\}$，求 $R\cap S$、$R\cup S$、$R-S$、$R\oplus S$ 和 $\sim R$。

4-4　有如下的二元关系 R，写出这些关系的序偶表示，求出 $\text{dom } R$、$\text{ran } R$，写出它们的关系矩阵并画出关系图。

(a)　$A = \{2,3,4,5,6\}$，$R = \{<x,y>|x$ 与 y 互素 $\}$，x 与 y 互素意指 x 与 y 的最大公约数为 1。

(b)　$A = \{0,1,2,3,4,5,6\}$，$R = \{<x,y>|x \geqslant 2$ 且 $x \mid y\}$。

(c)　$A = \{0,1,2,3,4,5\}$，$R = \{<x,y>|1 \leqslant x - y \leqslant 2\}$。

4-5　对于集合 A，如果 $<x,y> \in I_A$，能得到什么结论？

4-6　若 $X = \{0,1,2,3,4\}$，写出 I_X 的关系矩阵，画出其关系图。

4.2　关 系 运 算

这里介绍两种针对二元关系的运算。

4.2.1　关系的逆与复合

1. 关系的逆

[定义 4-7] 设 R 是 X 到 Y 的二元关系，将其每个序偶的元素交换顺序所得到的关系称为 R 的逆关系，记作 R^{-1}（或 R^C）。符号表示为

$$R^{-1} = \{<y,x>|<x,y> \in R\}$$

[理解] 只要 $<x,y> \in R$，则 $<y,x> \in R^{-1}$；只要 $<y,x> \in R^{-1}$，则 $<x,y> \in R$。

例如，大于等于关系 $\geqslant$ 的逆就是小于等于关系 $\leqslant$。

例 4-5　集合 $X = \{1,2,3\}$ 上的二元关系 $R = \{<1,1>,<2,2>,<3,3>,<1,2>,<2,3>\}$ 的逆为
$$R^{-1} = \{<1,1>,<2,2>,<3,3>,<2,1>,<3,2>\}$$　■

[定理 4-1] 设 R 是任意关系，则有

(1) $(R^{-1})^{-1} = R$　　　　　　　　　　(2) $\operatorname{dom} R^{-1} = \operatorname{ran} R$，$\operatorname{ran} R^{-1} = \operatorname{dom} R$

由于关系本身是集合，因此，关系等式的基本证明方法仍是采用集合包含的定义。

证明　这里仅略证 (1)，就是说明 $(R^{-1})^{-1}$ 与 R 互相包含。

对 $\forall <x,y>$，有

$$<x,y> \in (R^{-1})^{-1} \Leftrightarrow <y,x> \in R^{-1} \Leftrightarrow <x,y> \in R$$

可见结论成立。　■

2. 关系的复合

[定义 4-8] 设 R 和 S 分别是 X 到 Y 和 Y 到 Z 的关系，则 $R \circ S$ 称为 R 和 S 的复合关系（合成关系）。符号表示为

$$R \circ S = \{<x,z>|x \in X \land z \in Z \land \exists y(y \in Y \land <x,y> \in R \land <y,z> \in S)\}$$

例 4-6　设 $A = \{2,3,6\}$，A 上的二元关系 $R = \{<3,3>,<3,2>,<6,2>\}$，$S = \{<3,1>,<2,2>,<2,3>\}$，求 $R \circ S$ 和 $S \circ R$。

解　$R \circ S = \{<3,1>,<3,2>,<3,3>,<6,2>,<6,3>\}$，$S \circ R = \{<2,3>,<2,2>\}$。　■

[辨析] 本质上，在计算复合关系时，R 与 S 可以是任何关系，也不必要求 R 的值域等于 S 的前域。R 与 S 的复合指将所有 R 与 S 中的序偶连接后形成的新序偶的集合。两个序偶 $<x,y>$ 和 $<y,z>$ 能连接的条件是前一序偶的第二元素与后一序偶的第一元素相同（都是 y）。

[理解] 若 $<x,y> \in R$，$<y,z> \in S$，必有 $<x,z> \in R \circ S$；若 $<a,b> \in R \circ S$，必有 $t \in Y$，使得 $<a,t> \in R$，

$<t,b>\in S$。这里的 x、y、a 和 b 都可以相同或不同。

例 4-7 设 S、T 是集合 $\mathbf{N}$ 上的关系，定义为

$$S = \{<x,y>|x,y \in \mathbf{N} \wedge y = x^3\}$$
$$T = \{<x,y>|x,y \in \mathbf{N} \wedge y = x+1\}$$

求 S^{-1}、$S \circ T$ 和 $T \circ S$。

解 $S^{-1} = \{<y,x>|x,y \in \mathbf{N} \wedge y = x^3\}$。

计算复合关系时将 T 换一下符号会更清楚：

$$T = \{<y,z>|y,z \in \mathbf{N} \wedge z = y+1\}$$

可见，S 与 T 中的序偶连接条件是 $z = y+1 = x^3+1$，有 $S \circ T = \{<x,z>|x,z \in \mathbf{N} \wedge z = x^3+1\}$。同理，$T \circ S = \{<x,y>|x,y \in \mathbf{N} \wedge y = (x+1)^3\}$。 ■

[辨析] 如果视 S 为函数 $<x,y=f(x)>$，T 为函数 $<y,z=g(y)>$，则 $S \circ T$ 为两函数复合的结果 $<x,z=g(f(x))>$。

4.2.2 关系运算的性质

由于关系运算主要依据序偶元素的反序和合取联结词定义，它们也表现出一定的简单规律。更重要的是通过验证这些性质可以了解关系运算中体现的集合包含的论证方法。

[定理 4-2] 设 R、S、T 是任意关系，则
(1) 复合运算满足结合律：$(R \circ S) \circ T = R \circ (S \circ T)$　　　(2) $(R \circ S)^{-1} = S^{-1} \circ R^{-1}$ ■

[定理 4-3] 设 R 是 A 上的关系，则 $R \circ I_A = I_A \circ R = R$。

证明 仅证明 $R \circ I_A = R$，方法仍是集合的互相包含。

$\vdash R \circ I_A \subseteq R$。对 $\forall <x,y>$，有

$\qquad <x,y> \in R \circ I_A$
$\qquad\qquad \Rightarrow_{(复合关系定义)} \exists t(t \in A \wedge <x,t> \in R \wedge <t,y> \in I_A)$
$\qquad\qquad \Rightarrow_{(I_A定义)} \exists t(t \in A \wedge <x,t> \in R \wedge t = y)$
$\qquad\qquad \Rightarrow <x,y> \in R$

$\vdash R \subseteq R \circ I_A$。对 $\forall <x,y> \in R$，
因为 $<y,y> \in I_A$，有 $<x,y> \in R \circ I_A$。结论成立。 ■

[定理 4-4] 设 R、S、T 是任意关系，则复合运算对交、并满足分配律：
(1) $R \circ (S \cup T) = (R \circ S) \cup (R \circ T)$　　(2) $(S \cup T) \circ R = (S \circ R) \cup (T \circ R)$
(3) $R \circ (S \cap T) \subseteq (R \circ S) \cap (R \circ T)$　　(4) $(S \cap T) \circ R \subseteq (S \circ R) \cap (T \circ R)$

证明 仅验证(1)。为叙述简单，设 R、S、T 都是定义在 X 上的二元关系。

$\vdash R \circ (S \cup T) \subseteq (R \circ S) \cup (R \circ T)$。对 $\forall <x,y>$，有

$\qquad <x,y> \in R \circ (S \cup T)$
$\qquad\qquad \Rightarrow_{(复合关系定义)} \exists t(t \in X \wedge <x,t> \in R \wedge <t,y> \in S \cup T)$
$\qquad\qquad \Rightarrow_{(集合并定义)} \exists t(t \in X \wedge <x,t> \in R \wedge (<t,y> \in S \vee <t,y> \in T))$
$\qquad\qquad \Rightarrow_{(命题分配律)} \exists t(t \in X \wedge ((<x,t> \in R \wedge <t,y> \in S) \vee (<x,t> \in R \wedge <t,y> \in T)))$
$\qquad\qquad \Rightarrow_{(复合关系定义)} <x,y> \in R \circ S \vee <x,y> \in R \circ T$
$\qquad\qquad \Rightarrow_{(集合并定义)} <x,y> \in (R \circ S) \cup (R \circ T)$

注意到上述蕴含关系都是等价关系，反方向的蕴含关系也成立。故结论成立。　■

[定理 4-5] 设 R、S 是 A 到 B 的关系，则

(1) $(R \cup S)^{-1} = R^{-1} \cup S^{-1}$ 　　　　　(2) $(R \cap S)^{-1} = R^{-1} \cap S^{-1}$

(3) $(A \times B)^{-1} = B \times A$ 　　　　　(4) $(\sim R)^{-1} = \sim (R^{-1})$，其中的 $\sim R = A \times B - R$

(5) $(R - S)^{-1} = R^{-1} - S^{-1}$

证明　仅证(5)。对 $\forall <x, y>$，有

$$<x, y> \in (R - S)^{-1} \Leftrightarrow <y, x> \in R - S$$
$$\Leftrightarrow <y, x> \in R \wedge <y, x> \notin S \Leftrightarrow <x, y> \in R^{-1} \wedge <x, y> \notin S^{-1}$$
$$\Leftrightarrow <x, y> \in R^{-1} - S^{-1}$$
■

例 4-8　令 S 和 T 分别为 X 到 Y 和 Y 到 Z 的关系。对于 $A \subseteq X$，定义

$$S(A) = \{y \mid <x, y> \in S \wedge x \in A\}$$

依据上述定义，给出集合 $S(A)$、$(S \circ T)(A)$ 和 $T(S(A))$ 的描述并证明：

(1) $S(A \cup B) = S(A) \cup S(B)$ 　　　　　(2) $(S \circ T)(A) = T(S(A))$

[辨析] 分析此题目的目的是学会理解定义，并体会如何依据定义进行推理。

证明　根据 S 的定义，$S(A)$ 是在关系 S 之下，与 A 中元素构成序偶的 y 的集合，它被称为 S 在 A 上的限制。这里仅说明(2)。模仿 $S(A)$ 的定义可知：

$$(S \circ T)(A) = \{z \mid <x, z> \in (S \circ T) \wedge x \in A\}$$
$$T(S(A)) = \{z \mid <y, z> \in T \wedge y \in S(A)\}$$

参见图 4-2。

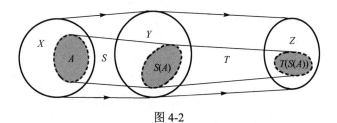

图 4-2

$\vdash (S \circ T)(A) \subseteq T(S(A))$。对 $\forall z$，有

$$z \in (S \circ T)(A) \Rightarrow \exists x (x \in A \wedge <x, z> \in S \circ T)$$
$$\Rightarrow \exists x (x \in A \wedge \exists y (y \in Y \wedge <x, y> \in S \wedge <y, z> \in T))$$
$$\Rightarrow \exists x \exists y (x \in A \wedge y \in Y \wedge <x, y> \in S \wedge <y, z> \in T)$$
$$\Rightarrow \exists y (\exists x (x \in A \wedge y \in Y \wedge <x, y> \in S) \wedge <y, z> \in T)$$
$$\Rightarrow \exists y (y \in S(A) \wedge <y, z> \in T)$$
$$\Rightarrow z \in T(S(A))$$

上述命题间的蕴含实质是等价关系，即相反方向的蕴含关系也真。结论成立。　■

4.2.3　关系运算的图和矩阵实现

1. 由关系图实现关系运算

利用关系图很容易得到关系的逆和复合，其中，逆关系的关系图是通过将原关系图中的所有连线箭头方向取反得到的，而计算复合关系要将所有的两条首尾相连的连线组成一条连线。

例 4-9 设 $X = \{1,2,3,4\}$，$Y = \{2,3,4\}$，$Z = \{1,2,3\}$，S 和 T 分别是集合 X 到 Y 和 Y 到 Z 的关系，有

$$S = \{<x,y>\,|\,x \in X \wedge y \in Y \wedge x+y=6\}$$
$$T = \{<y,z>\,|\,y \in Y \wedge z \in Z \wedge y-z=1\}$$

求出 S 与 T 的复合关系 $S \circ T$，并绘制出 $S \circ T$ 的关系图。若 S 和 T 都是集合 X 上的关系，重新绘制出 $S \circ T$ 的关系图。

解 由条件得，$S = \{<2,4>,<3,3>,<4,2>\}$，$T = \{<2,1>,<3,2>,<4,3>\}$。因此，有

$$S \circ T = \{<2,3>,<3,2>,<4,1>\}$$

也可以直接将两个关系满足的表达式相减，得到 $S \circ T$ 的解析表示，再写出其序偶表示形式：

$$S \circ T = \{<x,z>\,|\,x \in X \wedge z \in Z \wedge x+z=5\}$$

$S \circ T$ 的关系图如图 4-3 所示。 ■

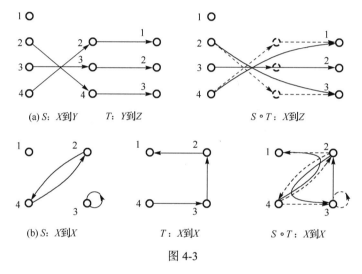

(a) S: X到Y T: Y到Z $S \circ T$: X到Z

(b) S: X到X T: X到X $S \circ T$: X到X

图 4-3

2. 关系矩阵计算

(1) 若关系 R 的关系矩阵是 M_R，则 R^{-1} 的关系矩阵 $M_{R^{-1}}$ 是 M_R 的转置 M_R^{T}。

(2) 若关系 R、S 分别是 X 到 Y、Y 到 Z 的关系，$|X|=m$，$|Y|=n$，$|Z|=p$。记 R、S 和 $R \circ S$ 的关系矩阵分别是 $M_R = [r_{ij}]_{m \times n}$、$M_S = [s_{ij}]_{n \times p}$ 和 $M_{R \circ S} = [c_{ij}]_{m \times p}$，现在考虑元素 c_{ij} 的计算。

根据关系矩阵定义，如果 x_i 与 z_j 之间可通过某个 y_k 连接，则 c_{ij} 为 1，否则为 0。为此，需要检查每对 $<x_i, y_k>$、$<y_k, z_j>$，$1 \leqslant k \leqslant n$。若至少有某个 k 使 $r_{ik}=1$ 且 $s_{kj}=1$，则 c_{ij} 为 1。这可以表示为

$$c_{ij} = \sum_{k=1}^{n} r_{ik} \times s_{kj}, \quad 1 \leqslant i \leqslant m,\ 1 \leqslant j \leqslant p$$

由此说明，复合关系矩阵恰好是两个关系矩阵的积，即 $M_{R \circ S} = M_R \times M_S$。

直接利用算术求积和求和会导致结果可能大于 1，只要令非 0 为 1 即可得到正常的关系矩阵。当然，也可以利用逻辑积和逻辑和计算矩阵的元素：

$$c_{ij} = \bigvee_{k=1}^{n} r_{ik} \wedge s_{kj}, \quad 1 \leqslant i \leqslant m, \ 1 \leqslant j \leqslant p$$

[辨析]　复合运算的实质是连接那些路长是 2 的"路"，即由两条线通过中间结点连接而成的轨迹。

例 4-10　已知集合 $A = \{1,2,3,4\}$ 上的关系 $R = \{<1, 2>, <3, 4>, <3, 2>, <2, 2>\}$，$S=\{<4, 2>, <2, 3>, <3, 1>, <1, 3>\}$，利用关系矩阵求 $R \circ S$。

解

$$M_R = \begin{bmatrix} 0 & 1 & 0 & 0 \\ 0 & 1 & 0 & 0 \\ 0 & 1 & 0 & 1 \\ 0 & 0 & 0 & 0 \end{bmatrix}, \quad M_S = \begin{bmatrix} 0 & 0 & 1 & 0 \\ 0 & 0 & 1 & 0 \\ 1 & 0 & 0 & 0 \\ 0 & 1 & 0 & 0 \end{bmatrix}$$

于是，有

$$M_{R \circ S} = \begin{bmatrix} 0 & 0 & 1 & 0 \\ 0 & 0 & 1 & 0 \\ 0 & 1 & 1 & 0 \\ 0 & 0 & 0 & 0 \end{bmatrix}$$

故 $R \circ S = \{<1, 3>, <2, 3>, <3, 2>, <3, 3>\}$。　∎

[拓展]　广泛使用的关系型数据库完全以关系及其运算为理论基础，这种完善的理论基础也是关系型数据库几乎一统天下的原因。除了关系的集合运算之外，关系数据库中还定义了其他几种运算，包括选择、投影、连接和除等。例如，若 $F(x)$ 是一个谓词公式，R 为一个 n 元关系，则选择出满足条件 F 的行（n 元组）定义为

$$\sigma_F(R) = \{t \mid t \in R \wedge F(t)\}$$

这里的 σ 称为选择运算符，运算结果是从关系 R 中选择出满足指定条件 F 的元组，组成一个新的 n 元关系[23]。

关系数据库中的连接运算有多种形式，其中的自然连接与关系的复合运算非常相似。或者，可以将复合运算作为数据库的一种连接运算看待。

4.2.4　关系的幂

虽然多个不同的关系之间可以复合，但一个关系自身的多次复合有着更特殊的意义。

[定义 4-9]　设 R 是 A 上的二元关系，n 为自然数，则 R 的 n 次幂定义为

$$\begin{cases} R^0 = I_A \\ R^{n+1} = R^n \circ R, \ n \geqslant 0 \end{cases}$$

由前节讨论可知，若 $<a_i, a_j> \in R^2 = R \circ R$，则 R 的关系图中存在由 a_i 到 a_j 的长度为 2 的路。自然地，若 $<a_i, a_j> \in R^{n+1} = R^n \circ R$，$n \geqslant 2$，则 R 的关系图中存在由 a_i 到 a_j 的长度为 $n+1$ 的路。

例 4-11　若 $m \geqslant 2$，且 $<x, y> \in R^m$，则

(1) 说明由题设可推出的结论。

(2) 证明 $<y, x> \in (R^{-1})^m$。

解　(1) 因为 $R^m = R^{m-1} \circ R$，有 t_1，使

$$<x,t_1>\in R^{m-1}, \quad <t_1,y>\in R$$

又因为 $R^{m-1}=R^{m-2}\circ R$，有 t_2，使

$$<x,t_2>\in R^{m-2}, \quad <t_2,t_1>\in R$$

以此类推，可得到结论：存在 t_1，t_2，$\cdots$，t_{m-1}，使

$$<x,t_{m-1}>\in R,<t_{m-1},t_{m-2}>\in R,\cdots,<t_2,t_1>\in R,<t_1,y>\in R$$

(2) 若 $<x,y>\in R^m$，由(1)的讨论可知，有

$$<y,t_1>\in R^{-1},<t_1,t_2>\in R^{-1},\cdots,<t_{m-2},t_{m-1}>\in R^{-1},<t_{m-1},x>\in R^{-1}$$

因此，有 $<y,x>\in (R^{-1})^m$。　　　　　　　　　　　　　　　　　　■

例 4-12　若 R、S 为集合 X 上的二元关系，且 $R\subseteq S$。证明：对 $m\geqslant 2$，有 $R^m\subseteq S^m$。

证明　对 $\forall <x,y>\in R^m$，有 t_1，t_2，$\cdots$，$t_{m-1}\in X$，使

$$<x,t_{m-1}>\in R,<t_{m-1},t_{m-2}>\in R,\cdots,<t_2,t_1>\in R,<t_1,y>\in R$$

于是，有

$$<x,t_{m-1}>\in S,<t_{m-1},t_{m-2}>\in S,\cdots,<t_2,t_1>\in S,<t_1,y>\in S$$

因此，有 $<x,y>\in S^m$。结论成立。　　　　　　　　　　　　　　　■

[定理 4-6]　设 R 是 A 上的关系，m、n 为自然数，则

$$\begin{cases} R^m\circ R^n=R^{m+n} \\ (R^m)^n=R^{mn} \end{cases}$$

这样的命题可以采用数学归纳法来证明。

证明　对于定理中的命题 $R^m\circ R^n=R^{m+n}$，假定 m 已给定，对 n 进行归纳。

若 $n=0$，有

$$R^m\circ R^0=R^m\circ I_A=R^m=R^{m+0}$$

假定 $R^m\circ R^n=R^{m+n}$，有

$$R^m\circ R^{n+1}=R^m\circ R^n\circ R^1=R^{m+n}\circ R=R^{m+n+1}$$

故结论成立。另一个命题的证明类似。　　　　　　　　　　　　　　　■

[定理 4-7]　设 $|A|=n$，R 是 A 上的二元关系，则存在自然数 s 和 t，$s<t$，使得 $R^s=R^t$。

证明　因 R 是 A 上的关系，对任意的自然数 n，R^n 都是 $A\times A$ 的子集。因为

$$|A\times A|=n^2, \quad |\mathscr{P}(A\times A)|=2^{n^2}$$

即 $A\times A$ 仅有 2^{n^2} 个不同子集。因此，只要记 $t=2^{n^2}+1$，则 R^t 必然与 $R\sim R^{t-1}$ 中的某个关系重复，即有 $1\leqslant s\leqslant 2^{n^2}<t$，使得 $R^s=R^t$。　　　　　　　　　　　　　　　　　■

依据上述结果可知，对任意自然数 k，有 $R^{s+k}=R^{t+k}$。这说明 R 的幂呈周期性变化。如果 s 和 t 是满足 $R^s=R^t$ 的一对最小自然数，则 R 的幂最多有 t 个不同值，以后的值将按 $t-s$ 为周期重复。因此，可以将高次幂化简为低次幂。

例 4-13　设 R 的关系矩阵为

$$M_R = \begin{bmatrix} 0 & 0 & 1 & 0 \\ 0 & 0 & 1 & 0 \\ 1 & 0 & 0 & 0 \\ 0 & 1 & 0 & 0 \end{bmatrix}$$

求 R^m 的重复周期，并计算 R^{35}。

解 由 M_R，有

$$M_R^2 = \begin{bmatrix} 1 & 0 & 0 & 0 \\ 1 & 0 & 0 & 0 \\ 0 & 0 & 1 & 0 \\ 0 & 0 & 1 & 0 \end{bmatrix}, \quad M_R^3 = \begin{bmatrix} 0 & 0 & 1 & 0 \\ 0 & 0 & 1 & 0 \\ 1 & 0 & 0 & 0 \\ 1 & 0 & 0 & 0 \end{bmatrix}, \quad M_R^4 = \begin{bmatrix} 1 & 0 & 0 & 0 \\ 1 & 0 & 0 & 0 \\ 0 & 0 & 1 & 0 \\ 0 & 0 & 1 & 0 \end{bmatrix}$$

由于 $R^2 = R^4$，这说明 R 至多有 4 个不同的幂 $R^0 \sim R^3$，重复周期为 $4 - 2 = 2$。

又因为 $35 = 2 + 16 \times 2 + 1$，可见 $R^{35} = R^{2+1} = R^3$。

思考与练习 4.2

习题导引

4-7 若 X、Y、Z 为集合，R 和 S 分别是 X 到 Y、Y 到 Z 的关系，且 $<a,b> \in R$，$<b,c> \in S$，能得到什么结论？若还有 $<b,b> \in S$，又能得到什么结论？

4-8 若 $R = \{<1, 2>, <2, 1>\}$，$S = \{<1, 1>, <2, 2>, <2, 3>\}$，求 $R \circ S$。

4-9 若有表 4-3 所示的一张补充成绩表，结合表 4-2，说明用怎样的操作能得到所有学生的全部成绩。

表 4-3

学号	C++
20150101	76
20150102	80
20150103	91

4-10 设 $R = \{<x,y> | x, y \in \mathbf{N}$ 且 $x + 3y = 12\}$，求 R^2。

4-11 有 $X = \{0,1,2,3\}$ 上的关系 $f = \{<i,j> | j = i+1$ 或 $j = i/2\}$，$g = \{<i,j> | i = j + 2\}$，求 $f \circ g$、$g \circ f$、f^2、g^2、$f \circ g \circ f$ 和 $g \circ f \circ g$。

4-12 设 R、S 是集合 A 到 B 的关系，证明：

(a) $(R \cup S)^{-1} = R^{-1} \cup S^{-1}$　　　　(b) $(R \cap S)^{-1} = R^{-1} \cap S^{-1}$

(c) $(A \times B)^{-1} = B \times A$　　　　　　(d) $(\sim R)^{-1} = \sim (R^{-1})$

4-13 证明例 4-8 的另一个结论 $S(A \cup B) = S(A) \cup S(B)$。

4-14 对例 4-8 的假定，证明 $S(A \cap B) \subseteq S(A) \cap S(B)$，并说明等式是否成立。

4-15 设 R、S 是 X 上的关系，证明：$R^m \subseteq (R \cup S)^m$，$m$ 为任意正整数。

4-16 设 $R \subseteq A \times A$ 且 $<a,b> \in R \circ I_A$，证明 $<a,b> \in R$。

4-17 设 R 是集合 A 到 B 的关系，证明 $I_A \circ R = R \circ I_B = R$。

4-18 设 R、S、T 是任意关系，证明：

(a) $(R \circ S) \circ T = R \circ (S \circ T)$　　　　(b) $(R \circ S)^{-1} = S^{-1} \circ R^{-1}$

4-19 利用关系矩阵计算习题 4-11 中的 f^2，并求出 f^m 的重复周期。

4-20 有 $A = \{a,b,c,d\}$ 上的关系 $R = \{<b,b>,<b,c>,<c,a>\}$，计算 $\bigcup_{i=1}^{+\infty} R^i$。

4-21 *设 R 是有限集 A 上的二元关系，若存在自然数 $s<t$，使 $R^s = R^t$，则

(a) 对任意自然数 k 和 i，有 $R^{s+kp+i} = R^{s+i}$，其中 $p = t - s$。

(b) 记 $S = \{R^0, R^1, \cdots, R^{t-1}\}$，则对任意自然数 m，有 $R^m \in S$。

4-22 *编制程序，使之能计算两个关系的复合。

4.3 关系的性质

很多关系具有一定的特殊性，这使其表现为某种特殊的关系。在一些应用中，常常希望关系具有这些性质，也需要正确判定一个关系是否具有这些性质。

4.3.1 自反与反自反关系

[定义 4-10] 设 R 是 X 上的二元关系。若对所有的 $x \in X$，有 $<x,x> \in R$，则称 R 是 X 上的自反关系（reflexive relation）。符号描述为

$$R \text{ 是 } X \text{ 上的自反关系} \Leftrightarrow \forall x(x \in X \to <x,x> \in R)$$

[辨析] 定义要求对所有的 $x \in X$，都有 $<x,x> \in R$，或者说只要 $x \in X$，就有 $<x,x> \in R$。下文的反自反性也有同样的"任意性"要求。

[定义 4-11] 设 R 是 X 上的二元关系。若对所有的 $x \in X$，有 $<x,x> \notin R$，则称 R 是 X 上的反自反关系（irreflexive relation）。符号描述为

$$R \text{ 是 } X \text{ 上的反自反关系} \Leftrightarrow \forall x(x \in X \to <x,x> \notin R)$$

例如，实数集上的 $\geqslant$、$\leqslant$、=关系，集合上的=、$\subseteq$ 关系，以及任何集合 X 上的恒等关系 I_X 都是自反关系，整数集上的 $>$、$\neq$ 关系和集合上的 $\subset$ 关系都是反自反关系。

定义中的"任意性"要求非常关键。例如，$A = \{a, b, c\}$，$R = \{<a, a>, <b, b>\}$ 不是自反的，因为缺少序偶 $<c, c>$，$S = \{<a, a>, <b, b>, <c, c>, <a, c>\}$ 才是自反的。

[理解] 如何判定一个关系具有某种性质？其实，每个性质的定义都由一个条件句命题来描述，只要证明此命题为真。而如果条件句的前件为 0，则命题必为 1，故定义满足。

例 4-14 找出一个关系，既不是自反的，也不是反自反的。能再找出一个关系，既是自反的，也是反自反的吗？

解 若 $A = \{1,2,3\}$，则 $R = \{<1,1>,<2,2>\}$ 既不是自反的，也不是反自反的。

比较自反性和反自反性定义的两个条件句：

$$x \in X \to <x,x> \in R$$
$$x \in X \to <x,x> \notin R$$

显然，两个条件句的后件是矛盾的。因此，要使它们同时为真，只有使前件 $x \in X$ 为假，唯一的选择是 $X = \varnothing$。此时，关系 R 也必然是空集。可见，只有定义在空集合 $\varnothing$ 上的空关系 $\varnothing$ 才既是自反，也是反自反的。 ■

[辨析] 使一个定义中条件句的前件为假，从而使定义得到满足是一个常见且十分重要的问题，也是能够正确判定一个性质是否被满足的基本常识。

[辨析] "反自反"不等于"不自反"。满足自反性要求关系包含所有形如 $<x, x>$ 的序偶，满足反自反性要求关系不能包含任何一个形如 $<x, x>$ 的序偶。仅包含部分 $<x, x>$ 而不是全部就什么都不是。

4.3.2 对称与反对称关系

[定义 4-12] 设 R 是 X 上的二元关系。对任意的 $x,y \in X$，若 $<x,y> \in R$，就有 $<y,x> \in R$，则称 R 是 X 上的对称关系（symmetric relation）。符号表示为

$$R \text{ 是 } X \text{ 上的对称关系} \Leftrightarrow \forall x \forall y((x \in X \land y \in X \land <x,y> \in R) \rightarrow <y,x> \in R)$$

例如，任何集合上的空关系是对称关系，而定义在集合 $A = \{1,2,3\}$ 上的关系 $R = \{<1,1>, <1,2>, <2,1>\}$ 是对称关系，但 $S = \{<1,2>, <2,1>, <1,3>\}$ 不是对称关系，因为 $<3,1> \notin S$。

例 4-15 设 $A = \{2,3,5,7\}$，A 上的关系 $R = \{<x,y> | (x-y)/2 \text{ 是偶数}\}$，证明 R 是 A 上的自反和对称关系。

证明 对 $\forall x \in A$，有 $(x-x)/2 = 0$，即 $<x,x> \in R$，故 R 是自反的。

对 $\forall x,y \in A$，若 $<x,y> \in R$，则有偶数 k，使 $(x-y)/2 = k$。因为 $-k$ 也是偶数，且有

$$(y-x)/2 = -k$$

知 $<y,x> \in R$，故 R 是对称的。 ∎

[定义 4-13] 设 R 是 X 上的二元关系。对任意的 $x,y \in X$，若 $<x,y> \in R$ 且 $x \neq y$，就有 $<y,x> \notin R$，则称 R 是 X 上的反对称关系（antisymmetric relation）。符号表示为

$$R \text{ 是 } X \text{ 上的反对称关系} \Leftrightarrow \forall x \forall y((x \in X \land y \in X \land <x,y> \in R \land x \neq y) \rightarrow <y,x> \notin R)$$

日常使用的大量关系都是反对称关系，如 $\leq$、$\geq$ 和 $\subseteq$ 等。例如，对于 $\leq$，满足

$$\text{只要 } a \leq b \text{，且 } a \neq b \text{，必有 } b \nleq a$$

不过，对这种性质更一般的描述为

$$\text{只要 } a \leq b \text{ 且 } b \leq a \text{，则 } a = b$$

这是因为

$$(<x,y> \in R \land x \neq y) \rightarrow <y,x> \notin R$$
$$\Leftrightarrow \neg(<x,y> \in R \land x \neq y) \lor <y,x> \notin R$$
$$\Leftrightarrow \neg(<x,y> \in R \land <y,x> \in R) \lor x = y$$
$$\Leftrightarrow (<x,y> \in R \land <y,x> \in R) \rightarrow x = y$$

由此，可以将原定义转换成另一种等价的描述方式：

$$R \text{ 是 } X \text{ 上的反对称关系} \Leftrightarrow \forall x \forall y((x \in X \land y \in X \land <x,y> \in R \land <y,x> \in R) \rightarrow x = y)$$

[辨析] 在实际证明时，后一种定义描述形式常常更容易叙述。

例 4-16 正整数集 $\mathbf{Z}^+$ 上的整除关系 $| = \{<x,y> | x,y \in \mathbf{Z}^+ \text{ 且 } y \text{ 能被 } x \text{ 整除}\}$ 是反对称关系。

证明 若 $a|b$ 且 $b|a$，则有

$$a \leq b \text{，且 } b \leq a$$

于是，有 $a = b$。所以，$|$ 是反对称关系。 ∎

此外，整除关系 $|$ 也是自反的，因为任何整数都能整除自己。

例 4-17 找出一个关系，既不是对称的，也不是反对称的；再找出一个关系，既是对称的，又是反对称的。

解 $A = \{a,b,c\}$，$R = \{<a,b>, <b,a>, <a,c>\}$ 既不是对称的，也不是反对称的。因为缺少 $<c,a>$，破坏了对称性，而包含成对序偶 $<a,b>$ 和 $<b,a>$ 破坏了反对称性。

任意一个集合上的空关系既是对称的，也是反对称的。这是因为定义中的 $<x,y>\in R$ 为假，条件句 $<x,y>\in R \rightarrow <y,x>\in R$ 和 $(<x,y>\in R \wedge x \neq y) \rightarrow <y,x>\notin R$ 都为真。　　　　■

集合 $A=\{1,2\}$ 上的 $R=\{<1,1>\}$ 和任意集合 A 上的关系 I_A 是对称的，也是反对称的。这是因为 R 和 I_A 仅含有形如 $<x,x>$ 的序偶，条件句 $<x,y>\in R \rightarrow <y,x>\in R$ 总为真，而反对称定义中的条件句的前提 $<x,y>\in R \wedge x \neq y$ 为假，故条件句 $(<x,y>\in R \wedge x \neq y) \rightarrow <y,x>\notin R$ 为真。

[辨析] "反对称" 不等于 "不对称"。一个关系 R 中形如 $<x,x>$ 的序偶与对称性和反对称性都无关联。

4.3.3 传递关系

[定义 4-14] 设 R 是 X 上的二元关系。对任意的 $x,y,z \in X$，若 $<x,y>\in R$ 且 $<y,z>\in R$，就有 $<x,z>\in R$，则称 R 是 X 上的（可）传递关系（transitive relation）。符号表示为

$$R \text{ 是 } X \text{ 上的传递关系} \Leftrightarrow \forall x \forall y \forall z ((x\in X \wedge y\in X \wedge z\in X \wedge xRy \wedge yRz) \rightarrow xRz)$$

实数集 **R** 上的 $\leqslant$、$<$、$\geqslant$、$>$、$=$ 和集合的包含关系 $\subseteq$ 都是传递关系，通常的描述是

$$\text{若 } a \leqslant b \text{ 且 } b \leqslant c，\text{则 } a \leqslant c$$
$$\text{若 } A \subseteq B \text{ 且 } B \subseteq C，\text{则 } A \subseteq C$$

例 4-18 若 $A=\{a,b,c\}$，那么，$r_1 = \varnothing$，$r_2 = \{<a,a>\}$，$r_3 = \{<a,b>,<a,c>\}$，$r_4 = \{<a,a>,<a,b>,<b,a>\}$，$r_5 = \{<a,a>,<a,b>,<a,c>,<b,c>\}$ 是传递关系吗？

解 r_1 和 r_3 是传递关系，因为不存在具有相同 y 的一对序偶，定义中条件句的前件 $xRy \wedge yRz$ 为假，故 $xRy \wedge yRz \rightarrow xRz$ 为真。r_2 是传递关系，相当于定义中 $x=y=z=a$。r_4 不是传递关系，因为关系中有 $<b,a>$ 和 $<a,b>$，但不存在 $<b,b>$。r_5 是传递关系，相当于定义中 $x=y=a$，$z=b$ 或 c。　　　　■

理解关系性质

[理解] 对传递关系的通俗解释是，所有可连接的序偶其连接后的结果都属于此关系。

4.3.4 关系性质的等价描述与判定

1. 充分必要条件

在理论上容易总结出 5 种关系性质应满足的条件，依据这些条件可以对关系是否具有某种性质进行判定。这些条件相当于利用集合运算给出了 5 个对应定义的等价描述。

[定理 4-8] 设 R 是 A 上的二元关系，则
(1) R 是自反关系当且仅当 $I_A \subseteq R$。
(2) R 是反自反关系当且仅当 $R \cap I_A = \varnothing$。
(3) R 是对称关系当且仅当 $R = R^{-1}$。
(4) R 是反对称关系当且仅当 $R \cap R^{-1} \subseteq I_A$。
(5) R 是传递关系当且仅当 $R \circ R \subseteq R$，即 $R^2 \subseteq R$。

证明 (1) R 是自反关系 $\vdash I_A \subseteq R$，即推证集合包含。
对 $\forall <x,y>$，有

$$<x,y>\in I_A \Rightarrow x=y \Rightarrow_{(R\text{的自反性})} <x,y>\in R$$

$I_A \subseteq R \vdash R$ 是自反关系，即验证自反性。
对 $\forall x$，有

$$x \in A \Rightarrow_{(I_A \subseteq R)} <x,x> \in I_A \Rightarrow_{(I_A \subseteq R)} <x,x> \in R$$

(2) R 是反自反关系 $\vdash R \cap I_A = \varnothing$，即推证集合相等（互相包含）。

若 $R \cap I_A \neq \varnothing$，则有 $<x,y> \in R \cap I_A$，则 $<x,y> \in R$ 且 $<x,y> \in I_A$（即 $x=y$）。故 $<x,x> \in R$，与反自反性矛盾，故 $R \cap I_A = \varnothing$。

$R \cap I_A = \varnothing \vdash R$ 是反自反关系，即验证反自反性。

对 $\forall x$，有

$$x \in A \Rightarrow_{(I_A 定义)} <x,x> \in I_A \Rightarrow_{(R \cap I_A = \varnothing)} <x,x> \notin R$$

(3) R 是对称关系 $\vdash R = R^{-1}$，即推证集合互相包含。

对 $\forall <x,y>$，有

$$<x,y> \in R \Leftrightarrow_{(R的对称性)} <y,x> \in R \Leftrightarrow_{(R^{-1}的定义)} <x,y> \in R^{-1}$$

$R = R^{-1} \vdash R$ 是对称关系，即验证对称性。

对 $\forall <x,y>$，有

$$<x,y> \in R \Rightarrow_{(R=R^{-1})} <x,y> \in R^{-1} \Leftrightarrow_{(R^{-1}的定义)} <y,x> \in R$$

(4) R 是反对称关系 $\vdash R \cap R^{-1} \subseteq I_A$，即推证集合包含。

对 $\forall <x,y>$，有

$$<x,y> \in R \cap R^{-1} \Rightarrow_{(集合交定义)} <x,y> \in R \wedge <x,y> \in R^{-1}$$
$$\Rightarrow_{(R^{-1}的定义)} <x,y> \in R \wedge <y,x> \in R$$
$$\Rightarrow_{(R的反对称性)} x = y$$
$$\Rightarrow <x,y> \in I_A$$

$R \circ R^{-1} \subseteq I_A \vdash R$ 是反对称关系，即验证反对称性。

对 $\forall <x,y>$，有

$$<x,y> \in R \wedge <y,x> \in R \Rightarrow_{(R^{-1}的定义)} <x,y> \in R \wedge <x,y> \in R^{-1}$$
$$\Rightarrow_{(集合交定义)} <x,y> \in R \cap R^{-1}$$
$$\Rightarrow_{(R \cap R^{-1} \subseteq I_A)} <x,y> \in I_A$$
$$\Rightarrow x = y$$

(5) R 是传递关系 $\vdash R \circ R \subseteq R$，即推证集合包含。

对 $\forall <x,y>$，有

$$<x,y> \in R \circ R \Rightarrow_{(复合关系定义)} \exists t(<x,t> \in R \wedge <t,y> \in R) \Rightarrow_{(R的传递性)} <x,y> \in R$$

$R \circ R \subseteq R \vdash R$ 是传递关系，即验证传递性。

对 $\forall <x,y>$ 和 $<y,z>$，有

$$<x,y> \in R \wedge <y,z> \in R \Rightarrow_{(复合关系定义)} <x,z> \in R \circ R \Rightarrow_{(R \circ R \subseteq R)} <x,z> \in R$$ ■

例 4-19 若有整数 $m \geq 2$ 和二元关系 R，使得

$$<x,t_{m-1}> \in R, <t_{m-1},t_{m-2}> \in R, \cdots, <t_2,t_1> \in R, <t_1,y> \in R$$

可以得到什么结论？若 R 是传递关系，又可得到什么结论？

解 对于一般的关系 R，逐次利用关系复合运算，可推出结论 $<x,y> \in R^m$。

在 R 具有传递性时，可推出结论 $<x,y> \in R$。 ■

事实上，若 R 是传递关系，$R^m \subseteq R$ 对所有整数 $m \geq 1$ 成立。这说明一个传递关系自身的复合不可能产生新的序偶。

2．基于关系图的性质判别

(1) 自反关系的每个元素都有自环，反自反关系的每个元素都没有自环。仅有部分而非全部自环时既不是自反关系也不是反自反关系。

(2) 对称关系的连线都是成对的，反对称关系的连线都是不成对的。同时包含成对和不成对连线的关系既不是对称关系，也不是反对称关系；没有不相同元素之间连线时既是对称关系，也是反对称关系。

(3) 传递关系表现为，对任何两个元素 x 和 y，如果可以通过一条"路"从 x 到达 y，则有 x 与 y 的直接连线。图 4-4 显示了几种关系的关系图示例，$A = \{a, b, c\}$。

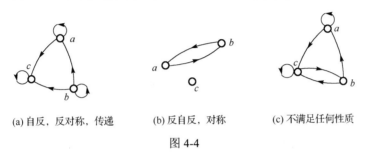

(a) 自反，反对称，传递　　(b) 反自反，对称　　(c) 不满足任何性质

图 4-4

3．基于关系矩阵的性质判别

(1) 自反关系的关系矩阵的主对角线都是1，反自反关系的关系矩阵主对角线都是0。主对角线元素同时存在1和0时既不是自反关系也不是反自反关系。

(2) 对称关系的关系矩阵为对称矩阵，反对称关系的关系矩阵则关于主对角线严格不对称。主对角线元素与对称性和反对称性无关，因为它是轴。

图 4-5 说明了几种关系的关系矩阵特点。

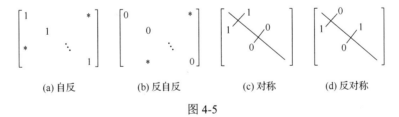

(a) 自反　　　　(b) 反自反　　　　(c) 对称　　　　(d) 反对称

图 4-5

习题导引

思考与练习 4.3

4-23　分别用自然语言和符号描述关系的自反性、反自反性、对称性、反对称性和传递性。

4-24　设有集合 $A = \{1, 2, 3\}$ 上定义的如下关系，它们是自反、反自反、对称、反对称和传递的吗？

(a) $R = \{<1,1>\}$　　　　　　　(b) $S = \{<1,2>, <2,1>\}$

(c) $T = \{<1,2>, <3,2>, <3,3>\}$

4-25　举出一个关系示例，使其分别满足：

(a) 是自反和对称的。　　　　　　(b) 是反自反和反对称的。

4-26　设 $A = \{a, b, c\}$，给出 A 上的一个二元关系 R，使其不满足自反、反自反、对称、反对称和传递性中的任何一种性质。

4-27　若 α 和 β 是集合 X 上的关系，证明或否定：当 α 和 β 分别具有自反、反自反、对称、反对称和传递性时，$\alpha \cap \beta$ 和 $\alpha \cup \beta$ 也分别具有相同的性质。

4-28　若 α 和 β 是集合 X 上的关系，证明或否定：当 α 和 β 分别具有自反、反自反、对称和传递性时，$\alpha \circ \beta$ 也分别具有相同的性质。

4-29　若 R 是 X 上的自反二元关系，且对任意的 $x, y, z \in X$，若 xRy 且 yRz，则 zRx。证明 R 是对称和传递的。

4-30　若 $R \subseteq A \times A$，证明或否定：若 R 分别是自反、反自反、对称、反对称或传递关系，则 R^{-1} 也分别具有相同的性质。

4-31　若 R 是可传递的二元关系，证明或否定：

(a) $R \cap R^{-1}$ 是可传递的。　　　　　　(b) $R \cup R^{-1}$ 是可传递的。

(c) $R - R^{-1}$ 是可传递的。　　　　　　(d) $R^{-1} - R$ 是可传递的。

4-32　若 R 是 A 上的反对称关系，$|A| = n$，在 $R \cap R^{-1}$ 的关系矩阵中可能有多少个非零值？

4-33　n 个元素的集合 A 上存在多少个不同的自反关系？

4-34　设 R 是 A 上的关系，若 R 是自反的和传递的，则 $R^2 = R$。其逆命题也成立吗？

4.4　关系的闭包

关系的自反性、对称性和传递性是实际应用中经常需要的性质。当一个关系不满足这些性质时，一定是因为缺少某些序偶所致。因此，需要在关系中适当增加序偶，以使其具有相应的性质。很明显，对于任意集合 X，全关系 $X \times X$ 显然是自反、对称和传递的，我们当然不希望将 X 上的关系 R 都扩充成全关系。因此，这种扩充应恰好使关系 R 具有所需的性质为止。

4.4.1　闭包的概念

通常，对关系 R 扩充后得到的新关系 S 应恰好具有想要的性质，这被称为 S 对该性质封闭，且 S 显然包含了 R。因此，称 S 是 R 的闭包（closure）。

[定义 4-15] 设 R 是 X 上的二元关系，如果有一个关系 S 满足：

(1) S 是自反（对称、传递）的；

(2) $R \subseteq S$；

(3) 对于 X 上的所有自反（对称、传递）关系 T，若 $R \subseteq T$，就有 $S \subseteq T$，则称 S 是 R 的自反闭包（reflexive closure）（对称闭包（symmetric closure）、传递闭包（transitive closure）），记作 $r(R)$（$s(R)$、$t(R)$）。

[辨析] 定义中的(3)也称为最小性，它说明闭包是使 R 刚好被扩充到具有所需的性质为止。

[理解] 通俗地讲，R 的自反（对称、传递）闭包是指具有自反性（对称性、传递性）且包含 R 的最小关系。这里的大小是以集合包含来衡量的，即 R 小于等于 S 是指 $R \subseteq S$。

例如，$X = \{1,2,3\}$，$R = \{<1,1>,<2,2>,<1,3>\}$ 不具有自反性。$S = \{<1,1>,<2,2>, <3,3>,<1,3>\}$ 是 R 的自反闭包，但 $T = \{<1,1>,<2,2>,<3,3>,<1,3>,<3,1>\}$ 不是 R 的自反闭包，因为它虽然满足规则(1)和(2)，但不是最小关系，即不满足规则(3)。

[定理 4-9] 若 R 是 X 上的二元关系，则

(1) R 是自反的，当且仅当 $r(R) = R$。

(2) R 是对称的，当且仅当 $s(R) = R$。

(3) R 是传递的，当且仅当 $t(R) = R$。 ■

这说明当 R 具有自反性（对称性、传递性）时，本身就是自己的自反（对称、传递）闭包，因为它自己是满足定义 4-13 规则(1)和(2)的最小关系。

利用关系图可以对闭包进行直观的解释。以传递闭包为例，如果从元素 x 可途径若干条连线连接到元素 y，称 x 到 y 是可达的。因此，传递闭包的实质是确定任意两点间是否可达，故传递闭包的关系矩阵也称为可达矩阵。在一个大型网络中，主机等设备代表着元素，而它们之间的有线和无线网络构成了连线，进而形成了关系图。可达矩阵在衡量该图的网络状态及在主机之间是否可通信过程中起着重要作用，也说明了可如何通过增加最少的连接，使存在长通信线路的两点之间可直接通信。

4.4.2 闭包计算

[定理 4-10] 设 R 是 X 上的二元关系，则

(1) $r(R) = R \cup I_X$

(2) $s(R) = R \cup R^{-1}$

(3) $t(R) = R^+ = \bigcup_{k=1}^{+\infty} R^k = R \cup R^2 \cup R^3 \cup \cdots$

闭包的证明就是逐条验证定义中的 3 条规则，但一般(2)是显然的，仅需要验证(1)与(3)。

证明   (1)记 $S = R \cup I_X$。

(a) 对 $\forall x \in X$，因 $<x,x> \in I_X$，有 $<x,x> \in S$，故 S 是自反的。

(b) 对 X 上的自反关系 T，若 $R \subseteq T$，推证 $S \subseteq T$。

对 $\forall <x,y> \in S$，有

$$<x,y> \in R \vee <x,y> \in I_X$$

若前者为真，因 $R \subseteq T$，有 $<x,y> \in T$。若后者为真，有 $x = y$。因 T 是自反关系，有 $<x,y> \in T$。总之，$S \subseteq T$。

(2) 记 $S = R \cup R^{-1}$。

(a) 对 $\forall <x,y>$，有

$$<x,y> \in S \Rightarrow <x,y> \in R \vee <x,y> \in R^{-1}$$
$$\Rightarrow <y,x> \in R^{-1} \vee <y,x> \in R \Rightarrow <y,x> \in S$$

故 S 是对称的。

(b) 对 X 上的对称关系 T，若 $R \subseteq T$，推证 $S \subseteq T$。

对 $\forall <x,y> \in S$，有

$$<x,y> \in R \vee <x,y> \in R^{-1}$$

若前者为真，因 $R \subseteq T$，有 $<x,y> \in T$。若后者为真，有 $<y,x> \in R$。因 $R \subseteq T$，有 $<y,x> \in T$。又因 T 是对称关系，有 $<x,y> \in T$。总之，$S \subseteq T$。

（3）记 $S = R \cup R^2 \cup R^3 \cup \cdots$。

（a）对 $\forall <x,y> \in S$，$<y,z> \in S$，有正整数 m 和 n，使

$$<x,y> \in R^m, \quad <y,z> \in R^n$$

于是，有 $<x,z> \in R^m \circ R^n = R^{m+n}$，即 $<x,z> \in S$，故 S 是传递的。

（b）对 X 上的传递关系 T，若 $R \subseteq T$，推证 $S \subseteq T$。

对 $\forall <x,y> \in S$，有正整数 m，使 $<x,y> \in R^m$。因此，有 t_1，t_2，$\cdots$，t_{m-1}，使

$$xRt_1, \quad t_1Rt_2, \cdots, \quad t_{m-2}Rt_{m-1}, \quad t_{m-1}Ry$$

因 $R \subseteq T$，有

$$xTt_1, \quad t_1Tt_2, \cdots, \quad t_{m-2}Tt_{m-1}, \quad t_{m-1}Ty$$

因 T 是传递的，有 $<x,y> \in T$。故 $S \subseteq T$。　■

事实上，由于有限集上的关系 R 的幂存在周期性，$t(R)$ 不必计算到无穷项。

[定理 4-11] *若 $|X| = n$，R 是 X 上的二元关系，则存在一个正整数 $m \leqslant n$，使得

$$t(R) = \bigcup_{k=1}^{m} R^k = R \cup R^2 \cup \cdots \cup R^m$$

证明　因为 $\bigcup_{k=1}^{m} R^k \subseteq R^+$，故只须证明 $R^+ \subseteq \bigcup_{k=1}^{m} R^k$。

若 $<x,y> \in R^+$，必有 p 使得 $<x,y> \in R^p$。因 R 幂次的周期性，满足上述关系的 p 可以很多，但若记最小的 p 为 m，则必有 $m \leqslant n$。

否则，若 $m > n$。记 $t_0 = x$，$t_m = y$，则存在 t_1，t_2，$\cdots$，t_{m-1}，使

$$t_0Rt_1, \quad t_1Rt_2, \cdots, \quad t_{m-2}Rt_{m-1}, \quad t_{m-1}Rt_m$$

因为上述序列中共 $m+1$（$m+1 > n$）个元素，但 X 只有 n 个元素，故必存在 $0 \leqslant a < b \leqslant m$，使得 $t_a = t_b$，原序偶序列为

$$t_0Rt_1, \quad t_1Rt_2, \cdots, \quad t_{a-1}Rt_a, \overbrace{t_aRt_{a+1}, \cdots, \quad t_{b-1}Rt_b}^{\text{因}t_a=t_b\text{而多余的序偶}}, \quad t_bRt_{b+1}, \cdots, \quad t_{m-1}Rt_m$$

在序列中除去 $<t_a,t_{a+1}>$ 至 $<t_{b-1},t_b>$ 之间的序偶后再重新连接，有 $<x,y> \in R^{m-(b-a)}$，这与 m 最小的假设矛盾。　■

[辨析] 此定理说明，若 $|X| = n$，传递闭包至多需要计算到 R^n 即可。因此，定理可写成 $t(R) = \bigcup_{k=1}^{n} R^k$。

[拓展] 本质上，定理中的传递闭包计算就是将能够可达的两个元素之间直接用连线相连，这种过程要循环测试，直到不再有新连线加入为止，时间消耗非常大，但利用沃舍尔（Warshall）算法可以有效降低求和的复杂性，提高效率，参见以下的沃舍尔算法。

```
T=MR;                           /*T 为传递闭包的关系矩阵，n 为集合元素个数 */
for(k=1; k≤n; k=k+1)
    for(i=1; i≤n; i=i+1)
        for(j=1; j≤n; j=j+1)
            if(T[i][k] == 1 && T[k][j] == 1)
                T[i][j] = 1;
```

用 I_R 表示单位矩阵，M_R^{T} 为 M_R 的转置，根据定理，在利用关系矩阵计算闭包时，有

$$M_{r(R)} = M_R + I_R, \quad M_{s(R)} = M_R + M_R^{\mathrm{T}}, \quad M_{t(R)} = \sum_{k=1}^{n} M_R^k$$

这里的矩阵加法和乘法都是逻辑运算。

从关系图上看，自反闭包是为每个结点添上自环，对称闭包为每条线段加上箭头相反的连线，传递闭包将所有可达的结点对之间用连线直接相连。

例 4-20　若 $A = \{a, b, c\}$，A 上的关系 $R = \{<a,b>, <b,c>, <c,a>\}$，求 $r(R)$、$s(R)$ 和 $t(R)$。

解　直接采用集合运算得

$$r(R) = R \bigcup I_A = \{<a,a>, <b,b>, <c,c>, <a,b>, <b,c>, <c,a>\}$$
$$s(R) = R \bigcup R^{-1} = \{<a,b>, <b,c>, <c,a>, <b,a>, <c,b>, <a,c>\}$$

因为

$$M_R = \begin{bmatrix} 0 & 1 & 0 \\ 0 & 0 & 1 \\ 1 & 0 & 0 \end{bmatrix}, \quad M_{R^2} = \begin{bmatrix} 0 & 0 & 1 \\ 1 & 0 & 0 \\ 0 & 1 & 0 \end{bmatrix}, \quad M_{R^3} = \begin{bmatrix} 1 & 0 & 0 \\ 0 & 1 & 0 \\ 0 & 0 & 1 \end{bmatrix}, \quad M_{R^4} = M_R \circ$$

得 $M_{t(R)} = \displaystyle\sum_{k=1}^{3} M_{R^k} = \begin{bmatrix} 1 & 1 & 1 \\ 1 & 1 & 1 \\ 1 & 1 & 1 \end{bmatrix}$，即 $t(R) = A \times A$。 ∎

例 4-21　设 R 是集合 X 上的二元关系，则

(a) $rs(R) = sr(R)$ 　　　　　　(b) $rt(R) = tr(R)$ 　　　　　(c) $st(R) \subseteq ts(R)$

证明　题目仍是证明集合包含。

(a) 可直接采用集合算律证明。

$$rs(R) = s(R) \bigcup I_X = R \bigcup R^{-1} \bigcup I_X = (R \bigcup I_X) \bigcup (R^{-1} \bigcup I_X) = r(R) \bigcup r(R)^{-1} = sr(R)$$

(b) $\vdash rt(R) \subseteq tr(R)$。

对 $\forall <x, y>$，若 $<x, y> \in rt(R)$，因 $rt(R) = t(R) \bigcup I_X$，有

$$<x, y> \in t(R) \text{或} <x, y> \in I_X$$

若前者为真，有 m 使 $<x, y> \in R^m$。因 $R \subseteq R \bigcup I_X$，有

$$<x, y> \in (R \bigcup I_X)^m$$

可知 $<x, y> \in tr(R)$。

若后者为真，有 $<x, y> \in R \bigcup I_X$，可知 $<x, y> \in tr(R)$。

类似地，可证明 $tr(R) \subseteq rt(R)$。结论成立。

(c) 对 $\forall <x, y> \in st(R) = t(R) \bigcup t(R)^{-1}$，有

$$<x, y> \in t(R) \text{ 或 } <x, y> \in t(R)^{-1}$$

若前者为真，有 m 使 $<x, y> \in R^m$。因 $R \subseteq R \bigcup R^{-1}$，有

$$<x, y> \in (R \bigcup R^{-1})^m$$

可知 $<x, y> \in ts(R)$。

若后者为真，有 $<y, x> \in t(R)$。因此，有 n 使 $<y, x> \in R^n$。于是，有

$$< x, y > \in (R^{-1})^n$$

因 $R^{-1} \subseteq R \cup R^{-1}$，有

$$< x, y > \in (R \cup R^{-1})^n$$

可知 $< x, y > \in ts(R)$。故 $st(R) \subseteq ts(R)$ 成立。

思考与练习 4.4

4-35　设集合 $A = \{a, b, c, d\}$ 上的关系 $R = \{<a,b>, <b,a>, <b,c>, <c,d>\}$，利用关系图和关系矩阵求出 R 的自反闭包、对称闭包和传递闭包。

4-36　设有集合 $A = \{a, b, c, d\}$ 上的关系 $R = \{<a,b>, <b,c>, <c,a>, <c,d>\}$，求 $rt(R)$。

4-37　对于整数集 $\mathbf{Z}$ 上的关系 $R = \{<x,y> \mid x, y \in \mathbf{Z}\text{且}y = x+1\}$，证明 R 的传递闭包 $t(R)$ 是小于关系 "<"。

4-38　设 α 和 β 是集合 X 上的关系且 $\alpha \subseteq \beta$，证明：

    (a)　$r(\alpha) \subseteq r(\beta)$　　　　　(b)　$s(\alpha) \subseteq s(\beta)$　　　　　(c)　$t(\alpha) \subseteq t(\beta)$

4-39　设 α 和 β 是集合 X 上的关系，证明：

    (a)　$r(\alpha \cup \beta) = r(\alpha) \cup r(\beta)$　　　　　(b)　$s(\alpha \cup \beta) = s(\alpha) \cup s(\beta)$

    (c)　$t(\alpha) \cup t(\beta) \subseteq t(\alpha \cup \beta)$

并举例说明 $t(\alpha \cup \beta) \neq t(\alpha) \cup t(\beta)$。

4-40　设 $R \subseteq A \times A$，证明：

    (a)　若 R 是自反的，则 $s(R)$ 和 $t(R)$ 是自反的。

    (b)　若 R 是对称的，则 $r(R)$ 和 $t(R)$ 是对称的。

    (c)　若 R 是传递的，则 $r(R)$ 是传递的，但 $s(R)$ 不一定是传递的。

4-41　设 $R \subseteq A \times A$，证明：

    (a)　若 R 是反自反的，则 $s(R)$ 是反自反的，但 $t(R)$ 不一定是反自反的。

    (b)　若 R 是反对称的，则 $r(R)$ 是反对称的，但 $t(R)$ 不一定是反对称的。

4-42　举例说明 $st(R) \neq ts(R)$。

4-43　*编写程序，使之能计算关系的自反、对称和传递闭包，并比较求传递闭包程序与沃舍尔（Warshall）算法（程序）之间的差异。

4.5　等价关系

4.5.1　等价与相容

[定义 4-16] 若集合 A 上的关系 R 是自反、对称和传递的，则称 R 为等价关系（equivalence relation）。

如果 R 为等价关系且有 xRy，称 x 与 y 是等价的，记作 $x \overset{R}{\sim} y$，或简记为 $x \sim y$。

自反性和对称性合称为相容性，具有相容性的关系 R 也称为相容关系。可见，等价关系是具有相容性和传递性的关系，或者说具有传递性的相容关系。

例如，在一群人组成的集合 A 上的 "肤色相同" "同一个党派" "同班同学" "同龄" 等关系

都是等价关系。但"朋友"关系仅是相容而非等价关系，因为朋友关系虽是相互的，但没有传递性。

例 4-22　若 R 是定义在整数集上的关系且 $R=\{<a,b>|a=b\vee a=-b\}$，说明 R 是等价关系。

证明　对任意的整数 a，有 $a=a$，即 $<a,a>\in R$，自反性成立。

若 $<a,b>\in R$，有 $a=b$ 或 $a=-b$，即 $b=a$ 或 $b=-a$，有 $<b,a>\in R$，对称性成立。

若 $<a,b>\in R$，且 $<b,c>\in R$，有 $a=b$ 或 $a=-b$，且 $b=c$ 或 $b=-c$，有 $a=c$ 或 $a=-c$，传递性成立。故 R 是等价关系。　　　■

例 4-23　设 m 为正整数，则整数集 $\mathbf{Z}$ 上的模 m 同余关系 $R=\{<x,y>|x\equiv y(\bmod m)\}$ 是等价关系。

证明　R 的自反性和对称性是显然的。若 $<x,y>\in R$，$<y,z>\in R$，则

$$x\bmod m=y\bmod m，\quad y\bmod m=z\bmod m$$

因此，$x\bmod m=z\bmod m$，即 $<x,z>\in R$，故 R 是传递的。因此，R 是等价关系。　　　■

因为等价关系都是自反和对称的，其关系图中每个元素都存在自环，且两个元素之间的连线是成对的。因此，为了简化关系图，约定：

(1) 不画出自环。

(2) 任意两元素之间成对的连线用一条没有箭头的连线代替。

此外，在关系矩阵中，由于主对角线元素均为 1，且矩阵是对称的，故可以仅存储其下三角（或上三角）部分，从而达到节省存储空间的目的。

例 4-24　设 $A=\{\text{cat, teacher, cold, desk, knife, by}\}$，定义关系 $R=\{<x,y>|x,y\in A$ 且 x 和 y 有相同的字母$\}$，说明 R 具有哪些性质，并给出其关系矩阵和关系图。

解　显然，关系 R 具有相容性（自反且对称），但无传递性。　　　■

记 $x_1=\text{cat}$, $x_2=\text{teacher}$, $x_3=\text{cold}$, $x_4=\text{desk}$, $x_5=\text{knife}$, $x_6=\text{by}$，则 R 的关系矩阵和关系图可简化为图 4-6。

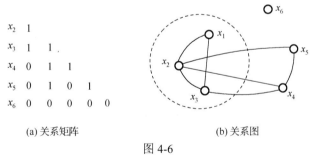

(a) 关系矩阵　　　　　　　　　(b) 关系图

图 4-6

4.5.2　等价类

[定义 4-17] 设 R 是集合 A 上的等价关系，对任意的 $a\in A$，称集合 $[a]_R$ 为由元素 a 生成的 R 等价类，简称为 a 的等价类（equivalence class）。

$$[a]_R=\{x\,|\,x\in A\wedge <a,x>\in R\}$$

如果 $b\in[a]_R$，称 b 为该等价类的代表元。在不至于混淆时，$[a]_R$ 可简记为 $[a]$。

因为 aRa，依定义，有 $a\in[a]_R$，可见任何等价类都是非空的，即 $[a]_R\neq\varnothing$。

[辨析] 元素 a 生成的等价类是由所有与 a 等价的元素组成的集合，故可记为

$$[a]_R=\{x\,|\,x\in A\wedge a\sim x\}$$

因为等价关系是对称的，故还可记为

$$[a]_R = \{x \mid x \in A \land xRa\} = \{x \mid x \in A \land x \sim a\}$$

[理解] 符号 $[a]_R$ 表明此对象与 a 和 R 有关，受 a 和 R 影响，可视为以 a 和 R 为参数的函数，函数值为集合。如果将集合 A 也视为参数，甚至可表示为 $[a]_R^A$、$[a]_R(A)$ 或 $f(a,R,A)$，这是数学描述中常用的技巧。

例如，对于一个年级学生集合上的"同班同学"关系，任意指定一名学生 s，其所在班级的所有同学都与 s 等价，因此，s 生成的等价类就是其班级所有学生的集合。

设 A 是一个字符串集合，定义 A 上的关系 $R = \{<x,y> \mid x$ 与 y 的前 31 个字符相同$\}$。显然 R 是等价关系。很多 C 语言的编译器按此关系处理变量名（实体名），所有等价的字符串构成等价类，彼此被认为是相同的标识符。

例 4-25　例 4-22 中的一个整数 a 产生的等价类是什么？

解　$[a]_R = \{a, -a\}$。　∎

例 4-26　对于整数集合上的模 3 同余关系，能产生哪些等价类？

解　共有如下 3 个不同的等价类：

$$[0]_R = \{\cdots, -6, -3, 0, 3, 6, \cdots\}, \quad [1]_R = \{\cdots, -5, -2, 1, 4, 7, \cdots\}, \quad [2]_R = \{\cdots, -4, -1, 2, 5, 8, \cdots\} \quad ∎$$

一般地，模 m 同余关系所产生的等价类也称为同余类或剩余类。模 m 同余关系共有 m 个不同的同余类 $[0]_R$，$[1]_R$，$[2]_R$，$\cdots$，$[m-1]_R$。

因为等价是相互的，故 $[a]_R$ 是 a 生成的，也是该集合中任何一个元素生成的。换言之，一个等价类是"由相互等价的元素构成的集合"，其中任何一个都是代表元素，都可以生成该等价类。

[定理 4-12] 设 R 是集合 A 上的等价关系，对任意的 a，$b \in A$，下述 3 个命题等价：

(1)　$<a,b> \in R$　　　　(2)　$[a]_R = [b]_R$　　　　(3)　$[a]_R \cap [b]_R \neq \varnothing$

证明　采用循环等价法。

(1)⊢(2)。对 $\forall x \in [a]_R$，有 $<x,a> \in R$。由 $<a,b> \in R$ 和传递性，有 $<x,b> \in R$，可知 $x \in [b]_R$，故 $[a]_R \subseteq [b]_R$。

同理，$[b]_R \subseteq [a]_R$。故 $[a]_R = [b]_R$。

(2)⊢(3)。因 $[a]_R = [b]_R$，显然有 $[a]_R \cap [b]_R = [a]_R \neq \varnothing$。

(3)⊢(1)。因 $[a]_R \cap [b]_R \neq \varnothing$，存在 $t \in [a]_R \cap [b]_R$，有

$$t \in [a]_R \land t \in [b]_R \Rightarrow <a,t> \in R \land <t,b> \in R$$

因为 R 是传递的，故 $<a,b> \in R$。　∎

4.5.3　划分与等价关系的对应

1．等价类集合构成的划分：商集

[定义 4-18] 若 R 是集合 A 上的等价关系，则其等价类集合 $\{[a]_R \mid a \in A\}$ 称为 A 关于 R 的商集，记作 A/R。

例如，对于整数集 $\mathbf{Z}$ 上的模 3 同余关系 R，有 $\mathbf{Z}/R = \{[0]_R, [1]_R, [2]_R\}$。

[定理 4-13] 由集合 A 上的等价关系 R 确定的商集 A/R 构成了 A 的一个划分，称为 R 诱导的划分。

证明　显然，划分定义中的(a)、(b)和(d)均成立，只要说明 $\bigcup_{a \in A}[a]_R = A$。又因为 $\bigcup_{a \in A}[a]_R \subseteq A$ 是自然存在的，只需证明 $A \subseteq \bigcup_{a \in A}[a]_R$。

对 $\forall x \in A$，由自反性，有 xRx，即 $x \in [x]_R$，有 $x \in \bigcup_{a \in A}[a]_R$，故 $A \subseteq \bigcup_{a \in A}[a]_R$。　■

利用一个等价关系将集合划分为商集是很有价值的。例如，将所有人的集合利用"肤色相同"关系得到的商集为{白人集合，黄种人集合，黑人集合}，因为同色人是等价的。需要了解不同人种的特点时，只要从每个人种集合中任意找出一人作为代表元即可。这也体现了"物以类聚，人以群分"的道理。

[辨析]　为什么叫作商集？形象地看，等价类集合 $\bigcup_{a \in A}[a]_R$ 就是 A 被 R 除所得的商 A/R。

2. 划分生成的等价关系

由等价关系唯一确定了一个划分，反之，由一个集合的划分也能得到对应的等价关系。

[定理 4-14]　给定集合 A 的划分 $\pi = \{A_1, A_2, \cdots, A_m\}$，由 π 构造如下关系：

$$R = \bigcup_{i=1}^{m} A_i \times A_i$$

则 R 是 A 上的等价关系。

证明　(a) 自反性。对任意的 $a \in A$，有 k，使 $a \in A_k$，所以 $<a,a> \in A_k \times A_k$，即 aRa。

(b) 对称性。若 aRb，有 k，使 $<a,b> \in A_k \times A_k$，所以 $<b,a> \in A_k \times A_k$，即 bRa。

(c) 传递性。若 aRb 且 bRc，因分块不相交，必有 k，使 $a, b, c \in A_k$。因此，$<a,c> \in A_k \times A_k$，即 aRc。故 R 为 A 上的等价关系。　■

上述定理的证明是构造性的，说明了如何由子集集合来构造等价关系。

例 4-27　有集合 $A = \{1,2,3,4,5,6\}$ 的划分 $\pi = \{A_1, A_2, A_3\} = \{\{1,2,3\},\{4,5\},\{6\}\}$，说明该划分所确定的等价关系 R。

解　$R = \{1,2,3\} \times \{1,2,3\} \bigcup \{4,5\} \times \{4,5\} \bigcup \{6\} \times \{6\}$

$= I_A \bigcup \{<1,2>,<2,1>,<1,3>,<3,1>,<2,3>,<3,2>,<4,5>,<5,4>\}$　■

例 4-28　有集合 $A = \{a,b,c,d\}$ 上的 2 个子集族 $\pi = \{\{a,b\},\{c,d\}\}$ 和 $\tau = \{\{a\},\{a,b,c\},\{c,d\}\}$，依据定理 4-14 生成对应的关系 R_1 和 R_2，比较 R_1 和 R_2 的性质差异并说明产生差异的原因。

解　所生成的关系 R_1 和 R_2 为

$$R_1 = \{\{a,b\} \times \{a,b\} \bigcup \{c,d\} \times \{c,d\}\} = I_A \bigcup \{<a,b>,<b,a>,<c,d>,<d,c>\}$$

$$R_2 = \{\{a\} \times \{a\} \bigcup \{a,b,c\} \times \{a,b,c\} \bigcup \{c,d\} \times \{c,d\}\}$$

$$= I_A \bigcup \{<a,b>,<a,c>,<b,a>,<b,c>,<c,a>,<c,b>,<c,d>,<d,c>\}$$

显然，R_1 是等价关系，但 R_2 只具有相容性，无传递性，是相容关系。

造成 R_1 和 R_2 的性质差异的原因是 π 为划分，但 τ 为覆盖，部分子集相交。参见图 4-7。

　　　　　　　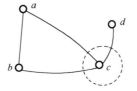

(a) 子集不相交：划分产生等价关系 R_1　　　　　　(b) 子集相交：覆盖产生相容关系 R_2

图 4-7

由于覆盖 τ 中分块存在着交集 $\{c\}$，导致两块间的元素 a 和 d 通过 c 相连，但关系中不存在序偶 $<a,d>$，传递性被破坏。在划分产生的关系中，各块都是"局部的全关系"，本身已在块内具备

传递性，也不能通过分块之间的公共元素形成"通路"，故子集合并后传递性被维持下来。　　■

综合上述结果说明，集合上的划分与等价关系之间存在一一对应，即一个划分按定理 4-14 唯一确定一个等价关系，且一个等价关系的商集唯一确定一个划分。

[拓展] 划分、覆盖及等价关系不仅在日常生活中常用，它们与分类、聚类、数据分析和数据挖掘也有着紧密的关联。另外，可以将普通集合推广到模糊集合，在此基础上建立模糊关系和模糊等价关系，进而解决具有模糊性的聚类分析问题[25-27]。

[拓展] 软件测试中的一种著名黑盒测试方法称为等价类测试[28]。理论上，为了测试一个程序是否对所有输入都能正确工作，需要对每种输入运行程序，但这常常是不可实现和不必要的。等价类测试是指把程序的输入集合 I 根据输入对错误揭示的等效性（等价性）划分成等价类，再从每个等价类中选取少数具有代表性的数据（代表元素）作为测试用例进行测试的方法。

例如，search 是一个在数组 v 中检测 x 是否出现的顺序查找算法：

```
int  search(int v[], int n, int x)
{
  int  k;
  for(k=0; k<n; ++k)              /*逐个比较 x 与 v[k] */
    if(v[k] == x)  return  k;     /* v[k]=x 时表示 x 出现，结束 */
  return  -1;
}
```

该程序的输入包括 x 在 v 中出现和不出现两类，简单情况下可以将输入划分为两个等价类，分别称为有效等价类和无效等价类。前者包括 x 在 $v[0] \sim v[n-1]$ 中出现的所有输入，后者包括 x 不出现，即小于 v 的最小值和大于 v 的最大值的所有输入。

若 $v = \{1,2,3,4,5\}$。考虑到边界易出错的特殊性，也可以将其划分为等价类集合 $I = \{I_{-1}, I_0, I_l, I_4, I_5\}$，其中，$\{I_0, I_l, I_4\}$ 和 $\{I_{-1}, I_5\}$ 分别为有效等价类集和无效等价类集，且有

$$I_{-1} = \{x < v[0]\}, \quad I_0 = \{x = v[0]\}, \quad I_l = \{x = v[1], x = v[2], x = v[3]\}, \quad I_4 = \{x = v[4]\}, \quad I_5 = \{x > v[4]\}$$

这里的 $v[0]$ 和 $v[4]$ 为数组边界。对于左边界之外的测试来说，所有 $x < 0$ 的输入是等价的，故可选择 $x = -1$ 作为代表元素，其他类似。于是，可以从各子集（等价类）中任选一个输入作为代表元素进行测试。例如，$\{x = -1, x = 1, x = 3, x = 5, x = 100\}$ 就是一个满足要求的测试用例集。

思考与练习 4.5

习题导引

4-44　相容性与等价性有何异同？

4-45　何谓等价类？

4-46　说明具有 3 个和 4 个元素的集合上分别可以定义多少个等价关系。

4-47　设 R 是集合 X 上的二元关系，证明关系 $I_X \cup R \cup R^{-1}$ 具有相容性。

4-48　设 $\lambda = \{S_1, S_2, \cdots, S_m\}$ 是集合 A 的覆盖，求由此覆盖确定的 A 上的相容关系，并说明在什么条件下，此覆盖确定的关系为等价关系？

4-49　设 α 和 β 是集合 X 上的关系，都具有相容性。证明或否定：

  (a) $\alpha \cap \beta$ 具有相容性。 (b) $\alpha \cup \beta$ 具有相容性。

  (c) $\alpha \circ \beta$ 具有相容性。

4-50　设 α 和 β 是集合 X 上的等价关系，证明或否定：

  (a) $\alpha \cap \beta$ 是 X 上的等价关系。 (b) $\alpha \cup \beta$ 是 X 上的等价关系。

　　(c)　$\alpha \circ \beta$ 是 X 上的等价关系。

4-51　设 $A = \{1,2,3,0,-1,-2,-3\}$，定义 A 上的关系 $R = \{<a,b>|a=b \vee a=-b\}$，求 A/R。

4-52　设 $S = \{1,2,3,4,5\}$，确定 S 上的一个等价关系 R，使之产生的商集 S/R 为 $\{\{1,2\},\{3\},\{4,5\}\}$。

4-53　设 R 是集合 X 上的等价关系，定义

$$S = \{<a,b>|\exists x(x \in X \wedge aRx \wedge xRb)\}$$

证明 S 是等价关系。

4-54　设 R 是集合 X 上的等价关系，证明对所有 $m \geq 2$，R^m 也是等价关系。

4-55　设有定义在 $\mathbf{Z}^+ \times \mathbf{Z}^+$ 上的下列关系 R，判断其是否为等价关系并予以论证。

　　(a)　$R = \{<<a,b>,<c,d>>|a+d=b+c\}$

　　(b)　$R = \{<<a,b>,<c,d>>|a+c=b+d\}$

4-56　设 α 和 β 分别是集合 X 和 Y 上的等价关系，定义关系

$$R = \{<<a,b>,<c,d>>|<a,c> \in \alpha \wedge <b,d> \in \beta\}$$

证明 R 是 $X \times Y$ 上的等价关系。

4-57　设 R 是集合 A 上的对称和传递关系，且命题 $\forall a(a \in A \rightarrow \exists b(b \in A \wedge <a,b> \in R))$ 成立，证明 R 是等价关系。

4-58　设 α 和 β 是非空集合 A 上的等价关系，判断下述关系是否为等价关系，证明你的结论。

　　(a)　$(A \times A) - \alpha$　　　　　　(b)　$\alpha - \beta$　　　　　　(c)　$r(\alpha - \beta)$

4-59　设 α 是集合 A 上的等价关系。若有 A 的子集族 $\pi = \{A_1, A_2, \cdots, A_m\}$，满足：

　　(1)　若 $i \neq j$，则 $A_i \nsubseteq A_j$；

　　(2)　a 和 b 同属一个子集当且仅当 $<a,b> \in \alpha$。

证明 π 是 A 的一个划分。

4.6　序　关　系

　　序是数据集的一种十分重要的性质，也是数据集可被广泛应用的根本原因，因为利用序关系可以将数据集的元素按需要进行适当排列。计算机系统工作的大量时间都花在与序有关的数据处理上。

4.6.1　体现部分序的偏序关系

　　任意整数集合，如 $\mathbf{N}$，显然可以依赖 $\leq$ 关系对元素进行排序，即 $\leq$ 是一种序关系。根据关系性质可知，$\leq$ 具有自反性、反对称性和传递性，这就是使关系能够反映出次序的最低要求。

　　[定义 4-19]　若集合 A 上的关系 R 是自反的、反对称的和传递的，则称 R 是偏序关系（partial ordering relation）。普通的偏序关系多记作 $\leq$，且称序偶 $<A, \leq>$ 为偏序集（partial ordering set，poset）。

　　在偏序关系 $\leq$ 中，通常用更直观的 $x \leq y$ 代替 $<x,y> \in \leq$。

　　例如，实数集 $\mathbf{R}$ 和整数集 $\mathbf{Z}$ 上的小于等于关系 $\leq$、大于等于关系 $\geq$ 是偏序关系；正整数集 $\mathbf{Z}^+$ 上的整除关系 | 是偏序关系；一个集合 A 的幂集 $\mathscr{P}(A)$ 上的包含关系 $\subseteq$ 是偏序关系。

　　例 4-29　实数集上的 $>$ 和 $<$ 是偏序关系吗？

　　解　不是偏序关系，因为它们无自反性，即对于一个实数 a，$a>a$ 和 $a<a$ 均不成立。　　■

[定义 4-20] 设 $<A, \leqslant>$ 为偏序集，对于 $a, b \in A$，如有 $a \leqslant b$ 或 $b \leqslant a$，则称 a 与 b 是可比的，否则是不可比的。

例如，对于整除关系 $|$，3 与 6 可比，因为 $3|6$，但 2 与 3 是不可比的，因为 $2 \nmid 3$，且 $3 \nmid 2$，无法判定 2 和 3 的"大小"。

[辨析] "偏"意为"不全"或"部分"而非"不正"，偏序就是"部分序"，也称为"半序"。这意味着一个偏序集中并非任意两个元素都有关系，没有关系也就意味着二者是不可比的。

[定义 4-21] 如果 $a \leqslant b$ 且 $a \neq b$，则称为 a 小于 b，记作 $a \prec b$。

以上两个定义仅是对偏序集的两个元素之间的关系做一种简单的描述，以方便叙述。

4.6.2　哈斯图

与等价关系类似，偏序关系的关系图也可以简化。因为自反性，每个元素均有自环，可以省略不画，且任何两点之间至多只有一个方向的连线，当约定方向后就可以省略箭头。

完整的偏序关系简化图称为哈斯图（或哈塞图，Hasse 图，以德国数学家 Helmut Hasse 名字命名）。

[定义 4-22] 在偏序集 $<A, \leqslant>$ 中，对任意的 $x, y \in A$，如果 $x \prec y$，且 A 中不存在 z 满足

$$x \prec z, \quad z \prec y$$

称 y 盖住（cover，或覆盖）x，且称下述集合为盖住集（或盖住关系）。

$$\text{COV}(A) = \{<x,y> | x, y \in A \text{ 且 } y \text{ 盖住 } x\}$$

图 4-8

盖住集 $\text{COV}(A)$ 是由所有具有"盖住关系"的序偶组成的集合。它是 $\leqslant$ 的简化关系。

[辨析] "y 盖住了 x"是指 $x \prec y$ 且二者中间不能插入其他元素。

例如，图 4-8 所示为集合 $A = \{1,2,3\}$ 上偏序关系 $\leqslant = \{<1,1>, <2,2>, <3,3>, <1,3>, <1,2>, <3,2>\}$ 的关系图，元素之间的"大小"关系是 $1 \prec 3$，$3 \prec 2$。因此，3 盖住 1，2 盖住 3，但 2 不能盖住 1，因为它们之间存在着与 2 和 1 都有关系的元素 3。

例 4-30　设 A 是整数 12 的正因子集合，求 A 上整除关系 $|$ 的盖住集 $\text{COV}(A)$。

解　因 $A = \{1,2,3,4,6,12\}$，有

$$| = I_A \bigcup \{<1,2>,<1,3>,<1,4>,<1,6>,<1,12>,<2,4>,<2,6>,<2,12>,<3,6>,$$
$$<3,12>,<4,12>,<6,12>\}$$

于是，有 $\text{COV}(A) = \{<1,2><1,3>,<2,4>,<2,6>,<3,6>,<4,12>,<6,12>\}$。 ∎

根据盖住集，可按下述方式绘出哈斯图：

(1) 用小圆圈表示元素；

(2) 如果 $a \prec b$，则元素 b 置于元素 a 的上方（隐含了由下至上的连线方向）；

(3) 若 $<a,b> \in \text{COV}(A)$，在 a 和 b 之间有一条连线。

例如，图 4-9 给出了上述整除关系 $|$ 的哈斯图。

为什么偏序关系的关系图可以简化为哈斯图？观察图 4-10 中未经简化的关系图会发现，只要按由小到大的层次绘制关系图，因为传递性的存在，那些跨元素的边一定会出现，使图在不计方向时构成了若干闭合的回路，或者说两个结点之间存在着多于一条可到达的路。删除这些多余的跨元素边也就消除了回路（包括因自反性形成的自回路），其结果就是哈斯图。

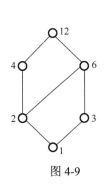

图 4-9

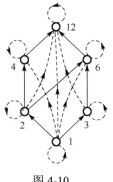

图 4-10

例 4-31 说明一个偏序关系与其盖住集之间有什么关联？

解 偏序关系是盖住集的自反和传递闭包。 ■

例 4-32 设 $A_1 = \{a,b\}$，$A_2 = \{a,b,c\}$，画出 $\mathscr{P}(A_1)$ 和 $\mathscr{P}(A_2)$ 上集合包含关系 $\subseteq$ 的哈斯图。

解 $\mathscr{P}(A_1) = \{\varnothing, \{a\}, \{b\}, A\}$，$\mathscr{P}(A_2) = \{\varnothing, \{a\}, \{b\}, \{c\}, \{a,b\}, \{a,c\}, \{b,c\}, A\}$。于是有：

$$COV(A_1) = \{<\varnothing, \{a\}>, <\varnothing, \{b\}>, <\{a\}, \{a,b\}>, <\{b\}, \{a,b\}>\}$$

$$COV(A_2) = \{<\varnothing, \{a\}>, <\varnothing, \{b\}>, <\varnothing, \{c\}>, <\{a\}, \{a,b\}>, <\{b\}, \{a,b\}>,$$
$$<\{a\}, \{a,c\}>, <\{b\}, \{b,c\}>, <\{c\}, \{a,c\}>, <\{c\}, \{b,c\}>,$$
$$<\{a,b\}, \{a,b,c\}>, <\{a,c\}, \{a,b,c\}>, <\{b,c\}, \{a,b,c\}>\}$$

两个关系的哈斯图如图 4-11 所示。 ■

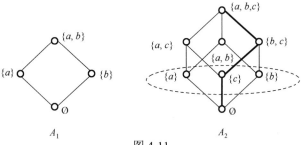

图 4-11

[拓展] 可以找到多种计算哈斯图的方法，它们的计算量不同，选择一种适当的算法并用计算机语言实现是一种很好的训练，也可以直接应用在解决一些实际问题中[29,30]。

4.6.3 链与全序关系

1. 由可比元素组成的链

利用哈斯图可以清楚地看出元素之间的关系。

[定义 4-23] 设 $<A, \leqslant>$ 是一个偏序集，$C \subseteq A$，$C \neq \varnothing$。若 C 中任意两个元素都有关系，即二者是可比的，则称 C 为链（chain）。若 C 中任意两个元素都没有关系，即二者不可比，称 C 为反链（anti-chain）。约定：只含有一个元素的子集既是链也是反链。

例如，A 为单位员工集合，$\leqslant$ 表示上下级关系，则 {总经理，部门经理，职工甲} 构成链，而 {职工甲，职工乙，职工丙} 构成反链。

例 4-33 找出偏序集 $< A = \{2,3,4,6\}, | >$ 中的所有链。

解 观察图 4-10，可知此偏序集含有如下的链：

$\{2\}$，$\{3\}$，$\{4\}$，$\{6\}$，$\{2,4\}$，$\{2,6\}$，$\{3,6\}$　　　　■

在哈斯图中，从任何一元素开始，沿一条线路由下到上"走过的路"是一个链，如图 4-11 的图 A_2 粗实线部分的元素构成的子集。没有两个元素处于同一条路上的元素构成反链，如图 4-11 的图 A_2 虚线椭圆形区域内的元素构成的子集 $\{\{a\},\{b\},\{c\}\}$。

[辨析] 一个子集不是链并不意味着它就是反链，反之亦然。

2. 全序关系

[定义 4-24] 设 $<A,\leqslant>$ 是一个偏序集。若 A 本身是一个链，则称 $<A,\leqslant>$ 为全序集（total order set）或线序集（linear order set），而 $\leqslant$ 称为全序关系或线序关系。

简单讲，全序就是指全都有序，即此关系的哈斯图是一个链或一条线。因此，任意两元素都是可比的。

例如，整数集 **Z** 上的 $\leqslant$ 关系，集合 $A=\{\varnothing,\{a\},\{a,b\},\{a,b,c\}\}$ 上的 $\subseteq$ 关系都是全序关系，其哈斯图如图 4-12 所示。

例 4-34　找出集合 $\{0,1,2,3\}$ 上包含序偶 $<0,3>$ 和 $<2,1>$ 的线序关系。

解　题设只要求满足 $0\leqslant3$ 和 $2\leqslant1$，故有多种可能。图 4-13 说明了可能构成的 6 种线序关系的哈斯图。

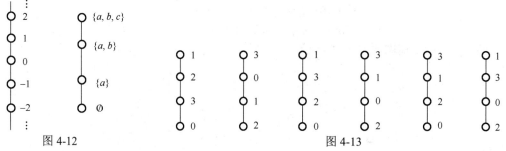

图 4-12　　　　　　　　　　　　　　　　　　　　图 4-13

其中，第一个线序关系为 $\{<0,0>,<1,1>,<2,2>,<3,3>,<0,3>,<0,2>,<0,1>,<3,2>,<3,1>,<2,1>\}$，其他线序关系可类似写出。　　　　■

3. *字典序

字典序是一种根据字母顺序构成的全序关系（若非全序会导致某些单词无法排列）。进一步讲，若记所有字母集合为 Ω，所有单词（字母串）集合为 Σ，显然，所有字母集 Ω 上具有 $\leqslant$ 关系（全关系，相同字母根据大小写区分，大写小于小写；不同字母根据位置区分，排列在前者小于排列在后者），而建立在 Σ 上的字典序则利用了 Ω 上的序，即单词的大小依赖于字母的大小。因此，一般地说，字典序反映了一个偏序集上所产生的新序。

例如，对于单词 ab 和 ac，有 ab=ab 且 ab $\leqslant$ ac，而得到这种关系的依据是 a=a 且 b<c。

记 $<A,\leqslant>$ 是一个偏序集，定义 $A\times A$ 上的偏序关系 $\leqslant$ 为：

对 $\forall <a_1,a_2>,<b_1,b_2>\in A\times A$，有

$$<a_1,a_2>=<b_1,b_2>\Leftrightarrow a_1=b_1 \text{且} a_2=b_2$$

$$<a_1,a_2>\prec<b_1,b_2>\Leftrightarrow a_1\prec b_1,\text{ 或} a_1=b_1 \text{且} a_2\prec b_2$$

则称 $\leqslant$ 为 $A\times A$ 上的字典序。

实际上，对于一般的 $\leqslant$ 关系，也可以按上述定义建立偏序集 $<\mathbf{Z}\times\mathbf{Z},\leqslant>$，那么，$<3,5>\prec<3,8>$ 且 $<3,5>\prec<4,8>$。

[辨析] 为了简单，上述定义中省略了对不等长串的约定。同时，更一般的字典序定义可以针对 n 个偏序集$<A_1, \leqslant_1>$、$<A_2, \leqslant_2>$、$\cdots$、$<A_n, \leqslant_n>$建立，这里的集合与偏序关系都可以相同或不同，而最终的字典序$\leqslant$是 $A_1 \times A_2 \times \cdots \times A_n$ 上的全序关系。

4.6.4 偏序集的特殊元素

"序"可以使我们能比较两个元素的大小，进而可以在包含若干元素的集合中找出一些特殊的元素。

1. 极大元和极小元

[定义 4-25] 设$<A, \leqslant>$是一个偏序集，$B \subseteq A$。

(1) 若$b \in B$，且没有$x \in B$使得$b \prec x$，则称b是B的极大元（maximal element）。

(2) 若$b \in B$，且没有$x \in B$使得$x \prec b$，则称b是B的极小元（minimal element）。

注意极大元和极小元（或称极大元素和极小元素）都是子集B的元素。

[辨析] 极大元类似于在局部范围内"没有比它更高的山"，但不保证它比其他元素都大，这是因为可能有相等或不可比的元素。极小元则类似于在局部"没有比它更低的谷"。

例如，观察图 4-14 所示哈斯图中的子集$B = \{3,4,5,6\}$。B的极大元为 4 和 6，极小元为 3 和 5。显然，一个子集的极大元和极小元都可能不是唯一的。

[辨析] 不要误认为 1 一定小于 3，4 一定小于 5。在这个偏序关系中，$1 \leqslant 2$，$3 \leqslant 2$，$5 \leqslant 4$，1 与 3～6 都是不可比的。尽管 4 和 6 在图中的位置比 1 高，但它们不在一个链上，没有大小关系。

2. 最大元和最小元

[定义 4-26] 设$<A, \leqslant>$是一个偏序集，$B \subseteq A$。

(1) 若$b \in B$，且对$\forall x \in B$，有$x \leqslant b$，则称b是B的最大元（greatest element）。

(2) 若$b \in B$，且对$\forall x \in B$，有$b \leqslant x$，则称b是B的最小元（least element）。

[辨析] 最大元和最小元（或称最大元素和最小元素）也都在子集 B 中讨论。通俗地说，最大元要大于或等于子集中的所有元素，最小元要小于或等于子集中的所有元素。

例如，图 4-14 中的子集 B 既无最大元也无最小元。子集 $C = \{1,2,3\}$存在最大元 2，但不存在最小元。子集 $D = \{4,5,6\}$存在最小元 5，但不存在最大元。

[定理 4-15] 若一个子集中最大元（最小元）存在，则必定是唯一的。

证明 只说明最大元的唯一性。

若 a 和 b 都是最大元。由 a 是最大元，有 $b \leqslant a$。又由 b 是最大元，有 $a \leqslant b$。由反对称性知，$a=b$。结论成立。 ∎

3. 上界和下界

[定义 4-27] 设$<A, \leqslant>$是一个偏序集，$B \subseteq A$。

(1) 若$a \in A$，且对$\forall x \in B$，有$x \leqslant a$，则称a是B的上界（upper bound）。

(2) 若$a \in A$，且对$\forall x \in B$，有$a \leqslant x$，则称a是B的下界（lower bound）。

(3) 若B存在最小的上界，称其为上确界（LUB，least upper bound）。

(4) 若B存在最大的下界，称其为下确界（GLB，greatest lower bound）。

[辨析] "界"并不要求一定在子集 B 中，可以在整个 A 内讨论。不严格说，界是扩大了范围的最大元和最小元。很明显，B 的最大元一定是上界和上确界，B 的最小元一定是下界和下确界。

与最大和最小元类似，上确界和下确界不一定存在，但若存在必是唯一的。

例 4-35　求偏序集 < {2,4,5,10,12,20,25},|> 中子集 {2,4,10,20} 的上界、下界、上确界和下确界。

解　图 4-15 为关系的哈斯图，子集的上界为 20 和 25；上确界为 20；下界和下确界是 2。■

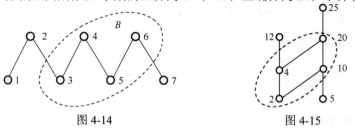

图 4-14　　　　　　　　　　　　图 4-15

图 4-16 说明了这些特殊元素的存在范围。

例 4-36　设有图 4-17 所示的偏序关系的哈斯图，找出子集 $B = \{c,d,e,f\}$、$C = \{c,e,f\}$、$D = \{c,d,e\}$ 的极大元、极小元、最大元、最小元、上界、下界、上确界和下确界。

解　B 的极大元为 c 和 d，极小元为 e 和 f，无最大元和最小元，上界和上确界为 b，下界和下确界为 t。

C 的极大元为 c，极小元为 e 和 f，最大元为 c，无最小元，上界为 a、b 和 c，上确界为 c，下界和下确界为 t。

D 的极大元为 c 和 d，极小元为 e，无最大元，最小元为 e，上界、上确界为 b，下界为 e、g、h 和 t，下确界为 e。　　　　　　　　　　　　　　　　　　　　　　　■

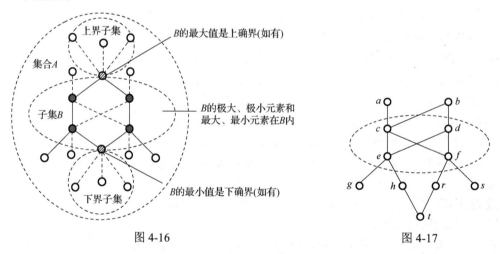

图 4-16　　　　　　　　　　　　　图 4-17

例 4-37　构造一个非空线序集，其中某些子集没有最小元。

解　整数集 **Z** 上的 ≤ 关系构成线序关系，但 **Z** 本身、偶数集、奇数集都没有最小元。　■

由于线序集的所有元素都是可比的。因此，有限的线序集总能找到最小元。换言之，应该构造一个无限的线序集才能满足要求。

例如，区间(0,1)内的所有实数上的 ≤ 关系构成线序关系，该集合及其子集 $\{1/n \mid n \in \mathbf{Z}^+ \wedge n \geq 2\}$ 都没有最小元。当然，区间(0,1)内的所有实数组成的集合也没有最大元。

思考与练习 4.6

知识导图　　习题导引

4-60　≤ 是集合 A 上的偏序关系的含义是什么？

4-61 若 ≤ 是集合 A 上的偏序关系，对于元素 $x, y \in A$，x 盖住 y 是什么意思？

4-62 找出下述偏序集中的不可比元素。

(a) $<\mathscr{P}(\{0,1,2\}), \subseteq>$　　　　　　(b) $<\{1,2,4,6,8\}, \mid>$

4-63 设集合 X 分别为 $\{3,5,15\}$、$\{1,2,3,6,12\}$、$\{3,9,27,108\}$、$\{1,2,3,6,12,24,36,48\}$、$\{1,2,3,5,7,11,13\}$、$\{3,5,9,15,24,45\}$，画出 X 上的整除关系的哈斯图，并说明哪些是全序关系。

4-64 设 A 为集合，$B = \mathscr{P}(A) - \{\varnothing\} - \{A\} \neq \varnothing$。求偏序集 $<B, \subseteq>$ 的极大元、极小元和最小元。

4-65 构造下述偏序集的例子。

(a) 一个偏序集，不是线序集，它的某些子集没有最大元素。

(b) 一个偏序集，它的某些子集没有最小元素，但存在下确界。

(c) 一个偏序集，它的某些子集存在上界，但没有上确界。

4-66 证明如果偏序集的一个子集存在最小元素，则恰好存在唯一的最小元素。

4-67 证明如果偏序集的一个子集存在上确界，则恰好存在唯一的上确界。

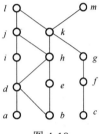

4-68 对于图 4-18 所示的哈斯图表示的偏序关系，求出下述元素。

(a) 极大、极小元素。

(b) 最大、最小元素。

(c) 子集 $\{a, b, c\}$ 的上界和上确界。

(d) 子集 $\{j, k, h\}$ 的下界和下确界。

图 4-18

4-69 设集合 $X = \{a, b, c, d, e\}$，X 上偏序集 $R = \{<d,b>, <d,c>, <d,a>, <b,a>, <c,a>, <e,c>, <e,a>\} \bigcup I_X$，找出 X 的最大元素、最小元素、极大元素和极小元素，再找出子集 $\{a,b,c\}$、$\{b,c,d\}$ 和 $\{c,d,e\}$ 的上界、下界、上确界和下确界。

4-70 画出图 4-19 所示的集合 $\{1,2,3,4\}$ 上的 4 个偏序关系的哈斯图，并指出其中的全序关系。

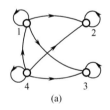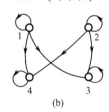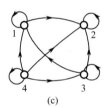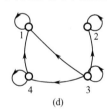

图 4-19

4-71 *编写程序，使之能计算一个偏序关系的哈斯图。

第 5 章　函　　数

函数是一个基本的数学概念，体现在所有的数学和自然科学等课程里。在数学问题中，函数 $y = f(x)$ 用于建立实数集上两个量之间的对应关系；在程序设计语言中，函数被用来根据输入计算输出值或执行某些操作。这里将函数视为一类特殊的二元关系来讨论。

5.1　从关系到函数

5.1.1　函数的概念

[定义 5-1] 若 f 是集合 X 到 Y 的关系，且对于每个 $x \in X$，有唯一的 $y \in Y$，使得 $<x, y> \in f$，则称 f 是 X 到 Y 的函数（function）或映射（mapping）。记作

$$f: X \to Y, \ 或 \ X \xrightarrow{f} Y$$

也可记作 $f \in Y^X$。

函数还称为映照、对应和变换等，映射的称呼更能揭示其内涵，参见图 5-1。在一般关系中，x 与 y 有关系记作 $<x, y> \in f$ 或 xfy，但在函数中一般记作 $y = f(x)$，称 x 为自变量，其取值范围为定义域（domain）；y 是 x 的函数值，称为因变量，其取值范围为值域（range）。同时，称 y 为 x 在 f 作用下的像（image），x 为 y 的原像（inverse image）。

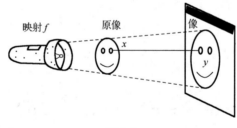

图 5-1

函数与一般关系有两个重要区别，它们是判断一个关系是否为函数的依据：

(1) 函数的定义域必须是 X 而不能是 X 的子集，即 $\mathrm{dom}\, f = X$。

(2) 一个自变量只能有唯一的函数值，即像，这一要求体现了函数的单值性。符号描述为

$$\forall x((x \in X \wedge f(x) = y \wedge f(x) = z) \to y = z)$$

函数的这两个要求常被称为自变量的任意性和因变量的唯一性。

[辨析] 函数的定义域充满（任意性）和单值性（唯一性）要求保证了在定义域内可以画出一条简单函数曲线，这种直观认识有助于记住函数的定义，也不至于将函数的单值性与后文的单射混淆。

在函数 $f: X \to Y$ 中，f 的值域 $\mathrm{ran}\, f = Y$，但所有 x 的像一般仅是 Y 的子集，称为像集，记作

$$R_f = f(X) = \{f(x) | x \in X\} = \{y \,|\, \exists x(x \in X \wedge y = f(x))\}$$

函数定义涉及三要素，即定义域、值域和对应关系，改变其中任何一个要素就得到了一个与原来函数不同的新函数。

难以形容函数应用的广泛程度，在数学与计算机科学中则更为重要。如果将集合 X 和 Y 分别视为一组对象集合和一组任务集合，函数的内在含义就是为每个对象分配唯一的任务，大量的应用都可以归结为函数模型。

例如，在生活、生产或是科学研究中，分类是一项频繁的工作，可以这样描述：

对一组类别 $C = \{y_1, y_2, \cdots, y_n\}$ 和一组待分类的项目集合 $I = \{x_1, x_2, \cdots, x_m\}$，确定一个映射 f: $I \rightarrow C$，其含义为每个项 $x_i \in I$ 唯一确定一个类别 $y_j \in C$，使 $f(x_i) = y_j$，称 f 为"分类器"。

很明显，这里的 f 是映射而非普通关系的原因是，每个项目都需要确定唯一的类别，既不能存在没有类别的项目，也不能存在一个项目有多于一个的类别。

[辨析] 既然函数是关系，故仍是一个序偶的集合。

一些简单函数可以用解析表达式表示，例如：

$$f: \mathbf{R} \rightarrow \mathbf{R}, \quad y = f(x) = 2x^2 + 1$$

例 5-1 若 A 是全集 U 的子集，定义函数：

$$\mu_A: U \rightarrow \{0,1\}, \quad \mu_A(x) = \begin{cases} 1, & x \in A \\ 0, & x \notin A \end{cases}$$

这样的函数 μ_A 称为集合 A 的特征函数。 ∎

由于函数是一种关系，故也可以利用普通关系的序偶集合方式表示函数。

例 5-2 判断下述关系是否构成函数。

(1) $f = \{<x, y> \mid x, y \in \mathbf{N} \text{且} x + y < 10\}$

(2) $f = \{<x, y> \mid x, y \in \mathbf{R} \text{且} y = x^2\}$

(3) $f = \{<x, y> \mid x, y \in \mathbf{R} \text{且} x = y^2\}$

(4) $g = \{<x, y> \mid x, y \in \mathbf{N} \text{ 且 } y = \text{小于 } x \text{ 的素数个数}\}$

(5) $\exp = \{<x, e^x> \mid x \in \mathbf{R}\}$

(6) $\arcsin = \{<x, y> \mid x, y \in \mathbf{R} \wedge x = \sin y\}$

解 (1) 否。若 $x \geq 10$ 则没有像，而 $x < 10$ 时可以有多个像。

(2) 是。这里的函数就是 $y = f(x) = x^2$。

(3) 否。因为 $x < 0$ 时没有像，而 $x > 0$ 时有 2 个像 $\sqrt{x}$ 和 $-\sqrt{x}$，像不唯一。

(4) 是。对于自然数 x，小于 x 的素数个数或者为 0，或者为某个正整数。

(5) 是。满足任意性和唯一性。

(6) 否。若 $x = 0.5$，$\arcsin(0.5) = \dfrac{\pi}{6} + 2k\pi$，$k = 0, 1, 2, \cdots$，像不唯一。 ∎

如果一个函数 $f: X \rightarrow Y$ 的定义域 X 为多元组集合，则 f 是一个多元函数，且将 $f(<x_1, x_2, \cdots, x_n>) = y$ 简记为 $f(x_1, x_2, \cdots, x_n) = y$。

5.1.2 函数集

[定义 5-2] 设函数 f: $X \rightarrow Y$，g: $U \rightarrow V$。若 $X = U$，$Y = V$ 且对任意的 $x \in X$，都有 $f(x) = g(x)$，则称 f 与 g 相等，记作 $f = g$。

简言之，两函数相等是指它们的定义域相同、值域相同且对应关系相同，就是要衡量函数定义的三要素，由此来判定不同形式的函数是否为同一个。

根据关系的定义可知，每个 $X \times Y$ 的子集都是一个关系，有 $2^{|X||Y|}$ 个，但它们并不都是函数。

[定义 5-3] X 到 Y 的所有函数组成的集合称为函数集，记作 Y^X，符号表示为

$$Y^X = \{f \mid f: X \to Y\}$$

若 $|X| = m$，$|Y| = n$。显然，对每个 $x \in X$，它的像可以是 Y 中的任意一个元素，有 n 种可能，故 m 个元素的像共有 n^m 种可能，即 X 到 Y 的函数共 n^m 个。

[辨析] 为什么将 X 到 Y 的函数集记作 Y^X 而不是 X^Y？因为 $|Y^X| = |Y|^{|X|} \neq |X|^{|Y|}$。

利用函数集可以简化叙述，将 X 到 Y 的函数 f 记作 $f \in Y^X$。例如，$f, g \in \mathbf{R}^{\mathbf{R}}$ 表示 f 和 g 都是实数集 $\mathbf{R}$ 到 $\mathbf{R}$ 的函数。

例 5-3 设 $A = \{1, 2, 3\}$，$B = \{a, b\}$，求 B^A。

解 B^A 共有 $2^3 = 8$ 个函数，可记作 $B^A = \{f_0, f_1, f_2, f_3, f_4, f_5, f_6, f_7\}$，且

$$f_0 = \{<1,a>,<2,a>,<3,a>\}, \quad f_1 = \{<1,a>,<2,a>,<3,b>\}$$
$$f_2 = \{<1,a>,<2,b>,<3,a>\}, \quad f_3 = \{<1,a>,<2,b>,<3,b>\}$$
$$f_4 = \{<1,b>,<2,a>,<3,a>\}, \quad f_5 = \{<1,b>,<2,a>,<3,b>\}$$
$$f_6 = \{<1,b>,<2,b>,<3,a>\}, \quad f_7 = \{<1,b>,<2,b>,<3,b>\}$$

这里的函数都是以序偶集合形式给出的，在可能的情况下，将其表示为解析形式更为直观。

5.1.3 函数的性质与特殊函数

[定义 5-4] 设有函数 $f: X \to Y$，若有 $y_0 \in Y$，使对所有的 $x \in X$，有 $f(x) = y_0$，称 f 是常函数。

[定义 5-5] 集合 X 上的恒等关系 I_X 称为 $X \to X$ 的恒等函数。

以下讨论 3 类特殊的函数，也体现了函数可能具有的特殊性质。

[定义 5-6] 若有函数 $f: X \to Y$，对每个 $y \in Y$ 都可在 X 中找到原像，即 $f(X) = Y$，称 f 为满射（surejection），或满映射、到上映射、映上。符号描述为

$$f \text{ 为满射} \Leftrightarrow \forall y(y \in Y \to \exists x(x \in X \wedge f(x) = y))$$

[定义 5-7] 若有函数 $f: X \to Y$，在 X 中没有两个元素有相同的像，则称 f 是单射（injection），或入射、一对一映射。符号描述为

$$f \text{ 为单射} \Leftrightarrow \forall x_1 \forall x_2((x_1 \in X \wedge x_2 \in X \wedge x_1 \neq x_2) \to f(x_1) \neq f(x_2))$$

通常，可以用逆否命题来描述以方便证明时的叙述：

$$f \text{ 为单射} \Leftrightarrow \forall x_1 \forall x_2((x_1 \in X \wedge x_2 \in X \wedge f(x_1) = f(x_2)) \to x_1 = x_2)$$

[辨析] 若 f 是 X 到 Y 的函数，函数 f 的单值性是要求一个 x 不能映射成 2 个 y，而单射函数要求的是 2 个 x 不能映射成一个 y。

[定义 5-8] 若函数 $f: X \to Y$ 既是满射又是单射，则称 f 为双射（bijection）或一一对应。

在 X 与 Y 是有限集时，集合间存在不同的函数能够说明集合元素个数的多少关系。例如，若将函数理解为在生活中对工人指派工作的关系，图 5-2 说明了集合间存在不同映射时的情况。

很明显，若存在 X 到 Y 的满射，为了使每个 y 都有不同的原像，必须有足够多的原像 x，即 $|X| \geq |Y|$，表示每个工作都要安排工人。若存在 X 到 Y 的单射，为了使每个 x 都有不同的像，必须有足够多的像 y，即 $|Y| \geq |X|$，表示两个工人不能安排同一份工作。可见，若存在 X 到 Y 的双射，一定有 $|X| = |Y|$，表示每个工人都安排唯一一份不同的工作。

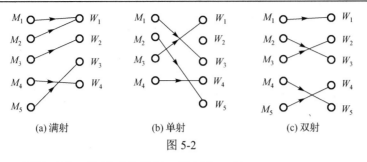

　　(a) 满射　　　　　(b) 单射　　　　　(c) 双射

图 5-2

例 5-4　判断下述函数是否为单射、满射和双射？

(1) f：$\mathbf{R} \to \mathbf{R}$，$f(x) = x^2 + 2x - 1$

(2) f：$\mathbf{Z}^+ \to \mathbf{R}$，$f(x) = \ln x$

(3) f：$\mathbf{R} \to \mathbf{Z}$，$f(x) = \lfloor x \rfloor$，$\lfloor x \rfloor$ 为不大于 x 的最大整数

(4) f：$\mathbf{R} \to \mathbf{R}$，$f(x) = 2x + 1$

(5) f：$\mathbf{R}^+ \to \mathbf{R}^+$，$f(x) = (x^2 + 1)/x$

(6) f：$\mathbf{R} \to \mathbf{R}$，$f(x) = x^3$

(7) f：$\mathbf{R} \times \mathbf{R} \to \mathbf{R} \times \mathbf{R}$，$f(x, y) = <x + y, x - y>$

(8) f：$\mathbf{N} \to \mathbf{N}$，$f(x) = \begin{cases} 0, & x\text{是奇数} \\ 1, & x\text{是偶数} \end{cases}$

(9) f：$\mathbf{N} \to \{0,1\}$，$f(x) = \begin{cases} 0, & x\text{是奇数} \\ 1, & x\text{是偶数} \end{cases}$

(10) A 为集合，f：$A \to \mathscr{P}(A)$，$f(x) = \{x\}$

(11) R 为集合 A 上的等价关系，f：$A \to A/R$，$f(a) = [a]_R$

解　(1) 一般函数。开口向上的抛物线。

(2) 单射。因定义域仅为整数，部分实数无原像，故不是满射。

(3) 满射。对于 $n \in \mathbf{Z}$，区间 $[n, n+1)$ 内的所有实数都是其原像。

(4) 双射。对于 $y \in \mathbf{R}$，$(y-1)/2$ 为其唯一原像。

(5) 一般函数，即 $y = f(x) = x + 1/x$。因 x 和 $1/x$ 有相同的函数值，不是单射。当方程 $x^2 - yx + 1 = 0$ 无解时，y 没有原像，故不是满射。

(6) 双射。x 的原像为 $\sqrt[3]{x}$。

(7) 双射。对 $<u, v> \in \mathbf{R} \times \mathbf{R}$，$<(u+v)/2, (u-v)/2>$ 是其唯一的原像。

(8) 一般函数。除 0、1 外的整数都没有原像。

(9) 满射。

(10) 单射。$\mathscr{P}(A)$ 中的 ∅ 和不少于 2 个元素构成的子集都没有原像。

(11) 满射。每个 $[a]_R$ 都有原像 a。特别地，当每个 $|[a]_R| = 1$，即 $R = I_A$ 时为双射。此映射称为自然映射。■

　　[辨析] (8)和(9)只是值域有差别，可见定义域和值域对函数性质的影响很大。

对于一个函数是否具有某种性质的判断完全依赖其定义进行验证。

　　例 5-5　证明：若函数 f：$X \to Y$ 为单射，则 f 是 X 到 $f(X)$ 的双射。

　　证明　由于 f 为 $X \to Y$ 的单射，自然是 $X \to f(X)$ 的单射。对任意的 $y \in f(X)$，由 $f(X)$ 的定义，存在 $x \in X$，使 $y = f(x)$，故 f 是满射。结论成立。参见图 5-3。■

例 5-6 证明：若函数 $f: X \to Y$ 是满射，则如下定义的关系 $g: Y \to \mathscr{P}(X)$ 是单射。

$$g(y) = \{x \mid x \in X \land f(x) = y\}$$

证明 对于一般的函数 f，总会将若干 x 映射成一个 y，所有这些 x 构成了子集 $g(y)$，即 g 将每个 y 映射为它在 X 中的函数 f 下的原像集。图 5-4 说明了此函数中像与原像的对应关系。

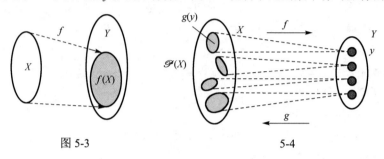

图 5-3   5-4

先说明 g 是函数。对 $\forall y \in Y$，按题意，$g(y)$ 为 y 的原像集，因 $g(y) \in \mathscr{P}(X)$，即 y 在 $\mathscr{P}(X)$ 中存在着像 $g(y)$，说明 g 的定义域为 Y。同时，因为 y 在函数 f 下的原像集只有一个，故 y 在关系 g 下只有一个像，满足单值性。故 g 是函数。

再说明 g 是单射。对于 $\forall y_1, y_2 \in Y$，假设 $g(y_1) = g(y_2) = S$。因 f 是满射，故 $S \neq \varnothing$。因此，存在 $x \in S \subseteq X$，使 $y_1 = f(x)$，$y_2 = f(x)$。因为 f 是函数，得 $y_1 = y_2$。因此，g 是单射。∎

思考与练习 5.1

5-1　函数与普通关系有何差异？

5-2　什么样的函数是满射？什么样的函数是单射？什么样的函数是双射？

5-3　判断下述论断的正误：设有 X 到 Y 的关系 f，若 f 是函数，由单值性要求，对 $\forall x_1, x_2 \in X$，$x_1 \neq x_2$，必有 $f(x_1) \neq f(x_2)$。

5-4　设 A、B 为有限集合，$|A| = m$，$|B| = n$，m 和 n 应满足怎样的条件才能使下述结论为真？

(a) 存在 A 到 B 的单射。　　　　(b) 存在 A 到 B 的满射。

(c) 存在 A 到 B 的双射。

5-5　判断下列关系 f 是否为 $\mathbf{R}$ 到 $\mathbf{R}$ 的函数。

(a) $f = \{<x, 1/x>\}$　　(b) $f = \{<x, \sqrt{x}>\}$　　(c) $f = <x, \pm\sqrt{2x+1}>$

5-6　判断下列关系 f 是否为 $\mathbf{Z}$ 到 $\mathbf{R}$ 的函数。

(a) $f(n) = \pm\sqrt{n}$　　(b) $f(n) = \sqrt{n^2+1}$　　(c) $f(n) = 1/(n^2-2)$

5-7　设 $A = \{a, b, c\}$，$B = \{1, 2\}$，列出所有 A 到 B 的映射，并说明其中单射、满射和双射的个数，以及满足 $A(a) = 2$ 的映射个数。若 A 和 B 是一般的有限集，单射、满射和双射各有多少个？

5-8　判断下列函数 f 是 $\mathbf{Z}^2$ 到 $\mathbf{Z}$ 的什么函数。

(a) $f(m,n) = 2m - n$　　　　(b) $f(m,n) = m^2 - n^2$

(c) $f(m,n) = |m| - |n|$　　　　(d) $f(m,n) = m$

5-9　判断下列函数是否为单射、满射或双射。

(a) $f: \mathbf{Z} \to \mathbf{Z}$，$f(i) = i \bmod 3$　　(b) $f: \mathbf{Z} \to \mathbf{N}$，$f(i) = |2i| + 1$

(c) $f: \mathbf{N} \to \mathbf{N}$，$f(n) = n^2 + 1$　　(d) $f: \mathbf{Z} \to \mathbf{Z}$，$f(x) = 3x - 11$

(e) $f: \mathbf{R} \to \mathbf{R}$，$f(x) = 5x + 8$ 　　　(f) $f: (\mathbf{Z}^+)^2 \to \mathbf{Z}^+$，$f(m,n) = m^n$

(g) $f: \mathbf{N} \to \mathbf{N}^2$，$f(x) = <x, x+1>$ 　　(h) $f: \mathbf{N}^2 \to \mathbf{N}$，$f(m,n) = m+n$

(i) $f: \mathbf{R} \to \mathbf{R}^+$，$f(x) = \mathrm{e}^x$ 　　　(j) $f: \mathbf{R}^2 \to \mathbf{C}$，$f(x,y) = x + \mathrm{i}y$

(k) $f: (\mathscr{P}(A))^2 \to (\mathscr{P}(A))^2$，$f(X,Y) = <X \bigcup Y, X \bigcap Y>$

5-10　设 f 和 g 是函数，证明 $f \bigcap g$ 也是函数。（注意 $f \bigcap g$ 的定义域可能与 f 和 g 都不相同。）

5-11　设有函数 $f: X \to Y$，A 和 B 是 X 的子集，证明：

(a) $f(A \bigcup B) = f(A) \bigcup f(B)$ 　　　(b) $f(A \bigcap B) \subseteq f(A) \bigcap f(B)$

5-12　构造由区间 $(2,5)$ 到 $(7,13)$ 之间的单射（非满射）和双射。

5.2　函数的逆与复合

与普通关系类似，函数也可以进行求逆和复合两种运算。

5.2.1　双射的反函数

作为一般关系看待时，可以对函数 $f: X \to Y$ 求逆

$$f^{-1} = \{<y,x> | <x,y> \in f\}$$

不过，一个普通函数的逆可能不再是函数，这是因为若 f 不是满射，则逆关系 f^{-1} 的定义域不能充满 Y。若 f 不是单射，其逆 f^{-1} 不满足函数的单值性要求。可见，只有双射函数的逆才是函数。

例 5-7　举例说明，不是满射的函数或者不是单射的函数的逆不是函数。

解　令 $A = \{a,b,c\}$，$B = \{1,2,3\}$，函数 $f: A \to B$ 满足 $f(a) = f(b) = 1$，$f(c) = 2$，f 不是满射，且 $f^{-1} = \{<1,a>,<1,b>,<2,c>\}$，因为 $3 \in B$ 在 f^{-1} 中没有像，定义域未充满，故 f^{-1} 不是函数。

设 $B = \{1,2\}$，其他不变。此时，f 不是单射，$1 \in B$ 有 2 个像 a 和 b，即像不是单值的，故 f^{-1} 不是函数。∎

[定理 5-1]　若 f 是 X 到 Y 的双射函数，则 f^{-1} 是 Y 到 X 的双射函数。

证明　$\vdash f^{-1}$ 是函数。

对 $\forall y \in Y$，因 f 是满射，有 $x \in X$，使 $<x,y> \in f$，即 $<y,x> \in f^{-1}$，说明 $\mathrm{dom}\, f^{-1} = Y$。

若 $f^{-1}(y) = x_1$，且 $f^{-1}(y) = x_2$，必有 $x_1 = x_2$。否则，有 $f(x_1) = y$，$f(x_2) = y$，与 f 是单射矛盾，故 f^{-1} 是单值的。因此，f^{-1} 是函数。

$\vdash f^{-1}$ 是满射。对 $\forall x \in X$，因 f 是函数，有 $y \in Y$，使 $<x,y> \in f$，即 $<y,x> \in f^{-1}$。

$\vdash f^{-1}$ 是单射。若 $f^{-1}(y_1) = f^{-1}(y_2) = x$，则 $f(x) = y_1$ 且 $f(x) = y_2$，由 f 的单值性知，$y_1 = y_2$。因此，f^{-1} 是双射。∎

通常，双射函数 f 的逆 f^{-1} 被称为"反函数"（invertible function）。

5.2.2　函数复合

[定义 5-9]　设函数 $f: X \to Y$，$g: Y \to Z$，则 f 与 g 的复合（composition，或合成）为

$$g \circ f = \{<x,z> | x \in X \wedge z \in Z \wedge \exists y (y \in Y \wedge y = f(x) \wedge z = g(y))\}$$

[辨析] 函数的复合与一般关系复合的内涵一致，但 g 和 f 的书写顺序相反，也称为 g 对 f 的左复合。普通关系 R 和 S 的复合记作 $R \circ S$，但函数 f 与 g 的复合记作 $g \circ f$，其目的是为了满足 $g \circ f(x) = g(f(x))$ 的要求。

应注意，一些书中将 f 与 g 的复合记作 $f \circ g$，此时有 $f \circ g(x) = g(f(x))$。但本书中提到的函数 f 与 g 的复合函数总是指 g 对 f 的左复合函数。

[定理 5-2] 两个函数 f 和 g 的复合 $g \circ f$ 是一个函数。

证明　对 $\forall x \in X$，因 f 是函数，有 $y \in Y$，使 $f(x) = y$。又因为 g 是函数，有 $z \in Z$，使 $g(y) = z$。于是，有

$$g \circ f(x) = g(f(x)) = g(y) = z$$

即 $g \circ f$ 的定义域为 X。

若 $g \circ f(x) = z_1$ 且 $g \circ f(x) = z_2$，即

$$g(f(x)) = z_1 , \quad g(f(x)) = z_2$$

因为 g 的单值性，有 $z_1 = z_2$。所以，$g \circ f$ 是函数。　■

例 5-8　求下述函数的复合函数。

(1) $A = \{1,2,3\}$，$B = \{p,q\}$，$C = \{r,s\}$，$f: A \to B$ 且有

$$f = \{<1,p>,<2,p>,<3,q>\}$$

$g: B \to C$ 且有

$$g = \{<p,s>,<q,s>\}$$

求 $g \circ f$。

(2) $f, g, h \in \mathbf{R}^{\mathbf{R}}$，且有

$$f(x) = x + 3 , \quad g(x) = 2x + 1 , \quad h(x) = x/2$$

求 $f \circ g \circ h$。

(3) $f, g \in \mathbf{R}^{\mathbf{R}}$，且有

$$f(x) = \begin{cases} x^2, & x \geqslant 3 \\ -2, & x < 3 \end{cases} , \quad g(x) = x + 2$$

求 $f \circ g$ 和 $g \circ f$。

解　(1) $g \circ f = \{<1,s>,<2,s>,<3,s>\}$。

(2) $f \circ g \circ h(x) = f(g(h(x))) = g(h(x)) + 3 = 2h(x) + 4 = x + 4$。

(3) $f \circ g(x) = f(g(x)) = \begin{cases} g(x)^2, & g(x) \geqslant 3 \\ -2, & g(x) < 3 \end{cases} = \begin{cases} (x+2)^2, & x \geqslant 1 \\ -2, & x < 1 \end{cases}$。

$$g \circ f(x) = g(f(x)) = f(x) + 2 = \begin{cases} x^2 + 2, & x \geqslant 3 \\ 0, & x < 3 \end{cases}。 \quad ■$$

[定理 5-3] 函数复合运算满足结合律，即 $(f \circ g) \circ h = f \circ (g \circ h)$。　■

[定理 5-4] 设 $g \circ f$ 是一个复合函数，则

(1) 若 f 和 g 是满射，则 $g \circ f$ 是满射。

(2) 若 f 和 g 是单射，则 $g \circ f$ 是单射。

(3) 若 f 和 g 是双射，则 $g \circ f$ 是双射。

证明　设函数 $f\colon X\to Y$，$g\colon Y\to Z$。

(1) 对 $\forall z\in Z$，因为 g 是满射，有 $y\in Y$，使 $g(y)=z$。又因为 f 是满射，有 $x\in X$，使 $f(x)=y$。于是，$g\circ f(x)=z$，故 $g\circ f$ 是满射。

(2) 若 $g\circ f(x_1)=g\circ f(x_2)$，则 $g(f(x_1))=g(f(x_2))$。因为 g 是单射，有 $f(x_1)=f(x_2)$。又因为 f 是单射，有 $x_1=x_2$，故 $g\circ f$ 是单射。

由(1)、(2)可知(3)成立。　　　　　　　　　　　　　　　　　　　　　　　　■

5.2.3　函数运算的性质

[定理 5-5] 设函数 $f\colon X\to Y$，则 $f=f\circ I_X=I_Y\circ f$。

证明　仅证明 $f=f\circ I_X$。

显然，f 与 $f\circ I_X$ 的定义域和值域都相同，且对 $\forall x\in X$，有
$$f\circ I_X(x)=f(I_X(x))=f(x)$$
故 $f=f\circ I_X$。　　　　　　　　　　　　　　　　　　　　　　　　　　　　■

[定理 5-6] 设函数 $f\colon X\to Y$ 有反函数 f^{-1}，则 $f^{-1}\circ f=I_X$，$f\circ f^{-1}=I_Y$。

证明　仅证明 $f^{-1}\circ f=I_X$。

显然，$f^{-1}\circ f$ 与 I_X 的定义域和值域都相同，且对 $\forall x\in X$，若 $y=f(x)$，有
$$f^{-1}\circ f(x)=f^{-1}(f(x))=f^{-1}(y)=x=I_X(x)$$
故 $f^{-1}\circ f=I_X$。　　　　　　　　　　　　　　　　　　　　　　　　　　■

[定理 5-7] 若 $f\colon X\to Y$ 是双射，则 $(f^{-1})^{-1}=f$。　　　　　　　　　■

[定理 5-8] 若函数 $f\colon X\to Y$，$g\colon Y\to Z$ 都是双射，则 $(g\circ f)^{-1}=f^{-1}\circ g^{-1}$。

证明　首先，$(g\circ f)^{-1}$ 与 $f^{-1}\circ g^{-1}$ 有相同的定义域和值域。

其次，对 $\forall z\in Z$，因为 g 为双射，有 $y\in Y$，使 $z=g(y)$。同样，因 f 为双射，有 $x\in X$，使 $y=f(x)$。因此，$g\circ f(x)=z$，即 $(g\circ f)^{-1}(z)=x$。

因为 $f^{-1}(y)=x$，$g^{-1}(z)=y$，有 $f^{-1}\circ g^{-1}(z)=f^{-1}(g^{-1}(z))=f^{-1}(y)=x$。于是，有

$$(g\circ f)^{-1}(z)=f^{-1}\circ g^{-1}(z)$$

故 $(g\circ f)^{-1}=f^{-1}\circ g^{-1}$。　　　　　　　　　　　　　　　　　　　■

[辨析] 应该说，函数相等的证明都是从定义出发，说明三要素（定义域、值域和对应关系）相同，但也可以直接证明集合相等。如考虑 $(g\circ f)^{-1}=f^{-1}\circ g^{-1}$ 的证明。

对 $\forall <z,x>$，有

$$<z,x>\in(g\circ f)^{-1}$$
$$\Rightarrow<x,z>\in g\circ f\Rightarrow\exists y(<x,y>\in f\wedge<y,z>\in g)$$
$$\Rightarrow\exists y(<z,y>\in g^{-1}\wedge<y,x>\in f^{-1})\Rightarrow<z,x>\in f^{-1}\circ g^{-1}$$

故 $(g\circ f)^{-1}\subseteq f^{-1}\circ g^{-1}$。因为各蕴含关系是可逆的，有 $f^{-1}\circ g^{-1}\subseteq(g\circ f)^{-1}$。

[辨析] 由于函数采用左复合，在采用序偶集合进行分析论证时，须注意函数复合与普通关系复合的差异。对于定义在 X 到 Y 和 Y 到 Z 的关系 f 和 g，且 $<x,y>\in f$，$<y,z>\in g$，则有结论 $<x,z>\in f\circ g$。若 f 和 g 为函数，其结论为 $<x,z>\in g\circ f$。

思考与练习 5.2

5-13 什么样的函数存在逆函数？

5-14 函数复合与普通关系复合在表示上有何差别？复合函数采用新的表示法有什么好处？

5-15 有函数 σ: $\mathbf{R} \to \mathbf{R}$，$\sigma(x) = x^2 + 2x + 1$，$\tau$: $\mathbf{R} \to \mathbf{R}$，$\tau(x) = x/2$，求 $\sigma \circ \tau$ 和 $\tau \circ \sigma$。

5-16 设 f，$g \in \mathbf{N}^{\mathbf{N}}$，有

$$f(x) = \begin{cases} x+1, & x = 0, 1, 2, 3 \\ 0, & x = 4 \\ x, & x \geqslant 5 \end{cases}, \quad g(x) = \begin{cases} x/2, & x\text{为偶数} \\ 3, & x\text{为奇数} \end{cases}$$

求 $g \circ f$，并判断其是否为单射或满射。

5-17 设函数 f: $X \to Y$，证明 $f = I_Y \circ f$。

5-18 设 A 为非空集合，举例说明存在 f: $A \to A$，且 $f \neq I_A$，使 $f \circ f = I_A$。存在这样的双射吗？

5-19 设有 f: $A \to B$，g: $B \to A$，满足 $g \circ f = I_A$，$f \circ g = I_B$，证明 f 是双射且 $f^{-1} = g$。

5-20 验证函数复合运算满足结合律。

5-21 证明定理 5-7。

5-22 设有 f: $A \to B$，g: $B \to C$，证明：

(a) 若 $g \circ f$ 为满射，则 g 是满射。

(b) 若 $g \circ f$ 为单射，则 f 是单射。

5.3 集合的基数

一个集合中含有的元素多少应如何度量？对于有限集合，可以统计其元素的个数，但无限集的元素无法用"多少个"来表达。否则，就会产生无法解释的现象。

例如，一家旅店有无穷多单人客房，且已客满。当新来一位客人时，店主欣然接纳，且只是将一号房的客人移到二号房，二号房的客人移到三号房，以此类推。最后，让新客人住进腾出的一号房。如果最初的客人集合记作 $\mathbf{Z}^+ = \{1, 2, 3, \cdots\}$，增加新客人后的集合记作 $\mathbf{N} = \{0, 1, 2, 3, \cdots\}$，而客房个数并无改变，等同于说 $\mathbf{Z}^+$ 与 $\mathbf{N}$ 有相同多个元素，但后者明显比前者多了元素 0。这就是著名的伽利略悖论，它说明需要对集合元素的"个数"进行重新度量。

一个集合 A 中含有元素多少的度量称为集合的"基数"（cardinality，或势、浓度），记作 $|A|$（或 $\operatorname{card} A$，或 $K[A]$，或 $\overline{\overline{A}}$）。基数是元素个数的推广，对于有限集，基数就是其元素个数。对于无限集，基数体现了集合含有的元素多少，基数或势越大，含有的元素越多。

5.3.1 集合等势

对函数和有限集合的讨论告诉我们，可以通过集合之间的映射来衡量元素个数的多少。两个相同大小的有限集合之间一定存在双射，即元素之间的一一对应，反之亦然。这种结果可以用于对任意集合间的元素多少是否一致进行衡量。

[定义 5-10] 若集合 A 和 B 之间存在双射，则称 A 与 B 等势（或基数相同、对等），记作 $|A| = |B|$，或 $\operatorname{card} A = \operatorname{card} B$。在将等势作为一种关系运算看待时记作 $A \sim B$。

例如，$A = \{1,2,3\}$，$B = \{a,b,c\}$，构造双射 $f: A \to B$，满足：

$$f(1) = a, \ f(2) = b, \ f(3) = c$$

这就证明了 $|A| = |B|$。

例 5-9 证明自然数集 $\mathbf{N}$ 与非负偶数集 M 等势。

证明 构造函数 $f: \mathbf{N} \to M$，满足：

$$f(n) = 2n, \ n \in \mathbf{N}$$

因为 f 是双射，有 $|\mathbf{N}| = |M|$。∎

[辨析] 从感觉上，偶数只有自然数的一半，但二者的基数是相同的，这也说明用个数来表述无限集合元素的多少是不对的。

构造 2 个集合间的双射需要掌握一些技巧。例如，两个区间内的实数集之间的双射可以利用线性函数得到，$(-\infty, +\infty)$ 与 $(-\infty, +\infty)$、$(-\infty, 0)$、$(0, +\infty)$ 之间的双射可使用 $\ln x$、e^x 等函数构造，有限区间与无穷区间的双射可用 $\tan x$ 或其反函数 $\arctan x$ 构造。一般可以采用待定系数法。

例 5-10 证明 $\mathbf{R} \sim (0,1)$。

证明 设 $f: \mathbf{R} \to (0,1)$，$f(x) = a \cdot \arctan(x) + b$。将 $-\infty$ 与 0 对应，$+\infty$ 与 1 对应，有

$$\begin{cases} f(-\infty) = a \cdot \arctan(-\infty) + b = a(-\pi/2) + b = 0 \\ f(+\infty) = a \cdot \arctan(+\infty) + b = a(+\pi/2) + b = 1 \end{cases}$$

解方程得到系数 $a = 1/\pi$，$b = 1/2$。

因为 $f(x) = \arctan(x)/\pi + 1/2$ 是双射，结论成立。∎

5.3.2 有限集与无限集

[定义 5-11] 设 A 是集合，如果存在一个子集 $B \subseteq A$ 与自然数集 $\mathbf{N}$ 等势，则称 A 是无限集（infinite set），否则称 A 为有限集（finite set）。

当然，自然数集本身是无限集。因为非负偶数集与 $\mathbf{N}$ 等势，故非负偶数集也是无限集。

例 5-11 证明 $(0,1)$ 是无限集。

证明 记 $A = \{1/2, 1/3, \cdots, 1/n, \cdots\}$，有 $A \subseteq (0,1)$。构造 $f: A \to \mathbf{N}$：

$$f(1/i) = i - 2, i = 2, 3, \cdots$$

因为 f 是双射，说明 $A \sim \mathbf{N}$，故结论成立。∎

[拓展] 定义 5-11 通过先定义无限集而后得到有限集，也可以先定义有限集，再得到无限集：对于集合 A，如果存在自然数 n，使集合 $\{0, 1, 2, \cdots, n-1\} \sim A$，则 A 为有限集。否则 A 为无限集。

5.3.3 可数集与不可数集

无限集的基数并非都是相同的。

[定义 5-12] 与自然数集 $\mathbf{N}$ 等势的集合称为可数集（countable set）或可列集。不可数的无限集称为不可数集(uncountable set)。

[理解] 可数就是指定集合中的某个元素，总可以从头数到它。例如，对于 $\mathbf{N}$，无论指定一个多大的整数 n，总可以从 0 逐个遍历所有整数，直到 n 结束。如果存在集合 A 到 $\mathbf{N}$ 的双射，就可以将 A 的元素与 $\mathbf{N}$ 对应地排列，从而 A 也是可数的。

为什么可数集又称为可列集？若 A 是可数集，则存在双射 $f: \mathbf{N} \to A$，于是，A 的元素可列

成 $a_0 = f(0), a_1 = f(1), a_2 = f(2), \cdots$ 的形式。

可见，A 是可数集等同于 A 的元素可按自然数的顺序排列。

通常，所有有限集和与自然数集 **N** 基数相同的集合都是可数的，合称为至多可数集（at most countable set，在不至于混淆时，也可以将有限集与可数无限集统称为可数集）。同时，无限集被分为两类，一类是可数（无限）集，另一类是不可数（无限）集。

可数集是一个大的家族，容易证明，可数集的无限子集、两个可数集的交或并甚至可数个可数集的并都是可数集。

[定理 5-9] 可数集的无限子集是可数集。

证明 设 A 是可数集，B 为 A 的无限子集。若 A 的元素可排列成如下形式：

$$a_0, a_1, \cdots, a_n, \cdots$$

对于 B 的任意元素，从 a_0 开始，沿此排列顺序搜索并不断舍弃非 B 的元素，即可数到 B 的指定元素，并建立起 B 与 **N** 之间的一一对应：

$$a_{i_0}, a_{i_1}, \cdots, a_{i_n}, \cdots$$

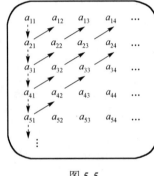

图 5-5

故 B 是可数集。　■

例 5-12 证明可数个可数集的并是可数集。

证明 记 $A_i = \{a_{i1}, a_{i2}, a_{i3}, \cdots\}$，$i = 1, 2, 3, \cdots$ 是可数个可数集，且它们互不相交。令 $A = \bigcup\limits_{i=1}^{+\infty} A_i$，对其元素作如图 5-5 所示的排列。

图中排列方式的规律是每条斜线上的元素的两个下标之和相同。从 a_{11} 开始，按箭头方向所指的下标之和逐渐增大的方式排列，有

$$a_{11}, a_{21}, a_{12}, a_{31}, a_{22}, a_{13}, a_{41}, a_{32}, a_{23}, a_{14}, a_{51}, a_{42}, a_{33}, a_{24}, a_{15}, \cdots$$

这就建立起了 A 与 **N** 之间的一一对应，故 A 是可数集。

如果上述集合是有限个，或者其中包括有限集，或者集合之间相交，那么，A 或者是有限集，或者是图 5-5 所列可数集的一个无限子集，故也是可数集。因此，可以将此论断叙述为：至多可数个至多可数集的并是至多可数集。　■

图 5-5 中采用的元素排列及证明方法称为"康托尔对角线论证法"。

例 5-13 证明整数集 **Z**、**N**×**N** 和有理数集 **Q** 是可数集。

证明 构造函数 $f:$ **Z** → **N**，满足

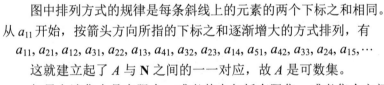

$$f(n) = \begin{cases} 2n, & n \geqslant 0 \\ -2n-1, & n < 0 \end{cases}$$

显然 f 是双射，故 **Z** 是可数的。

N×**N** 集合仍可以根据康托尔对角线论证法来排列元素，如图 5-6 所示。因此是可数的。

[拓展] 事实上，根据图 5-6 中的排列顺序也可以实际构造出 **N**×**N** 与 **N** 之间的双射[3]：

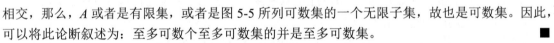

$$f(m, n) = \frac{1}{2}(m+n)(m+n+1) + m$$

有理数集 **Q** 可以分为正有理数集 **Q**⁺、负有理数集 **Q**⁻ 和 0，即

$$\mathbf{Q} = \mathbf{Q}^+ \cup \mathbf{Q}^- \cup \{0\}$$

因为任何有理数可表示成 p/q（p、q 为整数），写成 $<p, q>$ 的形式可知，**Q**⁺ 只是 **N**×**N** 的

一个无限子集，因此是可数的，进而 $\mathbf{Q}^+ \cup \mathbf{Q}^- \cup \{0\}$ 也是可数的。 ■

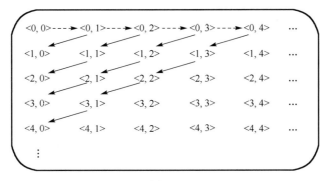

图 5-6

[辨析] 对角线论证法可以有各种排列方式，如图 5-5 与图 5-6 所示，但核心是以有限的方式轮流访问到每个集合的元素。

为了方便比较，一般将可数集的基数（即自然数 $\mathbf{N}$ 的基数）记作 $\aleph_0$，读作阿列夫零。那么，是否有不可数的集合呢？

[定理 5-10] 实数集 $\mathbf{R}$ 是不可数的。

首先证明 $(0,1)$ 区间内的实数是不可数的。否则，所有这些纯小数可以排列成如下形式：

$$a_1 = 0.\boldsymbol{a}_{11}a_{12}a_{13}a_{14}a_{15}\cdots$$
$$a_2 = 0.a_{21}\boldsymbol{a}_{22}a_{23}a_{24}a_{25}\cdots$$
$$a_3 = 0.a_{31}a_{32}\boldsymbol{a}_{33}a_{34}a_{35}\cdots$$
$$a_4 = 0.a_{41}a_{42}a_{43}\boldsymbol{a}_{44}a_{45}\cdots$$

其中的每个 a_{ij} 都是 0～9 中的数字。现构造一个小数 $b = 0.b_1b_2b_3b_4\cdots$，使 $b_i \neq a_{ii}$，即 b 与数列中第 i 个数的第 i 位是不同的。那么，上述数列中一定不包含 b，这与所有数可列矛盾。因此，$(0,1)$ 区间内的实数是不可数的。

因为 $(0,1)$ 区间内的实数与实数集 $\mathbf{R}$ 具有相同的基数，因此，$\mathbf{R}$ 是不可数的。 ■

实数集 $\mathbf{R}$ 的基数记作 $\aleph$，读作阿列夫。还可以将此基数记作 C，并称其为连续统的势，因为具有基数 C 的集合称为连续统（continuum）。

图 5-7 说明了集合的分类和对应的名词。

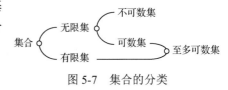

图 5-7　集合的分类

5.3.4　基数比较

为了说明两个集合具有相同的基数需要构造双射，这通常是困难的，可以采用只构造单射的方法进行简化。

[定义 5-13] 若存在集合 A 到 B 的单射，则称为 A 的基数不大于 B 的基数，即 $|A| \leq |B|$。若仅存在集合 A 到 B 的单射而不存在双射，则称为 A 的基数小于 B 的基数，即 $|A| < |B|$。

[定理 5-11] 对任意集合 A 和 B，若 $|A| \leq |B|$ 且 $|B| \leq |A|$，则 $|A| = |B|$。 ■

此定理称为 Cantor-Schroder-Bernstein 定理。它说明可以通过构造两个单射 $f: A \to B$ 和 $g: B \to A$ 来证明集合 A 与 B 具有相同的基数。

例 5-14　证明 $[0,1]$ 与 $(0,1)$ 有相同的基数。

证明　分别构造单射 f: $(0,1) \to [0,1]$ 和 g: $[0,1] \to (0,1)$，满足

$$f(x) = x, \quad g(x) = \frac{x}{2} + \frac{1}{4}$$

结论成立。　　　　　　　　　　　　　　　　　　　　　　　　　　　　　　　　　　　　　　　■

例 5-15　证明 $|\mathbf{N} \times (0,1)| = \aleph$ 。

证明　考虑到集合 $\mathbf{R}^+$ 和 $(0,1)$ 的基数都是 $\aleph$ 。首先构造单射 f: $\mathbf{N} \times (0,1) \to \mathbf{R}^+$，满足

$$f(<n,x>) = n + x, \quad n \in \mathbf{N}$$

因此，有 $|\mathbf{N} \times (0,1)| \leqslant \aleph$ 。

再构造单射 g: $(0,1) \to \mathbf{N} \times (0,1)$，满足

$$g(x) = <0, x>$$

于是，有 $\aleph \leqslant |\mathbf{N} \times (0,1)|$ 。结论成立。　　　　　　　　　　　　　　　　　　■

[定理 5-12]　若 A 是有限集，则 $|A| < \aleph_0 < \aleph$ ；若 A 是无限集，则 $\aleph_0 \leqslant |A|$ 。　■

[定理 5-13]　若 A 是一个集合，则 $|A| < |\mathscr{P}(A)|$ 。此定理称为 Cantor 定理。　■

此定理说明，任何集合的幂集的基数总是大于原集合的基数。因此，不存在最大的集合和最大的基数。

[拓展]　集合的基数和序数是有关集合元素的两个基本词汇，前者表示集合中含有元素多少，而后者用来刻画一个元素在集合中的位置。

集合基数的典型应用之一体现在有限计数问题上。对于无限集，证明两集合的基数相同是最基本的问题，并存在一些典型的方法。另外，对无限集合基数的研究还涉及一些尚未得到解决的问题，如连续统假设等[3, 31, 32]。

思考与练习 5.3

5-23　证明 $\mathbf{N} \times \mathbf{N}$ 是无限集。

5-24　利用线性函数构造双射证明集合 A 与 B 基数相同。

　　(a) $A = (5,9)$ ，$B = (7,17)$ 　　　　　(b) $A = [0,1]$ ，$B = (1/4, 1/2)$

5-25　利用构造双射的方法证明集合 A 与 B 基数相同。

　　(a) $A = \mathbf{R}$ ，$B = (0,+\infty)$ 　　　　　(b) $A = \mathbf{Z} - \{-1, 0, 1\}$ ，$B = \mathbf{N} - \{0, 1\}$

　　(c) $A = \{1/(2n) \mid n \in \mathbf{Z}^+\} \bigcup \{1/(2n+1)^2 \mid n \in \mathbf{N}\}$ ，$B = \mathbf{N}$

5-26　设 $A \sim B$ ，$C \sim D$ ，构造双射证明 $A \times C \sim B \times D$ 。

5-27　设集合 $\mathscr{A}$ 为由集合构成的集合，证明 $\mathscr{A}$ 上的等势关系是等价关系。

5-28　构造双射证明两个可数集的并是可数集。

5-29　证明任意无限集必与其某个真子集等势。

5-30　无理数集是可数集吗？证明你的结论。

5-31　证明 $(0,1)$ 与 $(0,1]$ 等势。

5-32　集合 $\{<m,n> \mid m,n \in \mathbf{Q}\}$ 、$(0,1) - \{1/n \mid n \in \mathbf{Z}^+\}$ 的基数各是多少？

5-33　回答下述问题。

　　(a) 无限集都是可数的吗？

　　(b) 存在基数最大的集合吗？如何得到一个比集合 A 的基数更大的集合？

　　(c) 在一个集合 A 中增加一个新的元素得到集合 B ，$|A| < |B|$ 成立吗？增加多少元素会使集合的基数发生变化？

第 6 章　运算与代数系统

运算是指对集合元素的加工、处理和变换，集合与其上定义的运算构成了各种代数系统，也称为代数结构，它们是近世代数（抽象代数）研究的中心内容。

近世代数的创始人是法国的青年数学家伽罗瓦（E. Galosis）和挪威数学家阿贝尔（N. H. Abel）。为了解决五次及以上代数方程没有根式解问题，他们引入了一种称为"置换群"的新概念和新思想，创立了群论，并由此发展了一整套关于群和域的理论，有力地推动了对代数结构性质的研究，其方法和结果在计算机科学的程序理论、编码理论和数据理论等领域中都有直接的应用，包括构造可计算数学模型，研究算术计算的复杂性及刻画数据结构等。

6.1　运算及其性质

6.1.1　运算的概念

在一个集合上构造映射之后，可以利用映射得到集合元素的像，从而形成运算。

[定义 6-1] 设 A 是一个非空集合，一个映射 $f: A^n \to A$ 称为 A 上的 n 元代数运算，简称 **n 元运算**（*n-ary operation*）。其中，正整数 $n \geq 1$ 称为运算的元、阶或目。

在 $n \geq 2$ 时，映射 f 是多元函数。为简化，仍将 $f(< x_1, x_2, \cdots, x_n >)$ 记作 $f(x_1, x_2, \cdots, x_n)$。

最常见的运算为一元运算和二元运算，如程序设计语言中广泛使用的取正、取负、逻辑非和按位取反为一元运算，四则算术运算、关系运算、逻辑与和逻辑或运算等都是二元运算。

例如，$f: \mathbf{R}^2 \to \mathbf{R}$，$f(x, y) = x + y$ 是实数集 $\mathbf{R}$ 上定义的二元运算，代表普通加法。

又如，设 $f: \mathbf{Z} \to \mathbf{Z}$，$f(x) = |x|$，则 f 是 $\mathbf{Z}$ 上定义的一元运算，即取绝对值运算。

常见的运算一般不使用 f 或 g 等函数描述，而是采用 $*$、$\circ$、$\odot$、$\star$ 这样的运算符，并将 $f(x, y) = z$ 简记为 $x \circ y = z$ 形式。

[辨析] 运算定义中的"$\to A$"是重要的约束，它要求运算对原集合封闭，即运算后的结果必须属于原集合 A，称为封闭性。例如，除法"/"不是 $\mathbf{R}$ 上的二元运算，因为除数为 0 时无意义，即运算不封闭。减法"$-$"不是 $\mathbf{R}^+$ 上的二元运算，因为对于两个正整数 x、y，若 $x<y$，其差 $x-y$ 为负数，不属于 $\mathbf{R}^+$。

理论上，可以将一个映射 $f: A^n \to B$ 作为 n 元运算的定义，但这种情况下，总需要考虑运算的封闭性，即应该有 $B \subseteq A$，否则没有什么实际意义。

例 6-1　设 $A = \{x \mid x = 2^n, n \in \mathbf{N}\}$，问乘法 $\times$ 和加法 $+$ 是否为 A 上的二元运算？

解　问题等同于衡量运算是否对 A 封闭。对 $\forall x = 2^p \in A$，$y = 2^q \in A$，有

$$x \times y = 2^{p+q} \in A$$

但 $p = 1$ 且 $q = 2$ 时，有

$$2^1 + 2^2 = 6 \notin A$$

故乘法×是 A 上的二元运算，加法+不是 A 上的二元运算。

实数集 $\mathbf{R}$ 上的+、－和×，幂集 $\mathscr{P}(S)$ 上的∪、∩、－和⊕，函数集 A^A 上的函数复合运算。，以及 n 阶（$n \geq 1$）实数矩阵集合上的矩阵加法和乘法都是二元运算。

C 语言中实数集 $\mathbf{R}$ 上的条件运算"？："是一个三元运算。

有限集合上的运算可用运算表描述。例如，集合 $A = \{1,2,3,4\}$，运算 $*$ 定义为 $x*y = \max(x,y)$，则运算可由表 6-1 来表示。

表 6-1

$*$	1	2	3	4
1	1	2	3	4
2	2	2	3	4
3	3	3	3	4
4	4	4	4	4

第 i 行首元素$*$第 j 列首元素

6.1.2　二元运算的性质

这里主要讨论二元运算的一些共性。以下设 $*$ 和。是集合 A 上的二元运算。

[定义 6-2] 若对 $\forall x,y \in A$，有

$$x*y = y*x$$

则称 $*$ 是可交换的，或称 $*$ 满足交换律(commutative)。

例如，实数集 $\mathbf{R}$ 上的加法和乘法是可交换的，但减法不是可交换的。

例 6-2　定义有理数集 $\mathbf{Q}$ 上的 $*$ 运算为：对 $\forall a,b \in \mathbf{Q}$，有 $a*b = a+b-a\times b$，其中的+和×为普通加法和乘法运算，则 $*$ 是可交换的。

证明　对 $\forall a,b \in \mathbf{Q}$，有

$$a*b = a+b-a\times b = b+a-b\times a = b*a$$

故交换律成立。

[定义 6-3] 若对 $\forall x,y,z \in A$，有

$$x*(y*z) = (x*y)*z$$

则称 $*$ 运算是可结合的，或称 $*$ 运算满足结合律(associative)。

例如，实数集 $\mathbf{R}$ 上的加法和乘法是可结合的，但减法不是可结合的，如$(7-3)-2 \neq 7-(3-2)$。

例 6-3　设 A 为非空集合，运算 $*$ 定义为：对 $\forall a,b \in A$，有 $a*b = b$，则 $*$ 是可结合的。

证明　$\forall a,b,c \in A$，有

$$a*(b*c) = a*c = c = (a*b)*c$$

故结合律成立。

如果一个运算 $*$ 满足结合律，那么，只由该运算符组成的表达式中强调优先次序的括号可以省略。例如，实数集 $\mathbf{R}$ 上的加法满足结合律

$$a+(b+c) = a+b+c$$

但减法不满足结合律，即

$$a-(b-c) \neq a-b-c$$

此时，必须用括号强调优先次序。

如果一个运算 $*$ 满足结合律，且仅是同一个元素参加运算，可用该元素的幂来表示，即

$$a^n = \overbrace{a*a*\cdots*a}^{n\text{个}}$$

称 a^n 为 a 的 n 次幂，其中 n 为 a 的指数。

容易验证如下算律：

$$a^n * a^m = a^{n+m}, \quad (a^n)^m = a^{nm}, \quad n,m \in \mathbf{Z}^+$$

[辨析] 对于加法，2^m 意为 m 个 2 相加，$2^3 + 2^4 = 6 + 8 = 2^7$；对于乘法，2^m 意为 m 个 2 相乘，$2^3 \times 2^4 = 128 = 2^7$。这里的幂含义不同，不要将 a^n 误认为总是 n 个 a 相乘。

[定义 6-4] 若对 $\forall x, y, z \in A$，有

$$x*(y \circ z) = (x*y) \circ (x*z), \quad (y \circ z)*x = (y*x) \circ (z*x)$$

则称 $*$ 对 $\circ$ 是可分配的，或称 $*$ 对 $\circ$ 满足分配律（distributive）。

例如，实数集 $\mathbf{R}$ 上的乘法对加法、n 阶多项式和矩阵上的乘法对加法都是可分配的，幂集上的 $\bigcup$ 和 $\bigcap$ 是互相可分配的。

[辨析]（可）分配律不是对称的，即 $*$ 对 $\circ$ 可分配不能保证 $\circ$ 对 $*$ 也可分配。例如，实数乘法 $\times$ 对加法 $+$ 可分配，但加法对乘法不可分配。

[定义 6-5] 设 $*$ 和 $\circ$ 是可交换的二元运算，若对 $\forall x, y \in A$，有

$$x*(x \circ y) = x, \quad x \circ (x*y) = x$$

则称运算 $*$ 和运算 $\circ$ 满足吸收律（absorptive）。

例如，任意集合的幂集上的 $\bigcup$ 和 $\bigcap$ 满足吸收律。

例 6-4　定义自然数集 $\mathbf{N}$ 上的运算 $*$ 和 $\circ$，对 $\forall x, y \in \mathbf{N}$，有

$$x*y = \max(x, y), \quad x \circ y = \min(x, y)$$

则二者满足吸收律。

证明　不妨设 $x > y$，有

$$x*(x \circ y) = \max(x, x \circ y) = \max(x, \min(x, y)) = \max(x, y) = x$$

可同样验证第二个等式。　∎

[辨析] 吸收律是相互的，且要求运算本身是可交换的。

[定义 6-6] 如果有 $x \in A$，使 $x^2 = x*x = x$，称 x 是 $*$ 运算的幂等元。若所有元素都是幂等元素，则称 $*$ 是幂等的，或称 $*$ 满足幂等律(idempotent)。幂等也可称作等幂。

例如，幂集上的 $\bigcup$、$\bigcap$ 运算都是幂等运算，例 6-3 和例 6-4 中的运算也都是幂等运算。

运算的各种性质都可通过逐个验证元素的运算结果来说明。

[拓展] 多数算律的应用性是显而易见的，幂等律则是一种有着特殊应用的算律。例如，在互联网中，网页均是客户端通过 HTTP 协议从服务器获取的，其请求方法如 GET、PUT 和 DELETE 都满足幂等律。该算律在分布式事务处理中具有非常重要的作用，是对很多操作的基本要求。

思考与练习 6.1

6-1　设集合 $A = \{1,2,3,\cdots,10\}$，说明下述函数是否为 A 上的二元运算，其中的 gcd、lcm 分别是最大公约数和最小公倍数，式中的 x 和 y 为正整数。

　(a)　$\max(x, y)$　　　　　　　　　　(b)　$\min(x, y)$

(c) $\gcd(x,y)$　　　　　　　　　　　　(d) $\mathrm{lcm}(x,y)$

(e) $f(x,y)=$ 满足 $x\leqslant m\leqslant y$ 的质数 m 的个数

6-2　集合 $A=\{a,b,c\}$ 上可定义多少个二元运算？

6-3　设集合 $A=\{1,2,3\}$，定义 A 上的 ∗ 运算和 Δ 运算如表 6-2 和表 6-3 所示，分析运算的幂等性和可交换性。

表 6-2

∗	1	2	3
1	1	2	3
2	2	2	3
3	3	3	2

表 6-3

Δ	1	2	3
1	1	2	3
2	2	2	2
3	3	1	3

6-4　对于 **R** 上的 6 种二元运算：加法、减法、乘法、max、min 和 $|x-y|$，分别说明其是否满足可结合性和可交换性。

6-5　设 m 是任意正整数，$\mathbf{N}_m=\{0,1,2,\cdots,m-1\}$，在 $\mathbf{N}_m$ 上定义模 m 加法运算 $+_m$ 和模 m 乘法运算 $\times_m$ 如下，$\forall i,j\in\mathbf{N}_m$，有。

$$i+_m j=(i+j)\bmod m，\quad i\times_m j=(i\times j)\bmod m$$

(a) 写出 $<\mathbf{N}_6,+_6>$ 和 $<\mathbf{N}_6,\times_6>$ 的运算表；

(b) 说明 $\times_m$ 对 $+_m$ 是可分配的。

6-6　定义 $\mathbf{Z}^+$ 上的两个运算为：对 $\forall a,b\in\mathbf{Z}^+$，有

$$a*b=a^b，\quad a\Delta b=a\times b$$

其中的 × 为普通乘法。证明 ∗ 对 Δ 是不可分配的。

6-7　设有代数系统 $<A,*>$，对 $\forall a,b\in A$，若 $a*b=b*a$，则 $a=b$。证明，若 ∗ 是可结合的，则必满足幂等律。

6-8　*编制程序，根据运算表判别二元运算是否满足结合律和交换律。

6.2　二元运算中的特殊元素

6.2.1　幺元

[定义 6-7] 设 ∗ 是集合 A 上的二元运算。

(1) 若 $\exists e_l\in A$，对 $\forall x\in A$，有 $e_l*x=x$，称 e_l 是运算 ∗ 的左幺元。

(2) 若 $\exists e_r\in A$，对 $\forall x\in A$，有 $x*e_r=x$，称 e_r 是运算 ∗ 的右幺元。

(3) 若 $\exists e\in A$，对 $\forall x\in A$，有 $e*x=x*e=x$，称 e 是运算 ∗ 的幺元（identity element）。

幺元也称为单位元。

例如，1 是乘法运算的幺元，0 是加法运算的幺元，∅ 是 ∪ 运算的幺元，U 是 ∩ 运算的幺元。

例 6-5　找出 $x*y=\max(x,y)$ 运算和 $x\circ y=\min(x,y)$ 运算的幺元。

解　集合的最小元素是 ∗ 运算的幺元，集合的最大元素是 ∘ 运算的幺元。　　■

例 6-6　记 M_n 为 n 阶实数矩阵集合，找出 M_n 上矩阵乘法和加法的幺元。

解　单位矩阵是乘法幺元，零矩阵是加法幺元。　　■

在一些特殊的运算中，可能只存在左幺元而不存在右幺元，或者相反。

例 6-7 设 $S = \{a,b,c,d\}$，定义 S 上的两个运算 $*$ 和 $\circ$ 的运算表如表 6-4 和表 6-5，说明运算是否存在幺元。

表 6-4

$*$	a	b	c	d
a	d	a	b	c
b	a	b	c	d
c	b	a	c	c
d	a	b	c	d

表 6-5

$\circ$	a	b	c	d
a	a	b	d	c
b	b	a	c	d
c	c	d	a	b
d	d	d	b	c

解 b 和 d 都是 $*$ 的左幺元，a 是 $\circ$ 的右幺元。 ∎

[辨析] 在运算表中，横看左幺（零、逆）元，竖看右幺（零、逆）元。

[定理 6-1] 如果一个二元运算 $*$ 的左幺元 e_l 和右幺元 e_r 都存在，则 $e_l = e_r = e$，且幺元是唯一的。

证明 因为 e_l 和 e_r 分别为左、右幺元，则

$$e_l = e_l * e_r = e_r = e$$

若 e 和 e' 都是幺元，则

$$e = e * e' = e'$$

说明幺元是唯一的。 ∎

6.2.2 零元

[定义 6-8] 设 $*$ 是集合 A 上的二元运算。

(1) 若 $\exists \theta_l \in A$，对 $\forall x \in A$，有 $\theta_l * x = \theta_l$，称 θ_l 是运算 $*$ 的左零元。

(2) 若 $\exists \theta_r \in A$，对 $\forall x \in A$，有 $x * \theta_r = \theta_r$，称 θ_r 是运算 $*$ 的右零元。

(3) 若 $\exists \theta \in A$，对 $\forall x \in A$，有 $\theta * x = x * \theta = \theta$，称 θ 是运算 $*$ 的零元（zero element）。

例如，0 是乘法运算的零元，加法运算没有零元。$\varnothing$ 是 $\cap$ 运算的零元，U 是 $\cup$ 运算的零元。又如，集合最大元素是 $x * y = \max(x,y)$ 的零元，而集合最小元素是 $x \circ y = \min(x,y)$ 的零元。类似地，一个运算中可能只存在左零元而不存在右零元，或者相反。

例 6-8 说明例 6-3 的运算 $a * b = b$ 是否存在零元。

解 集合 A 的所有元素都是右零元，但没有左零元。 ∎

[定理 6-2] 如果一个二元运算 $*$ 的左零元 θ_l 和右零元 θ_r 都存在，则 $\theta_l = \theta_r = \theta$，且零元是唯一的。

证明 因为 θ_l 和 θ_r 分别为左、右零元，则

$$\theta_l = \theta_l * \theta_r = \theta_r = \theta$$

若 θ 和 θ' 都是零元，则

$$\theta = \theta * \theta' = \theta'$$

说明零元是唯一的。 ∎

[定义 6-9] 设 θ 为 A 上的二元运算 $*$ 的零元。对 $\forall x,y,z \in A$，$x \neq \theta$，若 $x * y = x * z$ 或 $y * x = z * x$，都有 $y = z$，则称运算 $*$ 满足消去律（cancellation，或可约律）。

例如，实数集 **R** 上的乘法和整数集 **Z** 上的加法均满足消去律，即若有

$$a \times b = a \times c，\text{或} b \times a = c \times a，\text{且} a \neq 0$$

必有 $b=c$ 。

又，若有

$$a+b=a+c, \quad \text{或} \ b+a=c+a$$

必有 $b=c$ 。由于整数加法没有零元，消去律中不必考虑零元的问题。

[辨析] 不要将 $*$ 错认为乘法是非常重要的。$*$ 只是一种运算的抽象表示，完全可以是加法。

例 6-9 n 阶实矩阵集合 M_n 上的矩阵乘法满足消去律吗？

解 矩阵乘法的零元是零矩阵。对如下的 2 阶矩阵：

$$A = \begin{bmatrix} 1 & 1 \\ 0 & 0 \end{bmatrix} \neq \begin{bmatrix} 0 & 0 \\ 0 & 0 \end{bmatrix}, \quad B = \begin{bmatrix} 1 & 1 \\ 0 & 1 \end{bmatrix}, \quad C = \begin{bmatrix} 0 & 2 \\ 1 & 0 \end{bmatrix}, \quad R = \begin{bmatrix} 1 & 2 \\ 0 & 0 \end{bmatrix}$$

容易验证 $A \times B = A \times C = R$，但 $B \neq C$ 。故矩阵乘法不满足消去律。 ■

6.2.3 逆元

[定义 6-10] 设 e 是 A 上二元运算 $*$ 的幺元，$x \in A$ 。

(1) 若 $\exists x_l \in A$，使 $x_l * x = e$，称 x_l 为 x 的左逆元。

(2) 若 $\exists x_r \in A$，使 $x * x_r = e$，称 x_r 为 x 的右逆元。

(3) 若 $\exists x' \in A$，使 $x' * x = x * x' = e$，称 x' 为 x 的逆元（invertible element）。

显然，如果 x' 是 x 的逆元，则 x 也是 x' 的逆元，二者互逆。通常，x 的逆元可记作 x^{-1} 。

[辨析] 幺元 e 一定存在逆元，就是它自己。幺元也是幂等元，因为 $e^2 = e$ 。

例如，0 是自然数集 $\mathbf{N}$ 中加法的幺元，除 0 外，所有元素都没有逆元。对于整数集 $\mathbf{Z}$，任何元素 x 都存在加法逆元 $-x$ 。对于实数集 $\mathbf{R}$ 上的乘法，除 0 外的所有元素 x 都存在逆元 $1/x$ 。

例 6-10 在 n 阶实矩阵集合 M_n 上的矩阵乘法中，存在元素的逆元吗？

解 实矩阵乘法的单位矩阵是幺元。所有奇异矩阵（不可逆矩阵）无逆元，任何非奇异矩阵 M 的逆矩阵 M^{-1} 是其逆元。 ■

例 6-11 记 $S = \{x \mid x \in \mathbf{Z} \text{ 且 } m \leqslant x \leqslant n\}$，找出 max 运算的所有元素的逆元。

解 m 是 max 运算的幺元。只有 m 有逆元 m，其他元素无逆元。 ■

例 6-12 在 C 语言中，将所有字符串集合 Σ^* 上的字符串连接视为运算，找出存在逆元的元素及其逆元。

解 空字符串为连接运算的幺元，且只有空字符串有逆元，就是其本身。 ■

与幺元和零元类似，左、右逆元可能分别存在且不唯一，但逆元不会多于一个。

[定理 6-3] 设 e 是 A 上二元运算 $*$ 的幺元，如果 A 的每个元素都有左逆元，且 $*$ 是可结合的，则每个元素的左逆元也必定是其右逆元，且每个元素的逆元是唯一的。

证明 对 $\forall a \in A$，设 $b \in A$ 是 a 的左逆元，$c \in A$ 是 b 的左逆元，则

$$a * b = e * (a * b) = (c * b) * (a * b) = c * (b * a) * b = c * e * b = c * b = e$$

说明 b 是 a 的右逆元。

设 b 和 c 都是 a 的逆元，则

$$b = b * e = b * (a * c) = (b * a) * c = e * c = c$$

说明逆元是唯一的。 ■

[理解] 这里的结合性很关键。在一般代数系统证明中，可以比照乘法和加法分析问题，但必

须注意实际的运算所具有的性质。每做一步推理，都要由相应的性质来保证。

[辨析] 定理 6-3 的结果在每个元素都有左逆元时成立，部分元素有左逆元时可能不成立。

例 6-13　记 $\mathbf{N}_k = \{0,1,2,\cdots,k-1\}$，定义 $\mathbf{N}_k$ 上的 "模 k 加法" $+_k$ 为

$$x +_k y = (x+y) \bmod k = \begin{cases} x+y & ,x+y<k \\ x+y-k & ,x+y\geq k \end{cases}$$

问是否每个元素都有逆元？

解　0 是幺元，每个元素 x 都有逆元 $k-x$。

思考与练习 6.2

6-9　说明思考与练习 6.1 第 6-3 和 6-4 题定义的运算是否存在幺元和零元。

6-10　说明思考与练习 6.1 第 6-3 题定义的运算是否每个元素都有逆元。

6-11　如果一个运算中存在逆元，则每个元素都有逆元，且该元素的逆元是唯一的。这一论断正确吗？

6-12　分别构造满足下述条件的代数系统（要求集合元素个数大于 1）。

(a) 有幺元。　　　　(b) 有零元。　　　　(c) 有幺元和零元。

(d) 有幺元而无零元。　(e) 有零元而无幺元。　(f) 有左零元而无右零元。

(g) 有右幺元而无左幺元。

6-13　说明有限整数集上的 max 和 min 运算是否满足消去律。

6-14　设 $A = \{a+b\sqrt{3} \mid a,b \in \mathbf{Q}\}$，$B = \{a+b\sqrt[3]{3} \mid a,b \in \mathbf{Q}\}$，集合 A、B 上的普通乘法存在幺元和零元吗？每个元素都有逆元吗？

6-15　设代数系统 $<\mathbf{R}, \square>$ 中的二元运算 $\square$ 满足：对 $\forall a,b \in \mathbf{R}$，有

$$a \square b = a + b + a \times b$$

证明 $\square$ 是可结合的，且 0 是运算的幺元。其中，+ 和 × 分别为实数加法和乘法。

6-16　定义 $S = \mathbf{Q} \times \mathbf{Q}$ 上的二元运算 $\otimes$ 满足：对 $\forall <a,b>,<x,y> \in \mathbf{Q} \times \mathbf{Q}$，有

$$<a,b> \otimes <x,y> = <ax, ay+b>$$

(a) 验证 $\otimes$ 运算是否满足交换律、结合律和幂等律。

(b) 说明 $\otimes$ 运算是否存在幺元和零元。若存在幺元，找出所有可逆元素的逆元。

6.3　代　数　系　统

6.3.1　代数与子代数

[定义 6-11] 一个非空集合 A 连同其上定义的若干运算 $f_1, f_2, \cdots, f_k$ 组成的系统称为代数系统（algebra system），记作 $<A, f_1, f_2, \cdots, f_k>$。代数系统也称为代数结构（algebra structure），简称为代数。

例如，正整数集合 $\mathbf{Z}^+$ 及其上的普通加法构成代数系统 $<\mathbf{Z}^+, +>$；n 阶实矩阵集合 M_n 与其上的矩阵乘法和加法构成代数系统 $<M_n, \times, +>$；集合 S 的幂集 $\mathscr{P}(S)$ 及其上的 $\cup$、$\cap$ 和 $\sim$ 运算构成了代数系统 $<\mathscr{P}(S), \cup, \cap, \sim>$。

一个代数系统的幺元和零元通常起着重要作用，称为"代数常数"或"特异元素"。可以在代数系统中指明代数常数以强调它们的存在，如$<\mathscr{P}(S),\bigcup,\bigcap,\sim,\varnothing,U>$。

[定义 6-12] 设$<A,f_1,f_2,\cdots,f_k>$是一个代数系统，$B\subseteq A$且$B\neq\varnothing$。若B对运算$f_1,f_2,\cdots,f_k$都封闭，且B和A含有相同的代数常数，则称$<B,f_1,f_2,\cdots,f_k>$为$<A,f_1,f_2,\cdots,f_k>$的子代数（subalgebra）。

例如，$<\mathbf{N},+>$是$<\mathbf{Z},+>$的子代数，因为$\mathbf{N}$对+运算封闭，且二者有相同的幺元 0。但$<\mathbf{N}-\{0\},+>$不是$<\mathbf{Z},+>$的子代数，因为$\mathbf{N}-\{0\}$不存在$\mathbf{Z}$的幺元 0。

例 6-14　对于任意自然数n，记$nZ=\{n\cdot i\,|\,i\in\mathbf{Z}\}$，则$<nZ,+>$是$<\mathbf{Z},+>$的子代数。

证明　对任意的$n\cdot i$和$n\cdot j$，有

$$n\cdot i+n\cdot j=n\cdot(i+j)\in nZ$$

即nZ对+运算封闭，且它们有共同的幺元 0，故结论成立。　■

[理解] 子代数与父代数是同类型的代数系统，运算功能也相同，只是范围略小，是父代数的缩影。

6.3.2　同态与同构

研究代数系统的重要目的就是探索其共性，以便可以将一种代数系统上的运算转换为另一种代数系统上的其他运算。这里只说明具有一个二元运算的代数系统之间的同态和同构。

[定义 6-13] 设$<A,*>$和$<B,\circ>$是代数系统，$*$和$\circ$是二元运算。若存在映射$\varphi\colon A\to B$，使对$\forall x,y\in A$，有

$$\varphi(x*y)=\varphi(x)\circ\varphi(y)$$

则称φ是$<A,*>$到$<B,\circ>$的一个同态映射，并称$<A,*>$和$<B,\circ>$同态（homomorphism），记作$A\sim B$。称像集$\varphi(A)$为$<A,*>$的同态像。

也可以直接称φ是$<A,*>$到$<B,\circ>$的同态。

例 6-15　记$\mathbf{N}_k=\{0,1,2,\cdots,k-1\}$，$+_k$为例 6-13 定义的模$k$加法，则$<\mathbf{N},+>$与$<\mathbf{N}_k,+_k>$同态。

证明　构造映射$\varphi\colon\mathbf{N}\to\mathbf{N}_k$，使得

$$\varphi(x)=x\bmod k$$

那么，对$\forall x,y\in\mathbf{N}$，有整数m和n，使得

$$x=mk+x_r,\quad y=nk+y_r$$

其中，$x_r=x\bmod k$、$y_r=y\bmod k$分别为x和y被m除的余数。于是，有

$$\begin{aligned}
\varphi(x+y)&=(x+y)\bmod k\\
&=(mk+x_r+nk+y_r)\bmod k\\
&=(x_r+y_r)\bmod k\\
&=x_r+_k y_r\\
&=x\bmod k+_k y\bmod k\\
&=\varphi(x)+_k\varphi(y)
\end{aligned}$$

因此，$<\mathbf{N},+>$与$<\mathbf{N}_k,+_k>$同态。　■

[理解] 同态以及下文的同构是指两个代数系统有类似的形态，可以将一个代数系统的运算转换为另一个代数系统上更简单的运算。同态映射可以有多个。

[定义 6-14] 设 φ 是 $<A,*>$ 到 $<B,\circ>$ 的同态。若 φ 是满射，则称 φ 是满同态；若 φ 是单射，则称 φ 是单同态或单一同态；若 φ 是双射，则称 φ 是 $<A,*>$ 到 $<B,\circ>$ 的同构（isomorphism），或称 $<A,*>$ 与 $<B,\circ>$ 同构，记作 $A \cong B$。

特别地，$A=B$ 时的同态称为**自同态**，$A=B$ 时的同构称为**自同构**。

例 6-16 证明 $<\mathbf{R}^+,\times>$ 与 $<\mathbf{R},+>$ 同构。

证明 构造映射 φ: $\mathbf{R}^+ \to \mathbf{R}$，满足

$$\varphi(x) = \ln x, \ \forall x \in \mathbf{R}^+$$

那么，对 $\forall x,y \in \mathbf{R}^+$，有

$$\varphi(x \times y) = \ln(x \times y) = \ln x + \ln y = \varphi(x) + \varphi(y)$$

可见，双射 $\ln x$ 是 $<\mathbf{R}^+,\times>$ 到 $<\mathbf{R},+>$ 的同构。 ■

当然，也可以建立 $<\mathbf{R},+>$ 到 $<\mathbf{R}^+,\times>$ 的同构。构造映射 f: $\mathbf{R} \to \mathbf{R}^+$，满足

$$f(x) = \mathrm{e}^x, \ \forall x \in \mathbf{R}$$

那么，对 $\forall x,y \in \mathbf{R}$，有

$$f(x+y) = \mathrm{e}^{x+y} = \mathrm{e}^x \times \mathrm{e}^y = f(x) \times f(y)$$

可见，双射 e^x 是 $<\mathbf{R},+>$ 到 $<\mathbf{R}^+,\times>$ 的同构。

示例说明，$\mathbf{R}^+$ 上的乘法可以转换为 $\mathbf{R}$ 上的加法，反之亦然。若在一个系统上实现某种计算比较复杂，可以转换到另一个系统中进行计算，再将结果通过反函数转换到原系统中。

例 6-17 若有映射 φ: $\mathbf{Z} \to \mathbf{Z}$，满足

$$\varphi(x) = ax, \ \forall x \in \mathbf{Z}$$

其中，常量 $a \in \mathbf{Z}$。分析不同的 a 使 φ 建立了 $<\mathbf{Z},+>$ 到自身的什么映射。

解 若 $a = \pm 1$，双射 φ 为 $<\mathbf{Z},+>$ 到 $<\mathbf{Z},+>$ 的自同构；对其他 $a \neq 0$，φ 为 $<\mathbf{Z},+>$ 到 $<\mathbf{Z},+>$ 的单自同态，因为 φ 为单射。 ■

[理解] 同构的两个代数系统本质上是相同的，所不同的只是采用的符号有差异。

例 6-18 表 6-6～表 6-8 中的三个代数系统 $<A,*>$、$<B,\oplus>$ 和 $<C,\circ>$ 是同构的。 ■

表 6-6		
*	a	b
a	a	b
b	b	a

表 6-7		
$\oplus$	偶	奇
偶	偶	奇
奇	奇	偶

表 6-8		
$\circ$	0°	180°
0°	0°	180°
180°	180°	0°

容易验证，若 φ 是代数系统 $<A,*>$ 到 $<B,\circ>$ 的同态，$*$ 运算的可交换性和可结合性等性质都可在其同态像 $\varphi(A)$ 中保持下来，其幺元 e 和元素 x 的逆元 x^{-1} 也映射为同态像 $\varphi(A)$ 的幺元 $\varphi(e)$ 和逆元 $\varphi(x^{-1})$。

同态与同构

思考与练习 6.3

习题导引

6-17 若 $<B,*,\Delta>$ 是 $<A,*,\Delta>$ 的子代数，则 $<B,*,\Delta>$ 应满足什么条件？

6-18 两个代数系统之间可能存在多于一个的同态或同构吗？

6-19 对于代数系统 $<\mathbf{Z},\times>$，其中的运算 $\times$ 为普通乘法。试构造一个集合 $S=\{$正、负、零$\}$

上的运算 $\odot$ 和一个 $<\mathbf{Z},\times>$ 与 $<S,\odot>$ 的同态，以便能利用 $<S,\odot>$ 得到两个整数相乘结果的符号。

6-20　设 f 是 $<A,*>$ 到 $<B,\Delta>$ 的同态，g 是 $<B,\Delta>$ 到 $<C,\Box>$ 的同态，证明 $g\circ f$ 是 $<A,*>$ 到 $<C,\Box>$ 的同态。

6-21　设 $*$ 是集合 G 上的可结合二元运算，且 G 的每个元素都有逆元。构造函数 $f\colon G\to G$，满足

$$f(x)=x^{-1},\forall x\in G$$

证明 f 是 G 的自同构当且仅当 $*$ 是可交换的。

6-22　设 $*$ 是集合 G 上的可结合二元运算，且 G 的每个元素都有逆元。若 $a\in G$，构造函数 $f\colon G\to G$，满足

$$f(x)=a*x*a^{-1},\forall x\in G$$

证明 f 是 G 到 G 的自同构。

6-23　说明代数系统 $<\mathbf{R}-\{0\},\times>$ 与代数系统 $<\mathbf{R},+>$ 不能同构。

6-24　以具有一个二元运算的代数系统为例，证明代数系统之间的同构关系是等价关系。

6.4　半群与独异点

半群和独异点是两类最简单的单运算代数系统。

[定义 6-15] 设 $<S,*>$ 为代数系统，$S\neq\varnothing$。若二元运算 $*$ 是可结合的，称 $<S,*>$ 为半群（semigroup）。如果运算中含有幺元，则称其为（含）幺半群或独异点（monoid）。如果 $*$ 运算是可交换的，则称其为可交换半群。

例 6-19　记 $S_k=\{x|\,x\in\mathbf{Z}\text{ 且 }x\geqslant k\,\}$，$k\geqslant 0$，则 $<S_k,+>$ 是半群。

证明　两个非负整数之和仍是非负整数，运算封闭，且加法运算显然是可结合的。　∎

这里的 $k\geqslant 0$ 限制很重要。若无此限制，两个负数的和可能小于 k，导致运算不封闭。

代数系统 $<\mathbf{N},->$ 和 $<\mathbf{R}^+,/>$ 都不是半群。

代数系统 $<\mathbf{N},+>$、$<\mathbf{N},\times>$、$<\mathbf{R},\times>$ 都是可交换独异点，但 $<\mathbf{N}-\{0\},+>$ 和 $<\mathbf{R}-\{1\},\times>$ 不是独异点，因为没有幺元。

集合 S 的幂集 $\mathscr{P}(S)$ 上构成的代数系统 $<\mathscr{P}(S),\bigcup>$ 和 $<\mathscr{P}(S),\bigcap>$ 是可交换独异点，$\varnothing$ 和 U 分别是其幺元。

由于函数复合运算。满足结合律，故代数系统 $<S^S,\circ>$ 是独异点，恒等函数 $I_S(x)$ 为幺元。

例 6-20　设 $\mathcal{A}$ 是由字符组成的集合，称为字符表。$\mathcal{A}$ 上的字符串是由其元素组成的字符序列。例如，$u=ababb$，$v=accbaaa$ 都是 $\mathcal{A}=\{a,b,c\}$ 上的字符串。不含任何字符的字符串 λ 称为空串。定义所有字符串集合 Σ^* 上的连接运算 $\oplus$，$u\oplus v$ 是由 u 的字符后接 v 的字符组成的字符串，如

$$u\oplus v=ababbaccbaaa$$

那么，$<\Sigma^*,\oplus>$ 是独异点。

证明　因为 $\oplus$ 显然是可结合的且 λ 为幺元，故 $<\Sigma^*,\oplus>$ 是独异点。　∎

例 6-21　设 m 是任意正整数，$\mathbf{Z}_m$ 是由 $\mathbf{Z}$ 上的模 m 同余类组成的同余类集 $\{[0],\ [1],\ [2],\cdots,[m-1]\}$，在 $\mathbf{Z}_m$ 上定义模 m 同余类加法 $\oplus_m$ 和乘法 $\otimes_m$ 如下

$$[i]\oplus_m[j]=[(i+j)\bmod m]$$

$$[i] \otimes_m [j] = [(i \times j) \bmod m]$$

则$<\mathbf{Z}_m, \oplus_m>$和$<\mathbf{Z}_m, \otimes_m>$都是独异点。

证明　以下简记$\oplus_m$和$\otimes_m$为$\oplus$和$\otimes$。

首先，由于运算$\oplus$和$\otimes$的结果都是被m除后的余数构成的同余类，故运算封闭。

其次，对$\forall [i],[j],[k] \in Z_m$，记$i+j = tm+p$，$t$和$p$分别为商和余数，则

$$([i] \oplus [j]) \oplus [k] = [(i+j) \bmod m] \oplus [k] = [(p+k) \bmod m]$$
$$= [(i+j-tm+k) \bmod m] = [(i+j+k) \bmod m]$$

同理可证，$[i] \oplus ([j] \oplus [k]) = [(i+j+k) \bmod m]$。故$\oplus$是可结合的。

类似地，可以证明$\otimes$也是可结合的。

最后，$[0]$是$\oplus$的幺元，$[1]$是$\otimes$的幺元。结论成立。　■

[理解] 模 m 同余运算可定义为$[i] \oplus_m [j] = [i+j]$，$[i] \otimes_m [j] = [i \times j]$，因为$[(i+j) \bmod m] = [i+j]$，$[(i \times j) \bmod m] = [i \times j]$。

例 6-22　设$<S, *>$是独异点，对$\forall a,b \in S$，若a有逆元，则$(a^{-1})^{-1} = a$；若b也有逆元，则$(a*b)^{-1} = b^{-1} * a^{-1}$。

证明　因$a^{-1} * a = a * a^{-1} = e$，故$(a^{-1})^{-1} = a$。又

$$(a*b)*(b^{-1}*a^{-1}) = a*(b*b^{-1})*a^{-1} = a*a^{-1} = e$$
$$= b^{-1}*e*b = b^{-1}*(a^{-1}*a)*b = (b^{-1}*a^{-1})*(a*b)$$

故$(a*b)^{-1} = b^{-1} * a^{-1}$。　■

[辨析] 这里再次体现了可结合性的重要。同时，正是因为可结合性的存在，半群中 n 个元素的连续运算$a_1 * a_2 * \cdots * a_n$可任意加括号而计算结果不变，n 个 a 的连续运算可记为a^n。

容易想象，因为幺元的存在，独异点的运算表中没有任何两行（或两列）是完全相同的，因为至少与幺元对应位置上的元素是不同的。

[定义 6-16] 设 $<S, *>$ 为半群，若非空集合$B \subseteq S$且 B 对 $*$ 运算封闭，则$<B, *>$ 也是一个半群。称$<B, *>$ 为$<S, *>$ 的子半群（sub-semigroup）。

此定义的前半部分也可以作为定理，$<B, *>$ 的运算可结合性是从$<S, *>$ 继承来的。

例如，$<[0,1], \times>$是半群$<\mathbf{R}, \times>$的子半群。

很明显，半群的子代数是子半群，因为子代数本身就满足运算的封闭性。

思考与练习 6.4

习题导引

6-25　若$<S, *>$是半群，运算 $*$ 必须满足结合律吗？必须满足交换律吗？

6-26　设$<S, *>$是半群，$a \in S$，定义 S 上的二元运算$\boxdot$，对$\forall x,y \in S$，有

$$x \boxdot y = x * a * y$$

证明$<S, \boxdot>$是半群。

6-27　设 $<A, *>$ 为半群，且对$\forall x,y \in A$，$x \neq y$，有$x*y \neq y*x$。证明：

(a) 对$\forall x \in A$，有$x*x = x$。　　　　(b) 对$\forall x,y \in A$，有$x*y*x = x$。

(c) 对$\forall x,y,z \in A$，有$x*y*z = x*z$。

6-28　设 $<A, *>$ 是可交换半群，若有$a,b \in A$，$a^2 = a$，$b^2 = b$，则$(a*b)^2 = a*b$。

6-29　证明有限半群$<S, *>$中一定存在幂等元素，即$\exists a \in S$，使得$a^2 = a$。

6.5 群 与 子 群

群是最重要的一类仅含有一个二元运算的代数系统。

6.5.1 群的概念

[定义 6-17] 设 $<G,*>$ 为代数系统，$G \neq \varnothing$。若二元运算 $*$ 是可结合的，含有幺元 e，且每个元素 x 都有逆元 x^{-1}，则称 $<G,*>$ 为群（group）。为了简单，也可直接称 G 是群。

如果 G 是有限集合则称 $<G,*>$ 为有限群，且称 $|G|$ 为群的阶，否则称为无限群。

如果运算 $*$ 是可交换的，则称 $<G,*>$ 为（可）交换群或阿贝尔（Abel）群。

例如，$<\mathbf{R},+>$ 是群，其中，0 为运算的幺元，$x \in \mathbf{R}$ 的逆元为 $-x$，且加法是可交换的，故 $<\mathbf{R},+>$ 是阿贝尔群。

又如，$<\mathbf{R}, \times>$ 不是群，但 $<\mathbf{R}-\{0\}, \times>$ 是群，其中，1 为运算的幺元，$x \in \mathbf{R}-\{0\}$ 的逆元为 $1/x$，故也是阿贝尔群。

例 6-23 设 S 为集合，证明 $<\mathscr{P}(S),\oplus>$ 是阿贝尔群。

证明 $\varnothing$ 为运算的幺元。对 $\forall A \in \mathscr{P}(S)$，因为 $A \oplus A = \varnothing$，即 A 的逆元为 A。此外，$\oplus$ 运算是可结合、可交换的。结论成立。∎

$<\mathbf{Q}, \times>$ 和 $<M_n, \times>$ 都不是群，因为 $\mathbf{Q}$ 中的 0 没有逆元，而 n 阶实数矩阵集合 M_n 中的奇异矩阵没有逆元。

[辨析] 简单说，群就是含有幺元和逆元的半群。

例 6-24 记 $A = \{0°,60°,120°,180°,240°,300°\}$，对 $\forall a,b \in A$，$a \odot b$ 表示逆时针旋转 $a+b$ 的角度，则 $<A, \odot>$ 是群。

证明 对 $\forall a,b \in A$，$a \odot b = (a+b) \bmod 360$，运算是封闭且可结合的。$0°$ 是运算的幺元，其逆元为本身，其他元素 a 的逆元为 $360°-a$。故 $<A, \odot>$ 是群，且是阿贝尔群。∎

例 6-25 记 $G = \left\{ \begin{bmatrix} 1 & 0 \\ 0 & 1 \end{bmatrix}, \begin{bmatrix} 1 & 0 \\ 0 & -1 \end{bmatrix}, \begin{bmatrix} -1 & 0 \\ 0 & 1 \end{bmatrix}, \begin{bmatrix} -1 & 0 \\ 0 & -1 \end{bmatrix} \right\}$，则 G 关于矩阵乘法构成群。

证明 容易验证矩阵乘法构成 G 上的二元运算，且因对角矩阵的特点可知运算满足结合律和交换律。单位矩阵 $\begin{bmatrix} 1 & 0 \\ 0 & 1 \end{bmatrix}$ 为幺元，所有元素都以自身为逆元。因此，G 是阿贝尔群。∎

例中的群 G 是用矩阵及矩阵乘法给出的，更一般的形式可由表 6-9 所示的运算表描述，并记为 $<K = \{e,a,b,c\}, \circ>$，称为 Klien（克莱因）四元群。

利用 Klien 四元群可以解释四次方程能用根式求解的原因。

[辨析] Klien 四元群的显著特点是每个元素 x 都以自身为逆元，即 $x^2 = e$。

[定义 6-18] 设 $<G,*>$ 是群，对 $\forall a \in G$，$n \in \mathbf{Z}$，定义 a 的 n 次幂为

表 6-9

$\circ$	e	a	b	c
e	e	a	b	c
a	a	e	c	b
b	b	c	e	a
c	c	b	a	e

$$a^n = \begin{cases} e, & n=0 \\ a^{n-1}*a, & n>0 \\ (a^{-1})^m, & n<0 \text{且} m=-n \end{cases}$$

很明显，由于逆元的存在，群中可以定义元素的负整数次幂。

例 6-26 对于加法群$<\mathbf{Z},+>$，求2^3和2^{-3}。

解 显然有$2^3 = 6$。因为 2 的加法逆元为-2，有

$$2^{-3} = (-2)^3 = (-2) + (-2) + (-2) = -6$$

可以通过下述方法判别一个群是否为阿贝尔群。

[定理 6-4] 设$<G,*>$是群，则$<G,*>$是阿贝尔群的充分必要条件是对$\forall a,b \in G$，有$(a*b)^2 = a^2 * b^2$。

证明 若$<G,*>$是阿贝尔群，则运算是可交换的，有

$$(a*b)^2 = (a*b)*(a*b) = a*a*b*b = a^2 * b^2$$

若$(a*b)^2 = a^2 * b^2$，即

$$(a*b)^2 = a*b*a*b = a*a*b*b$$

两端分别消去a和b，得$a*b = b*a$，交换律成立，故$<G,*>$是阿贝尔群。∎

由定理易知，在阿贝尔群中，有

$$(a*b)^n = a^n * b^n$$

[辨析] 阿贝尔群中常称$*$为加法，记$*$为$+$，并称x的逆元为负元，记作$-x$。于是，可记$y + (-x) = y - x$，并称为二者的差。实数集上的加法群即是如此。

[定义 6-19] 设$<G,*>$是群，$x \in G$，使$x^m = e$的最小整数m称为元素x的阶数（element order，也称周期），记作$|x| = m$。此时，称x是有限阶的元素。

若不存在上述整数，则称x是无限阶的。

例如，Klien 四元群是一个 4 阶群，除幺元外，所有元素都是 2 阶的。

[辨析] 群G的阶是指G的元素个数$|G|$，其元素x的阶是使$x^m = e$的最小整数m。

6.5.2 群的性质

由于要求每个元素都有逆元，群存在着明显的无零元特性。

[定理 6-5] 群中不存在零元。

证明 因为零元没有逆元。若群的阶为 1，唯一的一个元素是幺元。∎

群还有如下性质。

[定理 6-6] 设$<G,*>$是群，则

(1) 对$\forall a_1, a_2, \cdots, a_n \in G$，有

$$(a_1 * a_2 * \cdots * a_n)^{-1} = a_n^{-1} * a_{n-1}^{-1} * \cdots * a_1^{-1}$$

(2) 指数律成立，即对$\forall a \in G$，有

$$a^m * a^n = a^{m+n}, \quad (a^m)^n = a^{mn}$$

(3) 可以解一次方程，即对$\forall a,b \in G$，必存在唯一的$x \in G$，使得
$$a * x = b$$

(4) 消去律成立，即对$\forall a,b,c \in G$，若$a*b = a*c$或者$b*a = c*a$，必有$b = c$。

(5) 除了幺元外，不可能存在其他幂等元。

证明 只证明(3)～(5)。

（3）因为 a 有逆元，令 $x=a^{-1}*b$ 即为所求。如果有两个解 x_1 和 x_2 都满足方程，则

$$a*x_1 = a*x_2$$

两边同乘以 a^{-1}，由运算的可结合性即得 $x_1=x_2$。

（4）两边同"乘以" a^{-1}，由运算的可结合性即得。

（5）若 $\exists a \in G$，使 $a*a=a$。两边同"乘以" a^{-1}，由运算的可结合性可得 $a=e$。 ■

6.5.3　子群

[定义 6-20] 设 $<G,*>$ 是群，S 是 G 的非空子集，若 $<S,*>$ 也是群，则称其为 $<G,*>$ 的子群（subgroup）。

显然，$<\{e\},*>$ 和 $<G,*>$ 都是 $<G,*>$ 的子群，称为平凡子群，称其他子群为非平凡子群。

例如，$<\mathbf{Z},+>$ 是群，令偶数集 $\mathbf{Z}_E=\{x \mid x=2n,\ n\in\mathbf{Z}\}$，则 $<\mathbf{Z}_E,+>$ 是 $<\mathbf{Z},+>$ 的子群。

[辨析] 群的子代数不一定是群，也就不一定是子群。例如，$<\mathbf{R}-\{0\},\times>$ 是群，$\mathbf{Z}-\{0\}\subseteq\mathbf{R}-\{0\}$ 且 $\mathbf{Z}-\{0\}$ 对乘法运算 $\times$ 封闭，是 $\mathbf{R}-\{0\}$ 的子代数。但因为整数无乘法逆元，$<\mathbf{Z}-\{0\},\times>$ 不是群，自然不是 $<\mathbf{R}-\{0\},\times>$ 的子群。

[定理 6-7] 设 $<S,*>$ 是群 $<G,*>$ 的子群，则 $<G,*>$ 中的幺元必是 $<S,*>$ 的幺元。

证明　若 e_S 和 e 分别是 $<S,*>$ 和 $<G,*>$ 的幺元。对 $\forall x\in S$，因为 $x\in G$，有

$$e_S*x = x = e*x$$

在 G 中由消去律即得 $e_S=e$。 ■

[理解] 因为 $<S,*>$ 是群，运算封闭，x 在 S 中的逆也是 G 中的逆。

除了直接利用群的定义验证子群，还存在其他一些子群的判定方法。

[定理 6-8] 设 $<G,*>$ 是群，S 是 G 的非空子集。若 S 是有限集，只要 S 对 $*$ 运算封闭，则 $<S,*>$ 是 $<G,*>$ 的子群。

证明　留作练习。 ■

[辨析] 此判别方法仅对有限子集 S 有效。

例 6-27　找出并验证 Klien 四元群 $<G=\{e,a,b,c\},\circ>$ 的所有子群。

解　$<\{e\},\circ>$ 和 G 本身是 2 个平凡子群。

共有 3 个非平凡子群 $<\{e,a\},\circ>$、$<\{e,b\},\circ>$ 和 $<\{e,c\},\circ>$，容易验证这 3 个子集对运算 $\circ$ 封闭，因为 $a\circ a=b\circ b=c\circ c=e$。 ■

例 6-28　设 $T=\left\{\begin{bmatrix} a & 0 \\ 0 & b \end{bmatrix} \middle| a,b\in\mathbf{R}\wedge a,b\neq 0\right\}$，$\times$ 为矩阵乘法，证明 $<T,\times>$ 是群，且例 6-25 中的 G 是 T 的子群。

证明　幺元为单位矩阵，$\begin{bmatrix} a & 0 \\ 0 & b \end{bmatrix}$ 的逆元为 $\begin{bmatrix} 1/a & 0 \\ 0 & 1/b \end{bmatrix}$。故 T 是群。

容易验证，G 对 $\times$ 运算封闭，故 G 是 T 的子群。 ■

[定理 6-9] 设 $<G,*>$ 是群，S 是 G 的非空子集，若 S 对 $*$ 运算封闭，且对 $\forall x\in S$，有 $x^{-1}\in S$，则 $<S,*>$ 是 $<G,*>$ 的子群。

证明　对 $\forall x\in S$，由题设，有 $x^{-1}\in S$。因为 S 对 $*$ 运算封闭，有 $e=x*x^{-1}\in S$，故 $<S,*>$ 是 $<G,*>$ 的子群。 ■

[定理 6-10] 设 $<G,*>$ 是群，S 是 G 的非空子集，若对 $\forall x,y\in S$，有 $x*y^{-1}\in S$，则 $<S,*>$ 是

$<G,*>$ 的子群。

证明　因为 $S\neq\varnothing$，$\exists x\in S$。由题设，$x*x^{-1}=e\in S$，即 S 中存在幺元。

对 $\forall x\in S$，有 $e*x^{-1}=x^{-1}\in S$，即 S 中存在 x 的逆元。

对 $\forall x,y\in S$，因为 $y^{-1}\in S$，有 $x*(y^{-1})^{-1}=x*y\in S$，即 S 对 $*$ 运算封闭。故 $<S,*>$ 是 $<G,*>$ 的子群。　■

例 6-29　设 $<S,*>$ 和 $<T,*>$ 是群 $<G,*>$ 的子群，则 $<S\cap T,*>$ 是 $<G,*>$ 的子群。

证明　对 $\forall x,y\in S\cap T$，有 $x,y\in S$，且 $x,y\in T$。因为 $<S,*>$ 和 $<T,*>$ 是群，知 $y^{-1}\in S$，且 $y^{-1}\in T$。由运算的封闭性知，$x*y^{-1}\in S$ 且 $x*y^{-1}\in T$，即 $x*y^{-1}\in S\cap T$。结论成立。　■

上述结论还可以利用定理 6-9 证明如下：

对 $\forall x,y\in S\cap T$，有 $x,y\in S$，且 $x,y\in T$。由子群对运算的封闭性，有 $x*y\in S$，且 $x*y\in T$，即 $x*y\in S\cap T$，可见 $S\cap T$ 对运算 $*$ 封闭。

对 $\forall x\in S\cap T$，则 $x\in S$，且 $x\in T$。因为 S 和 T 是群，有 $x^{-1}\in S$ 且 $x^{-1}\in T$。因此，$x^{-1}\in S\cap T$。结论成立。

上述方法等同于证明了"两个子半群的交仍是子半群"。

[拓展] 群论是 19 世纪最具重大意义的数学创造之一，开创了全新的数学领域，是现代数学中最重要和最具概括性的概念之一，利用它可以成功地给出 5 阶及以上代数方程没有根式解等基本结论[33-35]。

思考与练习 6.5

6-30　半群与群的差别有哪些？

6-31　"群中不能有零元。"是正确的说法吗？为什么？

6-32　设有 $\mathcal{F}=\{f_1,f_2,f_3,f_4,f_5,f_6\}$ 为 $\mathbf{R}-\{0,1\}$ 上的函数集合，各函数定义如下
$$f_1(x)=x,\quad f_2(x)=x^{-1},\quad f_3(x)=1-x$$
$$f_4(x)=(1-x)^{-1},\quad f_5(x)=(x-1)x^{-1},\quad f_6(x)=x(x-1)^{-1}$$
证明 $<\mathcal{F},\circ>$ 是群，其中的 $\circ$ 为函数复合运算。

6-33　设半群 $<G,*>$ 中存在左幺元 e，且对 $\forall x\in G$，有 $\tilde{x}\in G$，使得 $\tilde{x}*x=e$。证明：

(a) 对 $\forall a,b,c\in G$，若 $a*b=a*c$，则 $b=c$。

(b) e 是幺元，且 $<G,*>$ 是群。

6-34　设 $<G,*>$ 是有限半群，且运算 $*$ 满足消去律，证明 $<G,*>$ 是群。

6-35　设 $<G,*>$ 是偶数阶群，证明 G 中存在元素 $a\neq e$，但 $a^2=e$，这里的 e 为幺元。

6-36　设 $<G,*>$ 是独异点，且对 $\forall a\in G$，有 $a^2=e$。证明 $<G,*>$ 是阿贝尔群。

6-37　证明任何不超过 4 阶的群都是阿贝尔群。

6-38　设 $<G,*>$ 是有限群，则对 $\forall a\in G$，有 $|a|\leqslant|G|$。

6-39　设 a 是群 $<G,*>$ 的元素且 $|a|>2$，则 $a\neq a^{-1}$。

6-40　设 $<G,*>$ 是群，对 $\forall a,b\in G$，证明：

(a) $|a^{-1}|=|a|$　　　　　　　　　　(b) $|a*b|=|b*a|$

6-41　验证定理 6-8。

6-42　令 $A=\{x\,|\,x=an,n\in\mathbf{Z}\}$，$B=\{x\,|\,x=an+1,n\in\mathbf{Z}\}$，常量 $a\in\mathbf{Z}$。证明或否定：$<A,+>$ 和

$<B,+>$ 是 $<\mathbf{Z},+>$ 的子群。

　　6-43　设 $<G,*>$ 是群，对 $\forall a \in G$，定义 $H = \{y \mid a*y = y*a, y \in G\}$，证明 $<H,*>$ 是 $<G,*>$ 的子群。

　　6-44　设 $<H,*>$ 是 $<G,*>$ 的子群，定义集合 S 为

$$S = \{x \mid x \in G \wedge x*H*x^{-1} = H\}$$

其中，$x*H*x^{-1} = \{x*h*x^{-1} \mid h \in H\}$。证明 $<S,*>$ 是 $<G,*>$ 的子群。

　　6-45　若 $<G,*>$ 是群，定义 G 上的二元关系 R 为

$$R = \{<x,y> \mid \exists u(u \in G \wedge y = u*x*u^{-1})\}$$

证明 R 是 G 上的等价关系。

6.6　循环群与置换群

6.6.1　循环群

　　[定义 6-21] 设 $<G,*>$ 是群，若 $\exists a \in G$ 使得 $G = \{a^k \mid k \in \mathbf{Z}\}$，则称 G 为循环群（cyclic group），简记为 $G =<a>$。元素 a 称为 G 的生成元（generator），称 G 是由 a 生成的群。

　　例如，例 6-24 的群 $<A = \{0^\circ, 60^\circ, 120^\circ, 180^\circ, 240^\circ, 300^\circ\}, \odot>$ 是一个有限循环群，其中，60° 是其生成元，0° 为幺元。任何元素都可以表示为 60° 的幂。例如，

$$180^\circ = (60^\circ)^3, \quad 0^\circ = (60^\circ)^6 = (60^\circ)^{|A|}$$

　　容易验证，300° 也是该群的生成元。

　　例 6-30　证明 $<\mathbf{Z},+>$ 是无限循环群。

　　证明　因为 0 是幺元，1 是其生成元，1 的加法逆元 $1^{-1} = -1$。具体说，由指数定义，有 $1^0 = 0$。对任意的正整数 m，有

$$m = 1^m = \overbrace{1+1+\cdots+1}^{m\uparrow}$$

对于任意的负整数 $-m$，有

$$-m = 1^{-m} = (-1)^m = \overbrace{(-1)+(-1)+\cdots+(-1)}^{m\uparrow}$$

可见，所有整数都是由 1 生成的。　　　　　　　　　　　　　　　　　　　　　　■

　　类似地，可以说明 -1 也是 $<\mathbf{Z},+>$ 的生成元。

　　例 6-31　记 $\mathbf{N}_k = \{0,1,2,\cdots,k-1\}$，证明 $<\mathbf{N}_k,+_k>$ 为 k 阶循环群，其中的 $+_k$ 为模 k 加法。

　　证明　0 显然是幺元。因为 $1^0 = 0$，且对 $\forall m \in \mathbf{N}_k$，有

$$m = 1^m = \overbrace{1+_k 1+_k\cdots+_k 1}^{m\uparrow}$$

故 $<\mathbf{N}_k,+_k>$ 为由 1 生成的 k 阶循环群。　　　　　　　　　　　　　　　　■

　　[定理 6-11] 设 $<G,*>$ 是由元素 a 生成的有限循环群。若 $|G|=n$，则必有 $a^n = e$，即 a 的阶 $|a|=n$，且 $G = \{a,a^2,a^3,\cdots,a^{n-1},a^n = e\}$。

　　证明　若有 $m<n$，使 $a^m = e$，则 $|G|<n$。这是因为，对 $\forall a^k \in G$，记 $k = qm+r$，$0 \leqslant r < m$，有

$$a^k = a^{qm+r} = a^{qm} * a^r = (a^m)^q * a^r = a^r$$

说明 G 至多有 m 个元素，与 $|G| = n$ 矛盾。

此外，$a, a^2, a^3, \cdots, a^{n-1}, a^n$ 互不相同。否则，若有 $0 \le i < j \le n$，使

$$a^i = a^j$$

于是，有 $a^{j-i} = e$。但因 $j-i < n$，这已证明是不可能的。因此，必有 $G = \{a, a^2, a^3, \cdots,$
$a^{n-1}, a^n = e\}$。　■

循环群

[定理 6-12] 循环群一定是阿贝尔群。

证明　设 a 为循环群 G 的生成元。对 $\forall a^m, a^n \in G$，有

$$a^m * a^n = a^{m+n} = a^{n+m} = a^n * a^m$$

故 G 是阿贝尔群。　■

应注意循环群的生成元可能不是唯一的。例如，表 6-10 显示
了一个群 $<G, *>$ 的运算表，其中的 e 为幺元。因为

$$b^2 = a, \quad b^3 = c, \quad b^4 = e$$

$$c^2 = a, \quad c^3 = b, \quad c^4 = e$$

可见，b 和 c 都是 G 的生成元。

表 6-10

*	e	a	b	c
e	e	a	b	c
a	a	e	c	b
b	b	c	a	e
c	c	b	e	a

6.6.2　置换群

1. n 元置换与置换群

[定义 6-22] 设 $S = \{1, 2, \cdots, n\}$，任意的双射 $\sigma: S \to S$ 构成 S 上 n 个元素的置换，称为 n 元（阶）
置换（permutation），记作

$$\sigma = \begin{pmatrix} 1 & 2 & \cdots & n \\ \sigma(1) & \sigma(2) & \cdots & \sigma(n) \end{pmatrix}$$

例如，设 $S = \{1, 2\}$，则 S 上有两个 2 元置换：

$$\sigma_1 = \begin{pmatrix} 1 & 2 \\ 1 & 2 \end{pmatrix}, \quad \sigma_2 = \begin{pmatrix} 1 & 2 \\ 2 & 1 \end{pmatrix}$$

由于 n 个元素有 $n!$ 种排列，故 $S = \{1, 2, \cdots, n\}$ 上有 $n!$ 个 n 元置换，所有这些置换组成集合 S_n：

$$S_n = \{ \sigma \mid \sigma \text{ 为 } S \text{ 上的 } n \text{ 元置换} \}$$

[定义 6-23] 设 σ 和 τ 是 $S = \{1, 2, \cdots, n\}$ 的 n 元置换，σ 与 τ 的复合 $\sigma \circ \tau$ 表示先对 S 的元素进
行 τ 置换再进行 σ 置换，则 $\sigma \circ \tau$ 也是 S 上的 n 元置换，称为 σ 与 τ 的乘积，简记为 $\sigma\tau$。

[理解] 一个 n 元置换是一个由 S 到 S 的双射，σ 与 τ 的复合 $\sigma \circ \tau$ 就是函数的（左）复合。

例 6-32　$S = \{1, 2, 3, 4, 5\}$，有 S 的两个 5 元置换 σ 和 τ，求其乘积。

$$\sigma = \begin{pmatrix} 1 & 2 & 3 & 4 & 5 \\ 5 & 3 & 2 & 1 & 4 \end{pmatrix}, \quad \tau = \begin{pmatrix} 1 & 2 & 3 & 4 & 5 \\ 4 & 3 & 1 & 2 & 5 \end{pmatrix}$$

解

$$\sigma\tau = \begin{pmatrix} 1 & 2 & 3 & 4 & 5 \\ 1 & 2 & 5 & 3 & 4 \end{pmatrix}, \quad \tau\sigma = \begin{pmatrix} 1 & 2 & 3 & 4 & 5 \\ 5 & 1 & 3 & 4 & 2 \end{pmatrix}$$
　■

对于 S 上的置换 σ 和 τ，因为 $\sigma\tau$ 表示函数 σ 与 τ 的复合，为 S 到 S 的函数。对 $\forall x \in S$，有

$$\sigma\tau(x) = \sigma(\tau(x))$$

对部分元素执行 $\sigma\tau$ 置换的过程如下

$$1 \overset{\tau}{\to} 4 \overset{\sigma}{\to} 1，即 1 \overset{\sigma\tau}{\to} 1$$

$$2 \overset{\tau}{\to} 3 \overset{\sigma}{\to} 2，即 2 \overset{\sigma\tau}{\to} 2$$

$$3 \overset{\tau}{\to} 1 \overset{\sigma}{\to} 5，即 3 \overset{\sigma\tau}{\to} 5$$

由于 σ 和 τ 是双射，故 $\sigma\tau: S \to S$ 仍为 S 上的双射。将置换的复合表示为乘积仅是一种更为简洁的表示方法，运算仍为复合运算，也称为置换乘法。

[定理 6-13] $<S_n, \circ>$ 构成群。称为集合 S 的 n 元（次）对称群（symmetric group）。

证明　S_n 关于置换乘法 $\circ$ 是封闭的。函数复合运算满足结合律，恒等置换 σ_e（即恒等函数 I_S）是 S_n 的幺元（称为幺置换）。对于任何 n 元置换 σ，逆函数是其逆元（称为逆置换）。　■

[定义 6-24] $<S_n, \circ>$ 的任意子群称为集合 S 上的一个 n 元（次）置换群（permutation group）。

[辨析] 显然，$<S_n, \circ>$ 也是集合 S 的置换群，只是它还有个特殊的名字叫对称群。

例 6-33　设 $S = \{1,2,3\}$，写出 S 的对称群和 S 上的置换群。

解　S 的对称群为 $<S_3, \circ>$，其中，$S_3 = \{\sigma_e, \sigma_1, \sigma_2, \sigma_3, \sigma_4, \sigma_5\}$，有

$$\sigma_e = \begin{pmatrix} 1 & 2 & 3 \\ 1 & 2 & 3 \end{pmatrix}, \quad \sigma_1 = \begin{pmatrix} 1 & 2 & 3 \\ 2 & 1 & 3 \end{pmatrix}, \quad \sigma_2 = \begin{pmatrix} 1 & 2 & 3 \\ 3 & 2 & 1 \end{pmatrix}$$

$$\sigma_3 = \begin{pmatrix} 1 & 2 & 3 \\ 1 & 3 & 2 \end{pmatrix}, \quad \sigma_4 = \begin{pmatrix} 1 & 2 & 3 \\ 2 & 3 & 1 \end{pmatrix}, \quad \sigma_5 = \begin{pmatrix} 1 & 2 & 3 \\ 3 & 1 & 2 \end{pmatrix}$$

S_n 上的置换乘法如表 6-11 所示。

表 6-11

$\circ$	σ_e	σ_1	σ_2	σ_3	σ_4	σ_5
σ_e	σ_e	σ_1	σ_2	σ_3	σ_4	σ_5
σ_1	σ_1	σ_e	σ_5	σ_4	σ_3	σ_2
σ_2	σ_2	σ_4	σ_e	σ_5	σ_1	σ_3
σ_3	σ_3	σ_5	σ_4	σ_e	σ_2	σ_1
σ_4	σ_4	σ_2	σ_3	σ_1	σ_5	σ_e
σ_5	σ_5	σ_3	σ_1	σ_2	σ_e	σ_4

因为 $<\{\sigma_e, \sigma_1\}, \circ>$、$<\{\sigma_e, \sigma_2\}, \circ>$、$<\{\sigma_e, \sigma_3\}, \circ>$ 和 $<\{\sigma_e, \sigma_4, \sigma_5\}, \circ>$ 都是 $<S_3, \circ>$ 的子群，故它们都是 S 上的置换群。当然，$<\{\sigma_e\}, \circ>$ 和 $<S_3, \circ>$ 也是 S 上的置换群。　■

2. 置换的轮换表示

n 元置换可以采用轮换的积来简化表示。

[定义 6-25] 设 σ 是 $S = \{1,2,\cdots,n\}$ 的 n 元置换，若

$$\sigma(i_1) = i_2, \sigma(i_2) = i_3, \cdots, \sigma(i_{k-1}) = i_k, \sigma(i_k) = i_1$$

且保持 S 中的其他元素不变，则称 σ 是 S 上的 k 阶轮换，记作 $(i_1, i_2, \cdots, i_k)$。特别地，如 $k=2$，称 σ 是 S 上的对换。

例如，例 6-33 中 S_3 的各置换可以用轮换表示为

$$\sigma_e=(1),\quad \sigma_1=(1,2),\quad \sigma_2=(1,3),\quad \sigma_3=(2,3),\quad \sigma_4=(1,2,3),\quad \sigma_5=(1,3,2)$$

其中，σ_1、σ_2 和 σ_3 都是对换。

又如，以下是一个 6 元置换，它被表示成一个对换和 3 阶轮换的积：

$$\sigma=\begin{pmatrix}1&2&3&4&5&6\\2&1&3&6&4&5\end{pmatrix}=(1,2)(4,6,5)$$

[辨析] 轮换是在几个元素之间完成一个"小循环"；将 a 变成 b 并将 b 变成 a 的 2 阶轮换是直接将 a 和 b 对换；阶数为 1 的轮换是自身到自身的变换，在乘积中一般不写，即置换(1)(3)(2,4)与(1)(2,4)、(3)(2,4)和(2,4)是等同的。

可以说明，任何 n 元置换均可以分解为不相交的轮换的积。

置换群在具有对称结构的离散系统中具有重要的应用。

[拓展] 置换群是最早被研究的群，在解决对称问题及计数等方面有直接应用。置换群的重要性还体现在，任何一个有限群都与某个置换群同构，可以理解为一个有限群总可以用一个置换群表示出来[34-37]。

思考与练习 6.6

6-46　"循环群有唯一的生成元。"是正确的说法吗？

6-47　证明循环群的子群也是循环群。

6-48　设 $G=<a>$ 是循环群，证明：

(a) 若 G 是无限群，则 G 的生成元是 a 和 a^{-1}。

(b) 若 $|G|=n$，对任意的正整数 r，若 r 与 n 互质（最大公约数为 1，记为 $(n,r)=1$），则 a^r 是 G 的生成元。

6-49　找出 $<\mathbf{N}_6,+_6>$、$<\mathbf{N}_7,+_7>$ 和 $<\mathbf{N}_{12},+_{12}>$ 的所有生成元。

6-50　设 $G=<a>$ 是循环群，$\mathbf{Z}$ 和 $\mathbf{Z}_n$ 分别为整数加法群和同余类加法群。证明：

(a) 如果 $|a|=+\infty$，则 $G\cong\mathbf{Z}$。

(b) 如果 $|a|=n$，则 $G\cong\mathbf{Z}_n$。

6-51　将 $S=\{1,2,3,4\}$ 上的下列置换写成不相交轮换的积。

$$\begin{pmatrix}1&2&3&4\\1&2&3&4\end{pmatrix},\begin{pmatrix}1&2&3&4\\2&1&3&4\end{pmatrix},\begin{pmatrix}1&2&3&4\\3&1&2&4\end{pmatrix},\begin{pmatrix}1&2&3&4\\2&1&4&3\end{pmatrix},\begin{pmatrix}1&2&3&4\\3&1&4&2\end{pmatrix},\begin{pmatrix}1&2&3&4\\4&3&2&1\end{pmatrix}$$

6-52　验证 $S=\{1,2,3\}$ 上的置换集合 $\{(1),(1,2,3)\}$ 和 $\{(1),(1,2),(3),(1,2,3),(1,3,2)\}$ 关于置换的复合运算不能构成群。

6-53　证明每个有限群都与一个置换群同构。

6-54　将一个 2×2 棋盘的每个格子涂成黑色，棋盘的旋转和翻转均是对原始排列的置换，且保持棋盘状态不变。写出所有的置换，并验证所有置换组成的集合 G 关于置换的复合运算构成群。

6-55　*编制程序，生成集合 $S=\{1,2,\cdots,n\}$ 的所有置换。

6.7　群的陪集分解

可以利用子群产生陪集，进而对群进行分解，实现对集合的划分。

6.7.1　陪集

先观察一下同余类的例子。

若[i]表示整数集 **Z** 上的模 3 同余关系产生的同余类，则 **Z** 共有 3 个不同的同余类[0]、[1]和[2]。对于群<**Z**,+>，易知<[0],+>是<**Z**,+>的子群，0 是幺元。对 $\forall i \in \mathbf{Z}$，如果引入记号：

$$i[0] = \{i + m | m \in [0]\}$$

将 i 加到同余类[0]的所有元素。那么，**Z** 上的所有同余类可表示为

$$0[0] = [0]，\quad 1[0] = [1]，\quad 2[0] = [2]$$

一般有

$$i[0] = [i \bmod 3]$$

这说明，所有 $i[0]$ 中只有 3 个不同的子集，且其中之一为[0]本身。它们构成了原集合 **Z** 的一个划分。

以下将其推广到一般情形。

[定义 6-26] 设<$H, *$>是群<$G, *$>的子群，对 $\forall a \in G$，定义

$$aH = \{a * h | h \in H\}$$

称 aH 为由 a 确定的 H 在 G 中的左陪集（left coset）。元素 a 称为陪集 aH 的代表元素。

[理解] aH 是由 a 与 H 的所有元素"相乘"构成的集合，也可类似地定义右陪集 Ha，且满足 $aH = Ha$ 的子群 H 被称为正规子群。

显然，前文中的 $i[0]$ 就是由 i 确定的子群<[0],+>在 **Z** 中的左陪集。

例 6-34　求 Klien 四元群 $K = \{e, a, b, c\}$ 的子群 $H = \{e, a\}$ 的左陪集。

解

$$eH = aH = H = \{e, a\}，\quad bH = cH = \{b, c\} \qquad ■$$

可见，H 在 K 中只有 2 个不同的左陪集，且它们构成集合 K 的划分。

例 6-35　设 $G = \mathbf{R} \times \mathbf{R}$，即 G 是由平面上所有点组成的集合。G 上的+运算定义为

$$< x_1, y_1 > + < x_2, y_2 > = < x_1 + x_2, y_1 + y_2 >$$

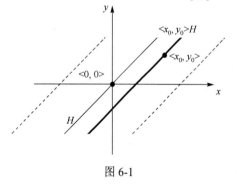

图 6-1

显然，<G,+>是一个具有幺元<0,0>的阿贝尔群。

设 $H = \{< x, y > | y = x\}$，说明子群<H,+>的左陪集。

解　观察图 6-1 可知，H 是过坐标原点的一条直线，任何一个左陪集<x_0, y_0>H 就是对 H 的一次平移，是过<x_0, y_0>点的直线。　　　　　　　■

显然，平面被所有直线划分开，即所有陪集构成平面的一个划分。

事实上，H 可以是过原点的具有任意斜率 k 的一条直线 $y = kx$。

[辨析] H 本身也是一个左陪集，即 eH。因为 $e \in H$，对 $\forall a \in G$，有 $a = a * e \in aH$，这说明 G 的元素 a 总属于 a 产生的左陪集。

从陪集的定义和示例容易得出如下结论。

[定理 6-14] 设<$H, *$>是群<$G, *$>的一个子群，则

(1) 对 $\forall a \in G$，有 $aH \neq \varnothing$。

(2) 任意两个陪集,要么完全重合,要么不相交,即对 $\forall a, b \in G$，若 $aH \neq bH$，则 $aH \bigcap bH = \varnothing$。

(3) $\bigcup_{a\in G} aH = G$ 。

证明

(1) 因为 H 是群，幺元 $e \in H$ ，有 $a = a*e \in aH$ ，即 $aH \neq \varnothing$ 。

(2) $\vdash$ 若 $aH \bigcap bH \neq \varnothing$ ，必有 $aH = bH$ 。

因为 $aH \bigcap bH \neq \varnothing$ ，故 $\exists c \in aH \bigcap bH$ 。于是，$\exists h_1, h_2 \in H$ ，使 $c = a*h_1 = b*h_2$ ，这说明 a 与 b 可相互表示，即 $a = b*h_2*h_1^{-1}$ ，且 $b = a*h_1*h_2^{-1}$ 。

对 $\forall x \in aH$ ，$\exists h \in H$ ，使

$$x = a*h = (b*h_2*h_1^{-1})*h = b*(h_2*h_1^{-1}*h) \in bH$$

有 $aH \subseteq bH$ 。同理，$bH \subseteq aH$ 。故 $aH = bH$ 。

(3) $\bigcup_{a\in G} aH \subseteq G$ 是自然的。同时，对 $\forall x \in G$ ，有 $x \in xH$ ，即 $x \in \bigcup_{a\in G} aH$ ，故 $G \subseteq \bigcup_{a\in G} aH$ 。等式成立。　　　　　　　　　　　　　　　　　　　　　　　　　　　　　　■

上述定理说明，由子群 H 的所有左陪集构成群 G 的划分。

实际上，a、b 属于同一个左陪集还可以等价地描述成 $a^{-1}*b \in H$ 。

例 6-36　设 $<H,*>$ 是群 $<G,*>$ 的子群，对 $\forall a,b \in G$ ，$a^{-1}*b \in H$ 当且仅当 $aH = bH$ 。

证明　$a^{-1}*b \in H \vdash aH = bH$ 。因为 $a^{-1}*b \in H$ ，有 $h \in H$ ，使

$$a^{-1}*b = h$$

于是，$b = a*h \in aH$ 。又因为 $b \in bH$ ，即 $b \in aH \bigcap bH$ ，说明 aH 与 bH 相交，由定理 6-14 得 $aH = bH$ 。

$aH = bH \vdash a^{-1}*b \in H$ 。因为 $aH = bH$ ，故 $\exists h \in H$ ，使

$$a = a*e = b*h$$

于是，$a^{-1}*b = h^{-1}*b^{-1}*b = h^{-1} \in H$ 。　　　　　　　　　　　　　　　　　　■

6.7.2　拉格朗日定理

在群 G 中，因为逆元或者说消去律的存在，$h_1 = h_2$ 与 $a*h_1 = a*h_2$ 是等价的说法，而这意味着子群与其左陪集具有相同的集合基数。

[定理 6-15]　若 $<H,*>$ 是群 $<G,*>$ 的子群，则

(1) 对 $\forall a \in G$ ，有 $|aH| = |H|$ 。

(2) 若 G 是有限群，且 $|G| = n$ ，$|H| = m$ ，则 $m|n$ ，即 m 整除 n 。

此定理称为"拉格朗日（Lagrange）定理"。

证明

(1) $\forall a \in G$ ，构造映射 $f: H \to aH$ ，对 $\forall h \in H$ ，有

$$f(h) = a*h$$

那么，对 $\forall h_1, h_2 \in H$ ，若 $f(h_1) = f(h_2)$ ，即 $a*h_1 = a*h_2$ ，必有 $h_1 = h_2$ ，这说明 f 是单射。

对 $\forall y \in aH$ ，有 $h \in H$ ，使 $y = a*h = f(h)$ ，说明 f 是满射。故 f 是双射，结论成立。

(2) 由(1)和定理 6-14，G 可被划分为有限个子集（陪集），各子集的元素个数都是 $|H|$，故 $|H|$ 必能整除 $|G|$ 。　　　　　　　　　　　　　　　　　　　　　　　　　　　　　■

由拉格朗日定理可以得到如下推论。

[定理 6-16] 任何质数阶群不存在非平凡子群。

证明　因为子群的阶必须是原群阶数的因子，而质数除了 1 和自身没有其他因子。　　　■

[定理 6-17] 设<$G,*$>是 n 阶有限群，对 $\forall a \in G$，若 $|a|=r$，则有 $r \mid n$，且 $a^n = e$。特别地，质数阶群<$G,*$>必定是循环群，且非幺元的任何一个元素都是生成元。

证明 记 $H = \{a, a^2, a^3, \cdots, a^{r-1}, a^r = e\}$，<$H,*$>显然是<$G,*$>的循环子群。由拉格朗日定理，有 $r \mid n$。于是，有整数 m 使得 $n = mr$，故

$$a^n = a^{mr} = (a^r)^m = e$$

若 n 为质数，<$G,*$>只能有平凡子群，即 $r = 1$ 或 $r = n$。故<$G,*$>必是循环群且 $G = <a>$。■

[辨析] $r=1$ 意味着只能是由一个元素（幺元）组成的群，自然是循环群。

[拓展] 拉格朗日定理有不同的表述形式，也提供了利用群进行集合元素分类的一种特殊方法，将这些内容联系在一起学习有助于对问题的理解[38]。

思考与练习 6.7

6-56　设 $\mathbf{Z}_6 = \{[0],[1],[2],[3],[4],[5]\}$，运算 $\oplus_6$ 为 $\mathbf{Z}_6$ 上的模 6 同余类加法，写出群<$\mathbf{Z}_6, \oplus_6$>的幺元、各元素的逆元和各子群及其左陪集。

6-57　设 $G = \{f \mid f: \mathbf{R} \to \mathbf{R}, f(x) = ax + b,\text{且} a,b \in \mathbf{R}, a \neq 0\}$，$\circ$为函数复合运算。

　　(a) 证明<$G, \circ$>是群。

　　(b) 设 $S = \{f \mid f \in G \text{且} a = 1\}$，$T = \{f \mid f \in G \text{且} b = 0\}$，证明<$S, \circ$>和<$T, \circ$>都是<$G, \circ$>的子群。

　　(c) 找出 S 和 T 在 G 中的所有左陪集。

6-58　证明任何 5 阶群都是阿贝尔群。

6-59　证明任何一个 4 阶群只可能是循环群或 Klein 群。

6-60　证明群<$G,*$>的任一子群<$H,*$>所确定的左陪集中，只有一个是子群。

6-61　*编制程序，根据运算表生成子群的所有左陪集。

6.8　环 和 域

常用的代数系统包含两个甚至更多个运算。典型地，考虑实数集 $\mathbf{R}$ 上的加法+和乘法×，它们构成了一个最基本的代数系统<$\mathbf{R}, +, \times$>。很多代数系统<$A, +, \cdot$>都具有类似的结构，只是运算的对象以及运算本身都更为一般，但表现出来的性质与<$\mathbf{R}, +, \times$>类似，所以习惯上仍称这样的系统<$A, +, \cdot$>中的两个运算为加法和乘法。

6.8.1　环与整环

[定义 6-27] 设<$A, +, \cdot$>是一个代数系统，+和·是二元运算。若

(1) <$A, +$>是阿贝尔群；

(2) <$A, \cdot$>是半群；

(3) 运算·对运算+是可分配的。则称<$A, +, \cdot$>是一个**环**（ring）。

为理解和叙述方便，一般将环中的加法幺元记作 0 或 θ，乘法幺元记作 1（如果存在）。对任意的元素 x，其加法逆元称为"负元"，记作 $-x$，且将 $x + (-y)$ 写作 $x - y$。

例如，整数集、有理数集、实数集和复数集关于普通的加法和乘法构成环，一般称为整数环 $\mathbf{Z}$、有理数环 $\mathbf{Q}$、实数环 $\mathbf{R}$ 和复数环 $\mathbf{C}$。

若 $n \geqslant 2$，n 阶实系数多项式的加法和乘法构成多项式环，n 阶实矩阵的加法和乘法构成矩阵环，$\mathbf{N}_n = \{0,1,2,\cdots,n-1\}$ 上的模 n 加法 $+_n$ 和乘法 $\times_n$ 构成模 n 整数环。

环具有如下性质。

[定理 6-18] 设 $<A,+,\cdot>$ 是一个环，则对 $\forall a,b,c \in A$，有

(1)　$a \cdot 0 = 0 \cdot a = 0$　　　　　　　　(2)　$a \cdot (-b) = (-a) \cdot b = -(a \cdot b)$

(3)　$(-a) \cdot (-b) = a \cdot b$　　　　　　　(4)　$a \cdot (b-c) = a \cdot b - a \cdot c$

(5)　$(b-c) \cdot a = b \cdot a - c \cdot a$

证明

(1)　$a \cdot 0 + 0 = a \cdot 0 = a \cdot (0+0) = a \cdot 0 + a \cdot 0$，因 $<A,+>$ 是群，消去 $a \cdot 0$，得 $a \cdot 0 = 0$。

(2)　$a \cdot b + a \cdot (-b) = a \cdot (b-b) = a \cdot 0 = 0$，故 $a \cdot (-b)$ 为 $a \cdot b$ 的负元 $-(a \cdot b)$。同理，$(-a) \cdot b$ 也是 $a \cdot b$ 的负元。

(3)　因 $a \cdot (-b) = -(a \cdot b)$，知 $a \cdot b = -(a \cdot (-b))$。又因为 $(-a) \cdot b = -(a \cdot b)$，有 $(-a) \cdot (-b) = -(a \cdot (-b))$。故 $a \cdot b = (-a) \cdot (-b)$。

(4)　$a \cdot (b-c) = a \cdot (b+(-c)) = a \cdot b + a \cdot (-c) = a \cdot b - a \cdot c$。

(5)　与 (4) 类似。　　　　　　　　　　　　　　　　　　　　　　　　　　　　■

[辨析] 环中的加法幺元 0 恰好是乘法零元。环中的算律除了乘法不能使用交换律，其他均与实数加法和乘法算律相同。

例 6-37　在环中计算 $(a+b)^2$ 和 $(a-b)^2$。

解
$$(a+b)^2 = (a+b) \cdot (a+b) = a^2 + a \cdot b + b \cdot a + b^2$$
$$(a-b)^2 = (a-b) \cdot (a-b) = a^2 - a \cdot b - b \cdot a + b^2$$
　　　　　　　　　　　　　　　　　　　　　　　　　　　　　　　　　　　　■

[定义 6-28] 在环 $<A,+,\cdot>$ 中，若 $a \neq 0$，$b \neq 0$，但 $a \cdot b = 0$，则称 a 和 b 为零因子。

例 6-38　在 2 阶矩阵环中，$\begin{bmatrix} 0 & 0 \\ 0 & 0 \end{bmatrix}$ 为加法幺元。虽然 $\begin{bmatrix} 1 & 0 \\ 0 & 0 \end{bmatrix}$ 和 $\begin{bmatrix} 0 & 0 \\ 0 & 1 \end{bmatrix}$ 都非加法幺元，但

$$\begin{bmatrix} 1 & 0 \\ 0 & 0 \end{bmatrix} \times \begin{bmatrix} 0 & 0 \\ 0 & 1 \end{bmatrix} = \begin{bmatrix} 0 & 0 \\ 0 & 0 \end{bmatrix}$$

故它们都是零因子。　　　　　　　　　　　　　　　　　　　　　　　　　　■

由定义，环 $<A,+,\cdot>$ 无零因子是指，对 $\forall a,b \in A$，若 $a \cdot b = 0$，则有 $a = 0$ 或 $b = 0$。

[定义 6-29] 设 $<A,+,\cdot>$ 是环。如果乘法运算 $\cdot$ 是可交换的，则称其为交换环。如果乘法运算 $\cdot$ 含有幺元，则称为含幺环。如果乘法运算无零因子，则称为无零因子环。无零因子的含幺交换环称为整环（domain）。

例 6-39　$<\mathbf{R},+,\times>$、$<\mathscr{P}(S),\cup,\cap>$ 和 $<\mathscr{P}(S),\oplus,\cap>$ 是否为整环？

解　容易验证他们都是含幺交换环。

因为 $\varnothing$ 为加法 $\cup$ 和 $\oplus$ 的幺元，$A = \{a\} \neq \varnothing$ 和 $B = \{b\} \neq \varnothing$，但 $A \cap B = \varnothing$，即它们都是零因子，说明代数系统 $<\mathscr{P}(S),\cup,\cap>$ 和 $<\mathscr{P}(S),\oplus,\cap>$ 都含有零因子，不是整环。

对任意的实数 a 和 b，若 $a \times b = 0$，必有 $a = 0$ 或 $b = 0$，故 $<\mathbf{R},+,\times>$ 是整环。　　■

例 6-40　说明 $<\mathbf{N}_m = \{0,1,2,\cdots,m-1\},+_m,\times_m>$ 为何种环。

解　因为 1 是乘法 $\times_m$ 的幺元，且 $\times_m$ 满足交换律，故 $<\mathbf{N}_m,+_m,\times_m>$ 为含幺交换环。

若 m 为质数，则不存在 a 和 b，使 $a \cdot b = m$。因此，对 $\forall a \neq 0$ 和 $b \neq 0$，必有
$$a \times_m b = (a \cdot b) \bmod m \neq 0$$

这说明乘法无零因子，故 $<\mathbf{N}_m,+_m,\times_m>$ 为整环。■

由于 $<\mathbf{Z}_m,\oplus_m,\otimes_m>$ 与 $<\mathbf{N}_m,+_m,\times_m>$ 具有相同的性质，自然也构成环，称为模 m 同余类环或模 m 剩余类环。特别地，当 m 为质数时，$<\mathbf{Z}_m,\oplus_m,\otimes_m>$ 为整环。

可以证明，整环中无零因子等价于存在乘法消去律。

整环与域已经非常接近，但还不能保证每个元素都有乘法逆元。

6.8.2 域

[定义 6-30] 设 $<A,+,\cdot>$ 是一个代数系统。若

(1) $<A,+>$ 是阿贝尔群；

(2) $<A-\{0\},\cdot>$ 是阿贝尔群；

(3) 运算 $\cdot$ 对运算 $+$ 是可分配的。则称 $<A,+,\cdot>$ 是一个**域**（field）。

例如，$<\mathbf{Q},+,\cdot>$、$<\mathbf{R},+,\cdot>$ 和 $<\mathbf{C},+,\cdot>$ 都是域。不过，$<\mathbf{Z},+,\cdot>$ 是整环，但不是域，因为一般的整数 x 没有乘法逆元，即 $1/x \notin \mathbf{Z}$，故 $<\mathbf{Z}-\{0\},\cdot>$ 不是阿贝尔群。

显然，域一定是整环，因为（乘法）群中存在消去律，即无零因子，但整环不一定是域。

[定理 6-19] 有限整环一定是域。

证明 设 $<A,+,\cdot>$ 是一个有限整环。对 $\forall x \in A$ 且 $x \neq 0$，由运算的封闭性，有陪集 $xA \subseteq A$。因为消去律存在，对 $\forall a,b \in A$ 且 $a \neq b$，必有

$$x \cdot a \neq x \cdot b$$

说明 xA 的元素各不相同，从而有 $|xA|=|A|$，故 $xA=A$。

又因为 $1 \in A$，即 $1 \in xA$，故必有 $y \in A$，使得 $x \cdot y=1$，这说明 y 是 x 的逆元。因此，$<A-\{0\},\cdot>$ 是阿贝尔群，即 $<A,+,\cdot>$ 为域。■

由例 6-40 知，当 m 为质数时，$<\mathbf{Z}_m,\oplus_m,\otimes_m>$ 为整环，故一定是（有限）域。有限域一般称为伽罗瓦域。

生活中常见的域主要是"数域"，如实数域、有理数域和复数域等，都是无限域，但在计算机科学中，有限域具有特殊的作用。

例 6-41 设 S 为下列集合，$+$ 和 $\cdot$ 是普通加法和乘法，判断代数系统 $<S,+,\cdot>$ 是否为域。

(1) $S=\{4n \mid n \in \mathbf{Z}\}$　　　　(2) $S=\{a+b\sqrt{3} \mid a,b \in \mathbf{Z}\}$

(3) $S=\{a+b\sqrt{5} \mid a,b \in \mathbf{Q}\}$　　(4) $S=\{a+b\sqrt[3]{5} \mid a,b \in \mathbf{Q}\}$

解 (1) 不是整环，自然不是域。因为 $1 \notin S$，没有乘法幺元。

(2) 不是域，仅是整环，如 $\sqrt{3}$ 没有逆元，因为 $\sqrt{3} \times (\sqrt{3}/3)=1$，但 $\sqrt{3}/3 \notin S$。

(3) 是域。$a+b\sqrt{5}$ 的逆元为 $(a/(a^2-5b))-(b/(a^2-5b))\sqrt{5}=a'+b'\sqrt{5}$。

(4) 不是域，仅是整环，如 $\sqrt[3]{5}$ 没有逆元。■

[拓展] 我们知道常见域如实数域和复数域的作用。例如，实系数代数方程在实数域内不一定可解，但实或复系数代数方程在复数域内均可解，从而不再需要更大的数域。含有有限个元素的伽洛瓦域（有限域）在解方程、组合设计、纠错码、密码和信息安全等方面发挥着非常重要的作用[39-41]。

思考与练习 6.8

习题导引

6-62 定义 $\mathbf{Z}$ 上的运算 ⊞ 和 ⊡：对 $\forall a,b \in \mathbf{Z}$，有

$$a \boxplus b = a+b-1, \quad a \boxdot b = a+b-a \cdot b$$

证明 $< \mathbf{Z}, \boxplus, \boxdot >$ 是含幺交换环。

6-63　设 $< A,+,\cdot >$ 为环，且对 $\forall a \in A$，有 $a \cdot a = a$，证明：

(a) 对 $\forall a \in A$，有 $a+a=0$。　　　　(b) A 是交换环。

6-64　分析并说明，环 $< \mathbf{N}_m, +_m, \times_m >$ 在 $m=4$ 时有零因子吗？m 是何值时一定存在零因子？

6-65　证明表 6-12 和表 6-13 定义的运算确定了一个整环 $< \{0,1\}, \boxplus, \boxdot >$。

表 6-12

$\boxplus$	0	1
0	0	1
1	1	0

表 6-13

$\boxdot$	0	1
0	0	0
1	0	1

6-66　设 $< S,+,\cdot >$ 为代数系统，其中的运算 + 和 · 为普通加法和乘法，S 为下述集合：

(a) $S = \{x \mid x \geqslant 0, x \in \mathbf{Z}\}$　　　　(b) $S = \{2 \cdot n \mid n \in \mathbf{Z}\}$

(c) $S = \{2 \cdot n+1 \mid n \in \mathbf{Z}\}$　　　(d) $S = \{a/b \mid a,b \in \mathbf{Z}^+, a \neq k \cdot b, k \in \mathbf{Z}\}$

(e) $S = \{a+b\sqrt{3} \mid a,b \in \mathbf{Q}\}$　　(f) $S = \{a+b\sqrt[4]{3} \mid a,b \in \mathbf{Q}\}$

说明 $< S,+,\cdot >$ 是否为整环？是否为域？

6-67　证明，整环 $< A,+,\cdot >$ 中无零因子等价于存在乘法消去律。

6-68　设 $< A,+,\cdot >$ 为域。若 $S \subseteq A$，$T \subseteq A$，且 $< S,+,\cdot >$ 和 $< T,+,\cdot >$ 都是域，证明 $< S \cap T,+,\cdot >$ 也是域。

6-69　设 $< A,+,\cdot >$ 为域。对 $\forall a \in A$ 且 $a \neq 0$，证明方程 $a \cdot x+b=0$ 唯一可解。

6.9　格

格与后文中的布尔代数是一类从偏序关系衍生出来的特殊代数系统，在近代解析几何、开关理论和密码学等方面有很多直接应用。

6.9.1　格与其诱导的代数系统

[定义 6-31] 设 $< L, \leqslant >$ 是一个偏序集，如果对 $\forall x,y \in L$，集合 $\{x,y\}$ 存在上确界 $\sup\{x,y\}$ 和下确界 $\inf\{x,y\}$，则称 $< L, \leqslant >$ 是格（lattice）。若对 $\forall x,y \in L$，定义运算 $\vee$ 和 $\wedge$ 满足：

$$x \vee y = \sup\{x,y\}, \quad x \wedge y = \inf\{x,y\}$$

则称 $< L, \vee, \wedge >$ 为格 $< L, \leqslant >$ 所诱导的代数系统，并称 $\vee$ 和 $\wedge$ 为并运算和交运算（也可记作 $\oplus$ 和 $\otimes$、+和×等）。

为叙述简单，也直接称 $< L, \vee, \wedge >$ 或 L 为格，含义是指格 $< L, \leqslant >$ 连同其上的 $\vee$ 和 $\wedge$ 运算。

例 6-42　证明 $< \mathbf{Z}, \leqslant >$ 和 $< \mathscr{P}(S), \subseteq >$ 是格。

证明　在偏序集 $< \mathbf{Z}, \leqslant >$ 中，对 $\forall x,y \in \mathbf{Z}$，有

$$x \vee y = \max(x,y), \quad x \wedge y = \min(x,y)$$

在偏序集 $< \mathscr{P}(S), \subseteq >$ 中，对 $\forall A,B \in \mathscr{P}(S)$，有

$$A \vee B = A \cup B, \quad A \wedge B = A \cap B$$

因此，$< \mathbf{Z}, \leqslant >$ 和 $< \mathscr{P}(S), \subseteq >$ 是格。　　　　■

例 6-43　若 A_n 表示正整数 n 的正因子集合，说明 $<A_n,|>$ 是格并绘制 $n=6$ 和 $n=8$ 哈斯图。

解　令 gcd、lcm 分别是最大公约数和最小公倍数。对 $\forall x,y \in A_n$，有

$$x \vee y = \text{lcm}(x,y)，\quad x \wedge y = \gcd(x,y)$$

因此，$<A_n,|>$ 是格。　　　　　　　　　　　　　　　　　　　　　　　　　　　　　■

图 6-2 所示为格 $<A_6,|>$ 和 $<A_8,|>$ 的哈斯图。若将讨论中的 A_n 换成 $\mathbf{Z}^+$ 即可说明 $<\mathbf{Z}^+,|>$ 是格。

[辨析] 为什么称为格？那是因为在哈斯图中，任意 2 个元素加上其上确界和下确界体现出来的图形有格子的味道。

在一般的偏序关系中，两个元素组成的集合可能没有上、下界，即使有，也不一定有上、下确界。

例如，图 6-3 所示的偏序关系中，子集 $\{a,b\}$ 没有上界，元素 c 和 d 都是其下界，但无下确界。类似地，子集 $\{c,d\}$ 无下界，虽存在上界 a 和 b，但无上确界。

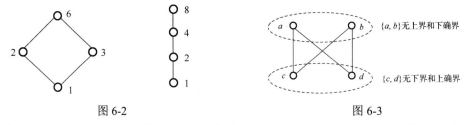

图 6-2　　　　　　　　　　　　　　　　　　　图 6-3

[定义 6-32] 设 P 是一个关于格的命题，若将 $\leqslant$ 与 $\geqslant$ 互换，$\vee$ 与 $\wedge$ 互换，得到的新命题 P^* 称为 P 的对偶命题。这里的 $b \geqslant a$ 是指 $a \leqslant b$。

[定理 6-20] 若 P 是一个关于任意格都为真的命题，则其对偶命题 P^* 也是真命题。　　　■

此定理称为"格的对偶原理"。在研究格的性质时，一般可以仅讨论对偶命题中的一个命题的真伪。

例如，在格中，有 $a \leqslant a \vee b$。依据对偶原理，必有 $a \geqslant a \wedge b$，即 $a \wedge b \leqslant a$。

[定理 6-21] 若 $<L,\vee,\wedge>$ 是格，则

(1) 对 $\forall a,b \in L$，$a \leqslant a \vee b$ 且 $b \leqslant a \vee b$。

(2) 对 $\forall a,b,c,d \in L$，若 $a \leqslant b$ 且 $c \leqslant d$，必有 $a \vee c \leqslant b \vee d$。

证明　(1) 由运算定义显然成立。

(2) 因为 $b \vee d$ 是 b 和 d 的上界，由传递性，也是 a 和 c 的上界，而 $a \vee c$ 是 a 和 c 的最小上界，故结论成立。　　　　　　　　　　　　　　　　　　　　　　　　　　　　　　　　　　　■

格所诱导的代数系统满足大多数算律。

[定理 6-22] 若 $<L,\vee,\wedge>$ 为格，则 $\vee$ 和 $\wedge$ 运算满足交换律、结合律、幂等律和吸收律，即对 $\forall a,b,c \in L$，有

(1) 交换律：$a \vee b = b \vee a$，$a \wedge b = b \wedge a$

(2) 结合律：$a \vee (b \vee c) = (a \vee b) \vee c$，$a \wedge (b \wedge c) = (a \wedge b) \wedge c$

(3) 幂等律：$a \vee a = a$，$a \wedge a = a$

(4) 吸收律：$a \vee (a \wedge b) = a$，$a \wedge (a \vee b) = a$

证明　仅证(2)，其他留作练习。

$$b \leqslant b \vee c \leqslant a \vee (b \vee c)，\quad a \leqslant a \vee (b \vee c)$$

有　　　　　　　　　　　　　　　　　　　$$a \vee b \leqslant a \vee (b \vee c)$$

又因为 $c \leqslant b \vee c \leqslant a \vee (b \vee c)$ ，故
$$(a \vee b) \vee c \leqslant a \vee (b \vee c)$$
类似地，可证明 $a \vee (b \vee c) \leqslant (a \vee b) \vee c$ 。

由反对称性得 $a \vee (b \vee c) = (a \vee b) \vee c$ 。再由对偶原理可得 $a \wedge (b \wedge c) = (a \wedge b) \wedge c$ 。 ■

[辨析] 格中等式的证明主要依赖反对称性。

事实上，如果一个代数系统 $<L, \vee, \wedge>$ 的两个二元运算 $\vee$ 和 $\wedge$ 满足交换律、结合律和吸收律，也能够确定一个对应的偏序关系 $\leqslant$ ，使 $<L, \leqslant>$ 是格。

6.9.2 子格

[定义 6-33] 设 $<L, \leqslant>$ 为格，S 为 L 的非空子集。若 S 对运算 $\vee$ 和 $\wedge$ 封闭，称 $<S, \leqslant>$ 为 $<L, \leqslant>$ 的子格。

例如，$<\mathbf{Z}^+, |>$ 是格。记 $\mathbf{Z}_E^+$ 为所有正偶数集合，因 $\mathbf{Z}_E^+$ 对运算 $\vee$ 和 $\wedge$ 封闭，故 $<\mathbf{Z}_E^+, |>$ 是 $<\mathbf{Z}^+, |>$ 的子格。

例 6-44　设 $<L, \leqslant>$ 是格，任取 $a \in L$ ，定义子集 S 为
$$S = \{x | x \in L \text{ 且 } x \leqslant a\}$$
则 $<S, \leqslant>$ 是 $<L, \leqslant>$ 的子格。

证明　对 $\forall x, y \in S$ ，因为 $x \leqslant a$ ，$y \leqslant a$ ，即 a 是 x 和 y 的上界，故 $x \vee y \leqslant a$ ，$x \wedge y \leqslant a$ ，即 S 对运算封闭。结论成立。　■

可以证明，子格一定是格。但是，对于一个非空子集 $S \subseteq L$ ，$<S, \leqslant>$ 不一定是格，即使是格，也不一定是子格。

例 6-45　找出一个格及其子集，子集本身是格，但不是子格。

解　设 $A = \{a, b, c\}$ ，图 6-4 所示为格 $<\mathscr{P}(A), \subseteq>$ 的哈斯图。

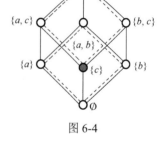

图 6-4

记 $S = \mathscr{P}(A) - \{\{c\}\}$ ，作为独立的偏序集，$<S, \subseteq>$ 是格，因为 $\{a, c\} \wedge \{b, c\} = \varnothing$ 。但在偏序集 $<\mathscr{P}(A), \subseteq>$ 中，因为
$$\{a, c\} \wedge \{b, c\} = \{c\} \notin S$$
即运算对子集 S 不封闭。故 $<S, \subseteq>$ 不是 $<\mathscr{P}(A), \subseteq>$ 的子格。　■

观察图可知，$<\{\{c\}, \{a,c\}, \{b,c\}, A\}, \subseteq>$ 和 $<\{\varnothing, \{a\}, \{b\}, \{a,b\}\}, \subseteq>$ 都是子格。

6.9.3 几种特殊格

1. 分配格

[定义 6-34] 设 $<L, \vee, \wedge>$ 为格，如果运算 $\vee$ 和 $\wedge$ 满足分配律，即对 $\forall a, b, c \in L$ ，有
$$a \vee (b \wedge c) = (a \vee b) \wedge (a \vee c), \quad a \wedge (b \vee c) = (a \wedge b) \vee (a \wedge c)$$
则称 $<L, \leqslant>$ 为分配格。

例 6-46　说明图 6-5 中的哪些格是分配格。

解　L_1 和 L_2 是分配格，L_3 和 L_4 不是分配格。在 L_3 中，有
$$b \wedge (c \vee d) = b \wedge e = b, (b \wedge c) \vee (b \wedge d) = a \vee a = a$$
在 L_4 中，有
$$c \vee (b \wedge d) = c \vee a = c, (c \vee b) \wedge (c \vee d) = e \wedge d = d$$
■

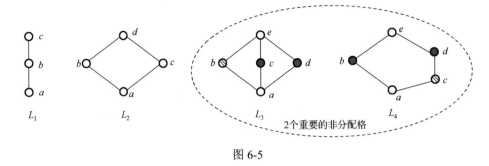

图 6-5

格 L_3 和 L_4 分别称为钻石格和五角格，它们在分配格的判别中有重要作用。

[定理 6-23] 若 L 是格，则 L 是分配格当且仅当 L 不含有与钻石格和五角格同构的子格。 ■

同构是指几个元素的名字、左右位置等可以不同，但元素间的大小关系一致。

例 6-47　说明图 6-6 中的格都不是分配格。

解　A_1 含有与钻石格同构的子格，A_2 和 A_3 含有与五角格同构的子格。 ■

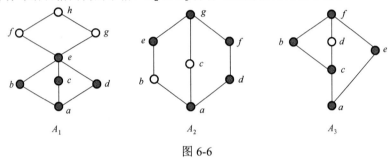

图 6-6

[辨析] 利用此定理进行判别时，重要的问题是"子格"的概念。例如，对于格 A_3，尽管 $S=\{f, b, d, e, a\}$ 与钻石格 L_3 同构，不能由此判定 A_3 不是分配格。这是因为 $b \wedge d = c$，但 $c \notin S$，运算 $\wedge$ 对 S 不封闭。可见 S 仅为 A_3 的一个普通子集而非子格。

可以证明，链一定是分配格。

2．有界格

[定义 6-35] 在格 $<L, \leqslant>$ 中，若 $\exists a \in L$，对 $\forall x \in L$，有 $a \leqslant x$，称 a 为 L 的全下界。若 $\exists b \in L$，对 $\forall x \in L$，有 $x \leqslant b$，称 b 为 L 的全上界。若全上界和全下界都存在，则称 L 为有界格。通常，格的全下界和全上界分别记作 0 和 1，并将其代数系统记作 $<L, \vee, \wedge, 0, 1>$。例如，在图 6-6 中，a 和 h 分别是格 A_1 的全下界和全上界。

由反对称性可知，若格的全下（上）界存在一定是唯一的。例如，对任意集合 S，$<\mathscr{P}(S), \subseteq>$ 为有界格，$\varnothing$ 和 S 分别为全下界和全上界。

例 6-48　偏序集 $<\{x \mid x \in \mathbf{R}$ 且 $0 \leqslant x \leqslant 1\}, \leqslant>$ 为有界格吗？

解　是有界格。其中，0 和 1 是全下界和全上界。 ■

任意有限格 $L = \{a_1, a_2, \cdots, a_n\}$ 显然是有界格，因为 $a_1 \wedge a_2 \wedge \cdots \wedge a_n$ 和 $a_1 \vee a_2 \vee \cdots \vee a_n$ 分别为全下界和全上界。

有界格的重要性质是运算满足同一律和零律。

[定理 6-24] 设 $<L, \vee, \wedge, 0, 1>$ 为有界格，对 $\forall a \in L$，有

(1) 同一律：$a \vee 0 = a$，$a \wedge 1 = a$

(2) 零律：$a \vee 1 = 1$，$a \wedge 0 = 0$

证明   留作练习。   ■

3. 有补格

[定义 6-36] 设 $<L, \vee, \wedge, 0, 1>$ 为有界格，对 $\forall a \in L$，若 $\exists b \in L$，使

$$a \wedge b = 0, \quad a \vee b = 1$$

则称 b 为 a 的补元，记作 $\bar{a}$。若 L 的所有元素都存在补元，则称 L 为有补格。此时，对 $\forall a \in L$，$\exists \bar{a} \in L$，使

$$a \wedge \bar{a} = 0, \quad a \vee \bar{a} = 1$$

此算律称为互补律或补元律。

当然，补元是相互的，且 0 和 1 总是互为补元。

例如，对图 6-5 中的格 L_1，a 和 c 分别为 0 和 1，且互为补元，b 没有补元，故 L_1 不是有补格。

对图中的五角格 L_4，a 和 e 分别为 0 和 1，且互为补元，b 的补元为 c 和 d，c 和 d 的补元都是 b，故 L_4 都是有补格。同样可以说明，L_2 和 L_3 都是有补格。

思考与练习 6.9

6-70   验证格运算满足交换律、幂等律和吸收律。

6-71   说明图 6-7 的偏序集中哪些是格，哪些是分配格。

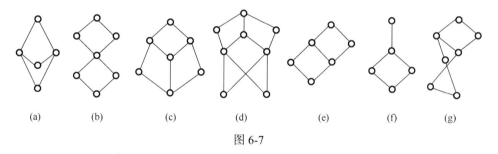

(a)   (b)   (c)   (d)   (e)   (f)   (g)

图 6-7

6-72   设 $\leqslant$ 为集合 L 上的整除关系，说明其中哪些系统 $<L, \leqslant>$ 是格。

     (a) $L = \{1, 2, 3, 4, 6, 12\}$ (b) $L = \{1, 2, 3, 4, 6, 8, 12, 14\}$

     (c) $L = \{n \mid 1 \leqslant n \leqslant 12, n \in \mathbf{Z}\}$

6-73   设 $<L, \leqslant>$ 是格，任取 $a \prec b \in L$，集合 $B = \{x \mid x \in L, a \leqslant x \leqslant b\}$。证明 $<B, \leqslant>$ 是格。

6-74   证明：在格中，若 $a \leqslant b \leqslant c$，则

     (a) $a \vee b = b \wedge c$ (b) $(a \wedge b) \vee (b \wedge c) = (a \vee b) \wedge (b \vee c) = b$

6-75   找出 2 个含有 6 个元素的格，其中一个是分配格，另一个不是分配格。

6-76   证明 $<\mathbf{Z}, \max, \min>$ 是分配格。

6-77   证明链一定是分配格。

6-78   证明有界格的运算满足同一律和零律。

6-79   有补格一定是有界的吗？补元是唯一的吗？什么条件能够保证补元是唯一的？

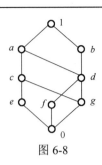

6-80　对图 6-8 所示的有界格，说明：

　　　　(a)　a 和 f 的补元是什么？　　　(b)　它是分配格吗？

　　　　(c)　它是有补格吗？

6-81　证明多于 1 个元素的格不存在以自身为补元的元素。

6-82　证明钻石格和五角格是有补格。

6-83　证明不少于 3 个元素的链不是有补格。

6-84　证明若有界分配格的元素 a 存在补元，则补元是唯一的。

图 6-8

6.10　布 尔 代 数

　　布尔代数是由英国数学家乔治·布尔（George Boolean）于 1849 年创立的。与一般的代数系统不同，布尔代数描述的是客观事物之间的逻辑关系而非数量关系。

6.10.1　布尔代数的定义

　　[定义 6-37]　有补分配格 $<B,\leqslant>$ 称为布尔格。视求补为一元运算，即对 $\forall a \in B$ 求补得到 a 的补元 $\bar{a}$，称 $<B,\vee,\wedge,^-,0,1>$ 是（由格 B 诱导的）布尔代数（Boolean algebra）。若 B 为有限集则称为有限布尔代数。

　　例如，对 $S \neq \varnothing$，$<\mathscr{P}(S),\subseteq>$ 是布尔格。因为集合的 $\cap$ 和 $\cup$ 运算满足分配律，$\varnothing$ 和 S 分别为全下界 0 和全上界 1。对 $\forall X \in \mathscr{P}(S)$，$S-X$ 为其补元。

　　格 $<\mathscr{P}(S),\subseteq>$ 诱导的布尔代数就是 $<\mathscr{P}(S),\cup,\cap,\sim,\varnothing,S>$。

　　几种特殊格之间的关系及其满足的算律可由图 6-9 反映出来。

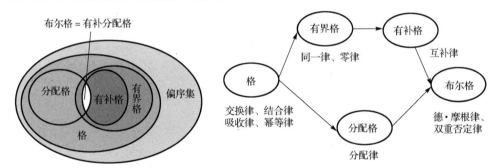

图 6-9　几种格的关系及其满足的算律

　　[定理 6-25]　若 $<B,\vee,\wedge,^-,0,1>$ 为布尔代数，则有

(1)　双重否定律：$\forall a \in B$，有 $\overline{(\bar{a})}=a$

(2)　德·摩根律：$\forall a,b \in B$，$\overline{a \wedge b}=\bar{a} \vee \bar{b}$，$\overline{a \vee b}=\bar{a} \wedge \bar{b}$

证明

(1)　因为 $\overline{(\bar{a})}$ 和 a 都是 $\bar{a}$ 的补元，由补元的唯一性，得 $\overline{(\bar{a})}=a$。

(2)　因为

$$(a \wedge b) \vee (\bar{a} \vee \bar{b}) = (a \vee \bar{a} \vee \bar{b}) \wedge (b \vee \bar{a} \vee \bar{b}) = 1 \wedge 1 = 1$$

$$(a \wedge b) \wedge (\bar{a} \vee \bar{b}) = (a \wedge b \wedge \bar{a}) \vee (a \wedge b \wedge \bar{b}) = 0 \vee 0 = 0$$

因此，有 $\overline{a \wedge b} = \overline{a} \vee \overline{b}$。同理，$\overline{a \vee b} = \overline{a} \wedge \overline{b}$。

注意到当 $|S| = n$ 时，有 $|\mathscr{P}(S)| = 2^n$。实际上，这是一个一般的现象。可以证明：对任意的正整数 n，必存在含有 2^n 个元素的布尔代数；反之，任一个有限布尔代数的元素个数必为 2^n，且元素个数相同的布尔代数都是同构的。

布尔代数的核心在于建立在集合上的一些算律。总体上，布尔代数具有 10 个性质（算律），最基本的算律包括交换律、分配律、同一律和互补律。可以直接通过算律来定义布尔代数。

[定义 6-38] 若 $<B, \vee, \wedge, ^-, 0, 1>$ 是一个代数系统，其运算满足交换律、分配律、同一律和互补律，则称 $<B, \vee, \wedge, ^-, 0, 1>$ 为**布尔代数**。

上述定义被称为布尔代数的公理化定义。可以证明，它与布尔代数的格定义是等价的。

6.10.2　二值布尔代数

应用最为广泛的布尔代数是二值布尔代数，即令 $B = \{0, 1\}$。布尔代数 $<B = \{0, 1\}, \vee, \wedge, ^->$ 提供了 $\{0, 1\}$ 集合上的如下运算规则，称为"布尔运算"。

(1) 补运算：$\overline{0} = 1$，$\overline{1} = 0$

(2) 布尔和：$0 \vee 0 = 0$，$0 \vee 1 = 1$，$1 \vee 0 = 1$，$1 \vee 1 = 1$

(3) 布尔积：$0 \wedge 0 = 0$，$0 \wedge 1 = 0$，$1 \wedge 0 = 0$，$1 \wedge 1 = 1$

由于命题逻辑只有 2 种真值，若记 $A = \{\mathbf{F}, \mathbf{T}\}$，则命题代数 $<A, \vee, \wedge, \neg>$ 与 $<B, \vee, \wedge, ^->$ 有完全相同的算律，可互相转换。命题代数是二值布尔代数的一个具体模型。

1．布尔函数与布尔表达式

[定义 6-39] 对二值布尔代数 $<B = \{0, 1\}, \vee, \wedge, ^->$，记作 $B^n = \{<x_1, x_2, \cdots, x_n> | x_i \in B, 1 \leqslant i \leqslant n\}$，则函数 $f: B^n \to B$ 称为 n 元布尔函数。函数中的任意变元只能取值 0 或 1，称为"布尔变元"。

例如，若 x 和 y 表示布尔变元，则 $f(x, y) = x \vee \overline{y}$ 就是一个二元布尔函数，且

$$f(0, 0) = 0 \vee \overline{0} = 1, \quad f(0, 1) = 0 \vee \overline{1} = 0, \quad f(1, 0) = 1 \vee \overline{0} = 1, \quad f(1, 1) = 1 \vee \overline{1} = 1$$

布尔函数可由布尔表达式来表示。

[定义 6-40] 设 $<B = \{0, 1\}, \vee, \wedge, ^->$ 为布尔代数，布尔表达式定义为：

(1) 0、1 和布尔变元是布尔表达式；

(2) 如果 e_1 和 e_2 是布尔表达式，则 $\overline{e_1}$、$e_1 \vee e_2$ 和 $e_1 \wedge e_2$ 是布尔表达式；

(3) 只有有限次运用规则(1)和(2)构造出的符号串是布尔表达式。

含有 n 个变元的布尔表达式称为 n 元布尔表达式，记作 $E(x_1, x_2, \cdots, x_n)$。

例如，$0 \wedge x_1$、$(1 \vee \overline{x_1}) \wedge x_2$、$((x_1 \vee x_2) \wedge \overline{0}) \vee \overline{(x_1 \wedge x_3)}$ 分别是一元、二元和三元布尔表达式。

例 6-49　若布尔变量 $x_1 = 1$，$x_2 = 0$，$x_3 = 1$，求 $E(x_1, x_2, x_3) = (x_1 \vee x_2) \wedge (\overline{x_1 \vee x_2}) \wedge (\overline{x_2 \vee x_3})$ 的值。

解　$E(1, 0, 1) = (1 \vee 0) \wedge (\overline{1 \vee 0}) \wedge (\overline{0 \vee 1}) = 1 \wedge 1 \wedge 0 = 0$。　　　　　■

对于一般的 n 和布尔代数 B，并非所有 $B^n \to B$ 的函数都可表示为布尔表达式，但在 $n = 2$ 且 $B = \{0, 1\}$ 时，$B^n \to B$ 的函数与 B 上的布尔表达式是同义的。

[定理 6-26] 对二值布尔代数 $<B = \{0, 1\}, \vee, \wedge, ^->$，所有 $B^n \to B$ 的函数都是布尔表达式。　　■

定理说明，在二值逻辑中，具有任何输入、输出关系的电路（函数）都可以采用布尔表达式来描述，这是数字电路设计的理论基础。

2. *基于布尔函数的电路分析和设计

计算机等电子设备是用具有两种不同状态的基本原件构造的，这样的状态包括电流的开关、电压高低或光线通断等，均可用 0 和 1 表示，所形成的逻辑（数字）电路则只有 0 或 1 的输入和输出。因此，在逻辑电路设计中，基本问题是依据一组输入和输出确定对应的电路。

如果一组自变量 $x_1, x_2, \cdots, x_n$ 代表一组开关量输入，电路对应 $\{0,1\}^n \to \{0,1\}$ 的函数 f，那么，函数 f 有 2^n 种可能的输入，每种输入有 2 种可能的输出，可用表 6-14 所示的列表法来描述。该表给出了一个 $\{0,1\}^2 \to \{0,1\}$ 的函数示例。

表 6-14　函数 f 的描述

输入	输出
<0, 0>	0
<0, 1>	1
<1, 0>	1
<1, 1>	0

不过，无论是问题分析或电路设计，从实际问题中概括出来的逻辑函数不一定是最简的。由于布尔函数与布尔表达式的一致性，可以利用规则对布尔表达式进行化简，以简化电路设计，减少使用的基本电路数量，降低系统成本，还可以提高系统的可靠性。

实际的数字电路也称为"组合电路"或"门电路"，与布尔运算相对应的基本逻辑电路是三种元件，称为"非门"（或"反相器"）、"或门"（OR gate）和"与门"（AND gate），用图 6-10 中的图符表示。

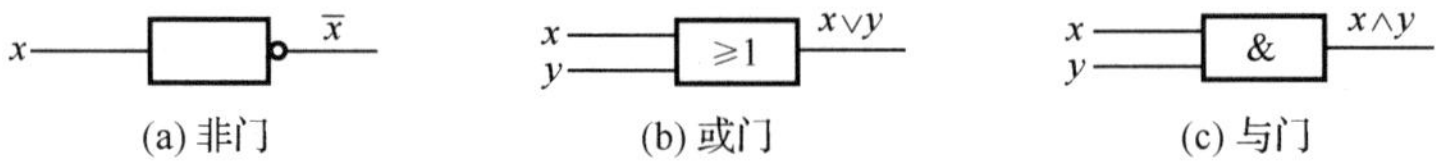

$$x \ \boxed{}\!\!\circ\ \bar{x} \qquad \begin{array}{c} x \\ y \end{array}\ \boxed{\geqslant 1}\ x \lor y \qquad \begin{array}{c} x \\ y \end{array}\ \boxed{\&}\ x \land y$$

　　　　(a) 非门　　　　　　　　　(b) 或门　　　　　　　　　(c) 与门

图 6-10

图符的左侧为输入，右侧为输出，均为 0 或 1。一个任意复杂的电路均可由这些元件按布尔表达式组合而成。

例如，有如下布尔函数：

$$f(x_1, x_2, x_3) = (x_1 \land x_2 \land \overline{x_3}) \lor (x_1 \land \overline{x_2} \land x_3) \lor (\overline{x_1} \land x_2) \lor x_2 \lor (x_2 \land x_3)$$

直接由函数组成电路时需要采用图 6-11 所示的电路图（注意图中的 $\bar{x}$ 被直接作为输入，本质上应加反相器），但经过等价化简后，其函数表达式为

$$f(x_1, x_2, x_3) = (x_1 \land x_3) \lor x_2$$

于是，可以将图 6-11 简化为图 6-12 所示的电路图。

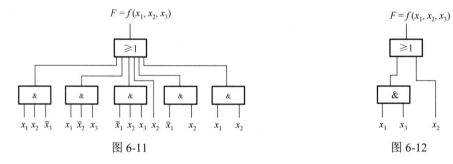

　　　　　　　　　　图 6-11　　　　　　　　　　　　　　　　　　图 6-12

简化布尔表达式需要遵循一定的原则，也存在一些有效的方法，如卡诺图等，这些内容可以在数字逻辑书籍中找到。

[拓展] 布尔代数的应用范围十分广泛，最明显的应用就是形式逻辑推理和电路理论设计。当然，

即便在程序设计语言中，布尔代数也随处可见。例如，C 语言中的位运算就是布尔运算，如果一个对象具有 4 种属性，用 1111 的每一位代表一种属性，利用 1111&1110 就可以去掉最后一种属性[42,43]。

思考与练习 6.10

6-85   布尔代数主要满足哪些算律？核心算律是什么？

6-86   证明在布尔代数中，有

    (a) $a \vee (\overline{a} \wedge b) = a \vee b$ (b) $a \wedge (\overline{a} \vee b) = a \wedge b$

6-87   在布尔代数 $< B, \vee, \wedge, ^{-} >$ 中定义运算 ⊞ 和 ⊡ 为

$$a \boxplus b = (a \wedge \overline{b}) \vee (\overline{a} \wedge b), \quad a \boxdot b = a \wedge b$$

证明 $< B, \boxplus, \boxdot >$ 是环。

6-88   验证上题中的运算满足：

    (a) $(a \boxplus b) \boxplus b = a$ (b) $a \boxplus 1 = \overline{a}$

6-89   设 $A = \{1,2,3,4,6,12\}$、$B = \{1,2,3,4,6,8,12,24\}$ 和 $C = \{1,2,5,10,11,22,55,110\}$，对于集合上的整除运算，说明 $< A, \text{lcm}, \text{gcd}, ^{-} >$、$< B, \text{lcm}, \text{gcd}, ^{-} >$ 和 $< C, \text{lcm}, \text{gcd}, ^{-} >$ 是否为布尔代数。

6-90   *有一个由三人组成的事务委员会，各委员对每个建议可以投赞成票或反对票。一个建议至少获 2 张赞成票即可通过。设计一个电路，用于判断建议是否获得通过。

第7章 图

作为一种有效的建模工具，图能提供对问题和已知信息的清晰和直观的表达，正如采用关系图来表示关系时所看到的那样。一般认为，图论（graph theory）作为一个数学分支起源于欧拉对著名的哥尼斯堡七桥问题的研究，但它的应用几乎遍布于科学研究与生产实践的每个领域。

7.1 图的基本概念

图是由结点和连接结点之间的线（边）组成的图形，线长及结点位置一般无关紧要。例如，图 7-1 中显示了两组图，每组中的两个图都是相同的。

图论关心的是图形的拓扑结构，主要研究与大小及形状无关的点和线之间的关系。

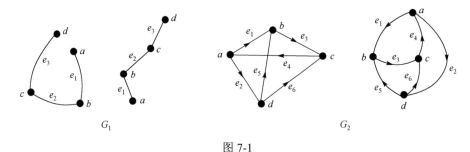

图 7-1

7.1.1 图及其组成

[定义 7-1] 一个图 $G=<V,E>$ 由非空的结点集 V 和边集 E 组成，每条边与一个或两个结点相连。图的结点数 $|V|$ 称为图的阶数。

定义中的图被描述为一个二元组（序偶），为了区分不同图的结点和边，也可以表示成 $G=<V(G),E(G)>$。各结点和边分别命名，记作结点集 $V=\{v_1,v_2,\cdots,v_n\}$ 和边集 $E=\{e_1,e_2,\cdots,e_m\}$。

图中的结点（vertex）也称为顶点。边（edge）可以有或没有方向，分别称为有向边（或弧）和无向边。如果所有边为有向边，称 G 为有向图（digraph）。如果所有边都为无向边，称 G 为无向图（undigraph）。同时存在无向边和有向边时称为混合图。

图 7-1 中的 G_1 和 G_2 分别是无向图和有向图。几个城市用高速公路连接起来的交通图通常是无向图。计算机网络一般是一个有向图，因为在网络图中，一些连接可以只对一个方向操作，如数据只是由用户传到数据中心。

社会活动中的人所建立起来的关系如微信群，可认为是无向图。如果考虑在交往中某些人被拉黑屏蔽，只能单向联系，这种情况下就成为混合图。

图中的每条边连接两个或一个结点，此时的结点也被称为该边的端点。如果一条边的端点为 a 和 b，为了区分有向边和无向边，分别采用 $<a,b>$ 和 (a,b) 来说明其是否包含方向。因此，有向图的边集 E 是 $V\times V$ 的子集，绘图时有向边用箭头表示方向。对于无向图，边集 E 是结点 V 中元素组成的无序对集合。

例如，对于图 7-1 中的无向图 G_1 可表示为

$$G_1 = <V_1, E_1>，\quad V_1 = \{a,b,c,d\}，\quad E_1 = \{(a,b),(b,c),(c,d)\}$$

有向图 G_2 可表示为

$$G_2 = <V_2, E_2>，\quad V_2 = \{a,b,c,d\}，\quad E_2 = \{<a,b>,<a,d>,<b,c>,<c,a>,<d,b>,<d,c>\}$$

可以根据需要选用边名 e_i 或结点对的形式来描述边。

[辨析] 对于有向边 $<a,b>$，箭头指向 b，而不是 a。

在理解图时需要了解一些基本术语。

[定义 7-2] 在一个图中：

(1) 边 e 与其端点 a 和 b 之间称为关联。a 和 b 是 e 关联的结点，e 是与 a 和 b（或(a,b)、$<a,b>$）关联的边。

(2) 对于有向边 $<a,b>$，a 称为边的起始结点（或起点），b 称为边的终止结点（或终点）。

(3) 若 a 和 b 是一条边的两个结点，则称 a 与 b 邻接；关联同一结点 a 的两条边 e_1 和 e_2 称为邻接边（或相邻边）。

(4) 不与任何结点相邻接的结点称为孤立结点，如图 7-2 中 G_3 的 3 个结点。

(5) 关联于同一结点的一条边称为自回路（或环）。环的方向没有意义，且既可作为有向边也可作为无向边。图 7-2 中 G_1 的 e_6 和 G_2 的 e_7 都是环。

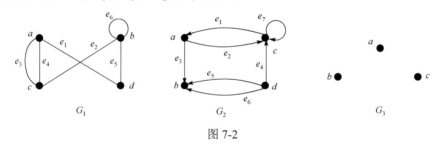

图 7-2

(6) 关联于同一对结点且方向相同的边称为重复边（或平行边），如图 7-2 中 G_1 的 e_3 与 e_4 和 G_2 的 e_5 与 e_6。不过，G_2 的 e_1 与 e_2 不是平行边，因为二者方向不同。

含有平行边的图称为多重图，不含平行边和环的图称作简单图。图 7-2 的 G_1 和 G_2 都是多重图，而图 7-1 的 G_1 与 G_2 都是简单图。通常只讨论简单图。

(7) 仅由孤立结点组成的图称为零图。或者说，零图是边集为空集的图，如图 7-2 的 G_3。只有一个孤立结点的零图称为平凡图。

7.1.2 结点的度与握手定理

1. 结点的度

[定义 7-3] 一个图 $G = <V, E>$ 中，与结点 $v \in V$ 关联的边数称作此结点的度（数）（degree），记作 $d_G(v)$，或简记为 $d(v)$。若 G 是有向图，射出 v 的边数称为 v 的出度 $d^+(v)$，射入 v 的边数称为 v 的入度 $d^-(v)$，结点的出度与入度之和等于结点的度，即 $d(v) = d^+(v) + d^-(v)$。

因为环意味着两条边，故每个环为其对应结点的度数增加 2。

[辨析] 也可以用 $d^+(v)$ 表示入度，用 $d^-(v)$ 作为出度。

[辨析] 结点 v 的度也可记作 $\deg(v)$，但本书用 $\deg(r)$ 表示平面图中面的次数。

例如，对于图 7-2 的 G_2，$d(c) = 5$，$d^+(c) = 2$，$d^-(c) = 3$。

[定义 7-4] 若 G 为无向图，称 $\Delta(G) = \max_{v \in V}\{d(v)\}$ 为图 G 的最大度，称 $\delta(G) = \min_{v \in V}\{d(v)\}$ 为图 G 的最小度。在有向图 G 中可以按出度和入度单独计算，分别称 $\Delta^+(G) = \max_{v \in V}\{d^+(v)\}$、$\delta^+(G) = \min_{v \in V}\{d^+(v)\}$ 为最大出度和最小出度，称 $\Delta^-(G) = \max_{v \in V}\{d^-(v)\}$、$\delta^-(G) = \min_{v \in V}\{d^-(v)\}$ 为最大入度和最小入度。

例如，对于图 7-2 的 G_1，$\Delta(G_1) = 4$，$\delta(G_1) = 2$。

2．握手定理

[定理 7-1] 对任意的图 $G = <V, E>$，结点度数的总和等于边数的 2 倍，即

$$\sum_{v \in V} d(v) = 2\,|\,E\,|$$

此定理被称为握手定理。

证明   因为每条边必关联 2 个结点，而一条边给予关联的每个结点的度数为 1。因此，一个图的结点度数总和等于边数的 2 倍。∎

例 7-1   任何图中度数为奇数的结点个数必是偶数。

证明   很明显，所有度数为偶数的结点的总度数为偶数，由握手定理，奇数度结点的度数和也是偶数。因此，必须含有偶数个奇数度的结点。∎

[定理 7-2] 在有向图 $G = <V, E>$ 中，所有结点的入度之和等于所有结点的出度之和，即

$$\sum_{v \in V} d^+(v) = \sum_{v \in V} d^-(v) = |\,E\,|$$

证明   每条有向边都有一个起点和一个终点，增加一个入度和一个出度。所以，有向图中各结点入度和与出度和都等于边数 $|\,E\,|$。∎

例 7-2   在一个图 $G = <V, E>$ 中，$|\,E\,| = |\,V\,| + 1$，证明 G 中存在结点 v 满足 $d(v) \geqslant 3$。

证明   若对 $\forall v \in V$，$d(v) \leqslant 2$，则

$$\sum_{v \in V} d(v) \leqslant 2\,|\,V\,| = 2(|\,E\,| - 1) \neq 2\,|\,E\,|$$

与握手定理矛盾，故必有 $v \in V$，使 $d(v) \geqslant 3$。∎

3．结点的度序列

一个图中对各结点的度有什么要求呢？

在一个图 $G = <V = \{v_1, v_2, \cdots, v_n\}, E>$ 中，数列 $d(v_1), d(v_2), \cdots, d(v_n)$ 被称为 G 的"度序列"，甚至对有向图还可分为出度序列和入度序列。利用握手定理和出度与入度的关系，可以对结点的数量和度的性质做粗略估计。

[定理 7-3] 非负整数序列 $d_1, d_2, \cdots, d_n$ 是某个图的度序列当且仅当 $\displaystyle\sum_{i=1}^{n} d_i$ 是偶数。

证明   由握手定理知必要性成立。

充分性。令结点 $v_1, v_2, \cdots, v_n$ 对应的度为 $d_1, d_2, \cdots, d_n$。对任意的 d_i，若 d_i 为偶数，以 v_i 为结点做 $d_i / 2$ 个环；若 d_i 为奇数，以 v_i 为结点做 $(d_i - 1) / 2$ 个环。因为有偶数个 d_i 为奇数，将其对应的结点两两配对并连线，就得到了符合度序列的图。∎

上述证明给出了根据度序列构造对应图的一种方法，但满足一个度序列的图通常会很多。一个非负整数序列 $d_1, d_2, \cdots, d_n$ 是某个图的度序列也称为该序列是可图化的。

例 7-3 说明以下两数列是否可以构成无向图的度序列：

(1) 2,3,4,5,6,7

(2) 1,2,2,3,4

解 (1) 因为数列中奇数度的结点个数为 3，非偶数，不能构成度序列。

(2) 数列中有 2 个奇数度结点，可以构成度序列。图 7-3 是两个满足此度序列的图。∎

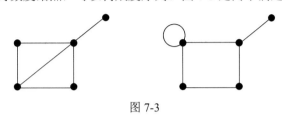

图 7-3

7.1.3 完全图与正则图

[定义 7-5] 对简单图 $G = \langle V, E \rangle$，若每对结点间都有边，则称其为完全图（complete graph）。n 阶无向完全图记作 K_n。

图 7-4 显示了无向完全图 K_3 和 K_5，以及 3 阶有向完全图。

[定理 7-4] n 阶无向完全图 K_n 的边数为 $n(n-1)/2$。

证明 等同于 n 个结点中任取两点的组合数。∎

[定义 7-6] 对简单图 $G = \langle V, E \rangle$，若各结点度数相同，即 $\Delta(G) = \delta(G) = k$，则称其为 $k-$ 正则图（regular graph）。

K_3　　　　　K_5　　　　　3阶有向完全图

图 7-4

显然，完全图都是正则图。由握手定理可知，n 阶 $k-$ 正则图的边数为 $kn/2$。

7.1.4 子图、补图与图同构

[定义 7-7] 对图 $G = \langle V, E \rangle$，如果有图 $G' = \langle V', E' \rangle$ 满足 $V' \subseteq V$，$E' \subseteq E$，则称 G' 是 G 的子图（subgraph），G 为 G' 的母图（supergraph）。若 $G' \subseteq G$ 且 $G' \neq G$，即 $V' \subset V$ 或 $E' \subset E$，则称 G' 是 G 的真子图。

如果 $V' = V$，称子图 G' 是 G 的生成子图（spanning subgraph，或支撑子图）。

[辨析] 生成意味着子图与母图结点相同，或者说子图包含了母图的所有结点。

例如，图 7-5 中的 G_1 为 K_5 的子图，而 G 和 $\bar{G}$ 为 K_5 的生成子图。它们都是 K_5 的真子图。

[定义 7-8] 设图 $G = \langle V, E \rangle$ 为 n 阶简单无向图，$K_n = \langle V, E' \rangle$ 为 n 阶完全图。若 $\bar{E} = E' - E$，

则称图 $\bar{G} = <V, \bar{E}>$ 为 G 的补图（complementary graph）。

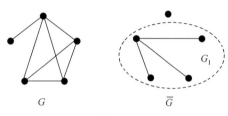

G $\bar{G}$

图 7-5

图 7-5 说明了一个图 G 及其补图 $\bar{G}$。由于补图是相对完全图定义的，在完全图中去掉某个图 G 的边就得到其补图。因此，一个图与其补图是互补的，二者都含有图的全部结点。

[辨析] 补图存在着不同的定义：对图 $G = <V, E>$ 和其子图 $G_1 = <V_1, E_1>$，若有图 $G_2 = <V_2, E_2>$，$E_2 = E - E_1$，V_2 是 E_2 的边所关联的结点集合，则 G_2 是 G_1 相对于 G 的补图，也称为广义补图。若 G 是无向完全图，则称 G_2 是 G_1 相对于完全图的补图，或 G_2 是 G_1 的（绝对）补图，记作 $\overline{G_1}$。在此定义下，一个图与其补图可能具有不同的结点集。因此，图与其补图不是互补的。

[定义 7-9] 对图 $G = <V, E>$ 和 $G' = <V', E'>$，若存在双射 $\varphi: V \to V'$，对 $\forall (v_i, v_j)$，有

$$(v_i, v_j) \in E \text{ 当且仅当 } (\varphi(v_i), \varphi(v_j)) \in E'$$

则称 G 与 G' 同构。记作 $G \simeq G'$ 或 $G \cong G'$。

定义中只描述了无向边，对于有向图可以都换成有向边。

[理解] 图的同构是指可以通过调整结点位置和名称、边的形状和长短，但不改变结点和边之间的关联关系而使二者重合。或者说，同构是指两个图中的结点和边具有相同的邻接关系。

[定理 7-5] 两图同构须满足如下的必要条件：

(1) 结点数相同；

(2) 边数相同；

(3) 度数相同的结点数相同；

(4) 对于一个图中的任一结点，在另一图中必然有度数相同的结点，且与二者相邻接结点的性质相同。 ■

[辨析] 利用必要条件可以说明两图不同构，但不能肯定其同构。

例如，在图 7-6 中，$G_1 \simeq G_2$，$G_3 \simeq G_4$，$G_5 \simeq G_6$。以 G_1 和 G_2 为例，可以直接构造出同构映射 $\varphi: V_1 \to V_2$，满足

$$\varphi(a) = v_1, \quad \varphi(b) = v_2, \quad \varphi(c) = v_3, \quad \varphi(d) = v_4, \quad \varphi(e) = v_5$$

例 7-4 说明图 7-6 的 G_3 与 G_5 不同构。

解 因为 G_3 中存在着彼此邻接的 3 个结点，但 G_5 至多只有 2 个结点邻接。 ■

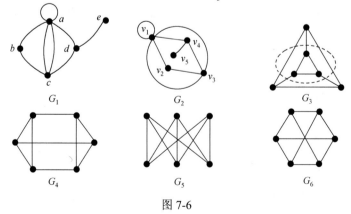

G_1 G_2 G_3

G_4 G_5 G_6

图 7-6

[拓展] 图的边是由一个起点和一个终点组成的,如果允许边由 2 个以上的结点组成则称为"超图"。超图可应用在数据可视化等领域[45, 46]。

思考与练习 7.1

7-1　解释零图、平凡图、简单图、完全图、正则图、子图、生成子图和补图的含义。

7-2　若图 $\overline{G}$ 是图 G 的补图,那么,图 G 也是图 $\overline{G}$ 的补图吗?

7-3　说明下述度序列是否可以构成无向图。

    (a) 5,4,3,2,1,0　　　　　　(b) 2,2,2,2,2,2　　　　　(c) 5,3,3,3,3,3

    (d) 3,3,3,2,2,2　　　　　　(e) 4,4,3,2,1　　　　　　(f) 4,4,3,3,3

7-4　求图 7-6 中 G_2 的 $\Delta(G_2)$ 和 $\delta(G_2)$ 。

7-5　设 G 是有 v 个结点 e 条边的无向图,证明 $\Delta(G) \geqslant 2e/v \geqslant \delta(G)$ 。

7-6　说明图 7-7 的图(a)与(b)不同构,但图(c)与(d)同构。

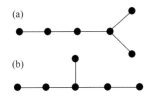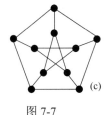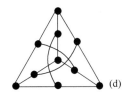

图 7-7

7-7　若一个图同构于它的补图,则称其为自补图。给出一个 5 个结点的自补图。

7-8　判别是否存在 3 个或 6 个结点的自补图,并总结一个自补图对应的完全图的边数应满足的条件。

7-9　在任何一个人群中,总有 2 个人的朋友个数是相同的。建立适当的模型并证明此结论。

7.2　图的连通性

将一些代表目标的地点和道路分别看作图的结点和边,现实世界中经常要处理这样的问题:如何从一个图中的给定结点出发,沿着一些边连续移动而达到另一指定结点。这种依次由点和边组成的序列形成了路以及连通的概念。两台计算机之间的通信就需要这样的一条路。

7.2.1　路与回路

[定义 7-10] 对图 $G = <V, E>$,若有结点和边组成的交替序列 Γ: $v_0 e_1 v_1 e_2 v_2 e_3 \cdots e_m v_m$,其中, $e_i = (v_{i-1}, v_i) \in E$ 或 $e_i = <v_{i-1}, v_i> \in E$, $1 \leqslant i \leqslant m$,则称 Γ 为连接 v_0 到 v_m 的通路(pass,或路)。这里的边数 m 称为通路的长度。 v_0 和 v_m 分别称作通路的起点和终点,或统称为端点,其他结点称为内部结点。

起点与终点重合,即 $v_0 = v_m$,且长度 m 大于 0 的通路称为回路(circuit)。

若一条通路中所有的边均不相同,称其作为简单(通)路,也称为迹或轨迹(trail), $v_0 = v_m$ 时的迹称为简单回路(或闭迹)。若一条通路中所有的结点各不相同则称作路径(path,或基本通路、初级路), $v_0 = v_m$ 的路径称为圈(cycle)。

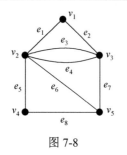

图 7-8

[辨析] 路径是迹，但迹不一定是路径，这是因为在一条路径中结点互不相同，从而所有的边也互不相同。

例如，图 7-8 中存在的几种通路的示例如下。

(1) 通路（路）：$v_1 e_1 v_2 e_3 v_3 e_4 v_2 e_6 v_5 e_8 v_4$ ；

(2) 简单通路（迹）：$v_5 e_8 v_4 e_5 v_2 e_6 v_5 e_7 v_3$ ；

(3) 路径：$v_4 e_5 v_2 e_6 v_5 e_7 v_3 e_2 v_1$ ；

(4) 圈：$v_2 e_3 v_3 e_7 v_5 e_8 v_4 e_5 v_2$ 。

[辨析] 描述简单图中的通路没必要这么麻烦，因为它没有平行边，通常可以直接用结点序列表示为 Γ：$v_0 v_1 v_2 \cdots v_m$，其中，$(v_{i-1}, v_i) \in E$ 或 $<v_{i-1}, v_i> \in E$，$1 \leqslant i \leqslant m$。

[定理 7-6] 在一个 n 阶图中，如果存在一条从结点 u 到 v（$u \neq v$）的通路，则必存在一条从 u 到 v 的不多于 $n-1$ 条边的路径。

证明 如果通路的长度多于 $n-1$，路中含有的结点数大于 n，必有重复结点，删除两结点间的边和结点仍是一条通路。重复此过程，删除所有重复结点后就得到了一条所求的路径。 ■

[辨析] 不同书籍中关于路径、通路等概念的定义会有一些差异，如将通路定义为路，再将路径定义为通路等，主要原因是对英文词汇采取的不同表述，应注意鉴别。

7.2.2 无向图的连通性

1. 连通与连通图

[定义 7-11] 在无向图 G 中，如果结点 u 和 v 之间存在一条通路，则称 u 和 v 是连通的。如果图 G 中任意两结点之间都连通，则称 G 是连通图（connected graph）。

很明显，结点之间的连通关系 $R = \{<x,y> | x, y \in V$ 且 x 与 y 连通$\}$ 是结点集 V 上的等价关系（如果任何结点被认为与自己是连通的）。

[定义 7-12] 在无向图 G 中，利用连通关系 R 诱导出结点集 V 的划分 $\{V_1, V_2, \cdots, V_m\}$，所有等价类 V_i 及其关联的边组成的子图 $G(V_i)$ 称为图 G 的连通分支（connected component），且记 G 的连通分支数为 $W(G)$。

由等价关系的性质可知，两个结点 u 和 v 是连通的，当且仅当它们属于同一个连通分支。

一个连通分支是指最大的连通子图，而不是一般的连通子图。例如，图 7-9(a)有一个连通分支，即本身是连通图，$G(\{v_2, v_3\})$ 组成连通子图，但非连通分支，因为不是最大连通子图。

图 7-9(b)有 2 个连通分支 $G(\{a,b,c\})$ 和 $G(\{d,e\})$，每个都是最大连通子图。

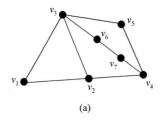
(a)

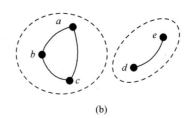
(b)

图 7-9

[定义 7-13] 在无向图 G 中，如果结点 u 和 v 之间连通，则 u 和 v 之间的最短路径称为短程线，其长度（边数）称为 u 和 v 之间的距离，记作 $d(u,v)$。若 u 与 v 不连通，规定 $d(u,v) = +\infty$。通常，应用中总是假定一个结点 u 与其自身是连通的且 $d(u,u) = 0$。

例如，在图 7-9(a)中，有 $d(v_3, v_4) = 2$。在图 7-9(b)中，有 $d(c, d) = +\infty$。

2．点割集与边割集

有时，需要考虑图连通性的"牢固程度"，即在图中删除结点或边对连通性的影响。

在图中对结点和边的删除操作是有很大差异的。删除一个结点时要同时删除其关联的边，但删除边时不删除其关联的结点。在图 G 中删除结点集合 V 记作 $G - V$，删除边集 E 记作 $G - E$。

[定义 7-14] 在无向图 $G = <V, E>$ 中，若有结点集 $V' \subseteq V$，使 $W(G - V') > W(G)$，但图 G 删除了 V' 的任何真子集后，连通分支数 $W(G)$ 不变，则称 V' 是 G 的一个点割集（cut-set of vertices）。若某个结点 v 自己构成一个点割集，则称其为割点（cut point）。

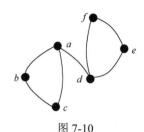

图 7-10

若有边集 $E' \subseteq E$，使得 $W(G - E') > W(G)$，而删除 E' 的任何真子集后，图 G 的连通分支数不变，则称 E' 是 G 的一个边割集（cut-set of edges）。若某个边 e 构成一个边割集，则称其为割边（cut-edge）或桥（bridge）。

例如，图 7-10 中的 a 和 d 为割点，(a, d) 为割边。

[定义7-15] 若 G 是连通的无向图，称 $\kappa(G) = \min\{|V'| \,|\, V'$ 是 G 的点割集$\}$ 为 G 的点连通度（或连通度，κ 音 /'kæpə/），$\lambda(G) = \min\{|E'| \,|\, E'$ 是 G 的边割集$\}$ 为 G 的边连通度。对平凡图和不连通图 G，有 $\kappa(G) = \lambda(G) = 0$。

$\kappa(G)$ 是为了产生一个不连通图需要删去的最少结点数，而 $\lambda(G)$ 则是需要删去的最少边数。它们从不同角度刻画了连通程度，或者说连通性的强弱。

显然，存在割点的连通图的连通度 $\kappa(G) = 1$，完全图 K_n 的连通度 $\kappa(G) = n - 1$（删去 $n - 1$ 个结点后变成平凡图）。存在割边的连通图的边连通度 $\lambda(G) = 1$。

[定理 7-7] 对任何一个无向图 G，有
$$\kappa(G) \leqslant \lambda(G) \leqslant \delta(G)$$

证明　若 G 是不连通图或平凡图，有 $\kappa(G) = \lambda(G) = 0 \leqslant \delta(G)$。若 G 是完全图 K_n，有 $\kappa(G) = \lambda(G) = \delta(G) = n - 1$。

对于其他情况，在删除最小度结点 v 所关联的所有边后，图 G 不连通，故 $\lambda(G) \leqslant \delta(G)$。当然，删除这些边关联的不同于 v 的 $\lambda(G)$ 个结点后也使图 G 不连通，故 $\kappa(G) \leqslant \lambda(G)$。■

例 7-5　若 n 阶简单图 G 的每对结点度数之和大于或等于 $n - 1$，则 G 是连通图。

证明　若 G 不是连通图，不妨假设其包含两个连通分支 $G_1 = <V_1, E_1>$ 和 $G_2 = <V_2, E_2>$，$|V_1| + |V_2| = n$。对 $\forall u \in V_1$ 和 $\forall v \in V_2$，必有
$$d(u) \leqslant |V_1| - 1, \quad d(v) \leqslant |V_2| - 1$$
即 $d(u) + d(v) \leqslant n - 2$，与题设矛盾。故 G 必是连通的。■

7.2.3　有向图的连通性

无向图的连通性不能直接推广到有向图。

[定义 7-16] 在有向图 G 中，如果从结点 u 到 v 有一条路，称从 u 可达 v。

可达性是有向图结点集上的二元关系，是自反和传递的，但一般来说不是对称的。有向图中可以类似地定义两个结点 u 和 v 之间的距离 $d(u, v)$。

[定义 7-17] 设 G 是简单有向图，若略去所有边的方向后得到的无向图是连通的，则称 G 为

弱连通的。若任意两个结点间至少从一个可达另一个，则称 G 是单侧（向）连通的。若任意两个结点间相互可达，则称 G 是强连通的。

容易理解，强连通图一定是单向连通图，单向连通图一定是弱连通图，反之不真。参见图 7-11。可以通过下述方法判别强连通性。

[定理 7-8] 一个有向图是强连通的，当且仅当图中有一条至少包含每个结点一次的回路。　■

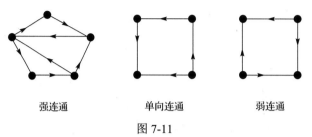

强连通　　　　　单向连通　　　　　弱连通

图 7-11

思考与练习 7.2

7-10　解释通路、回路、路径、迹、圈、连通、割点、割边、强连通和弱连通的含义。

7-11　在图 7-12 所示的图 G 中，求：

(a) a 到 f 的所有通路。　　(b) a 到 f 的所有迹。

(c) a 到 f 的距离。　　(d) $\kappa(G)$、$\lambda(G)$ 和 $\delta(G)$。

7-12　证明一个图 G 和它的补图 $\bar{G}$ 至少有一个是连通的。

7-13　若无向图中恰好有 2 个奇数度的结点，证明这 2 结点间必有一条通路。

7-14　设 G 是一个 n 阶简单无向图，且 $\delta(G) \geq n/2$，证明 G 是连通图。

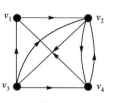

图 7-12

7.3　图的矩阵表示

一个二元关系可以用关系图来表示，得到一个对应的有向图，而任何一个有向图也可以视为关系图，从而转换为相应的关系。因此，关系与有向图有着相同的含义，处理关系的技术都可用于解决图的问题。

7.3.1　邻接矩阵

[定义 7-18] 若 $G = <V,E>$ 为简单图，$V = \{v_1, v_2, \cdots, v_n\}$，则 n 阶方阵 $A(G) = [a_{ij}]_{n \times n}$ 称为 G 的邻接矩阵（adjacent matrix），其中

$$a_{ij} = \begin{cases} 1, & (v_i, v_j) \in E \text{或} <v_i, v_j> \in E \\ 0, & \text{否则} \end{cases}$$

上述定义中允许图含有环。

显然，结点的邻接关系构成二元关系，而邻接矩阵就是关系矩阵。

例 7-6　写出图 7-13 所示的图 G 的邻接矩阵。

解　G 有如下的邻接矩阵：

图 7-13

$$A(G) = \begin{bmatrix} 0 & 1 & 0 & 0 \\ 0 & 0 & 1 & 1 \\ 1 & 1 & 0 & 1 \\ 1 & 1 & 0 & 0 \end{bmatrix} \qquad \blacksquare$$

若邻接矩阵中的两行和对应的两列同时对调，则相当于结点位置的交换，得到的矩阵描述了同样的有向图，只是交换了结点的序号。

无向图的邻接矩阵是对称的，第 i 行的元素之和为结点 v_i 的度，其对角线元素 a_{ii} 表明结点 v_i 是否有环。

有向图中第 i 行的元素之和为结点 v_i 的出度，而第 j 列的元素之和为结点 v_j 的入度。

[定理 7-9] 若 $A(G) = [a_{ij}]_{n \times n}$ 是图 $G = <V, E>$ 的邻接矩阵，$V = \{v_1, v_2, \cdots, v_n\}$，则 $A(G)^m$ 中的元素 $a_{ij}^{(m)}$ 表示由结点 v_i 到结点 v_j 的长度为 m 的通路数。

证明 因为 $A(G)^2 = A(G) \cdot A(G)$，对于 $A(G)^2$ 中的任意元素 $a_{ij}^{(2)}$，有

$$a_{ij}^{(2)} = \sum_{k=1}^{n} a_{ik} \cdot a_{kj}$$

由于每个 $a_{ik} \cdot a_{kj}$ 为 1 表示有一条从 v_i 经由 v_k 到达 v_j 的长度为 2 的路，故 $a_{ij}^{(2)}$ 为 v_i 到 v_j 的长度为 2 的路的数目。由归纳法可知，$a_{ij}^{(m)}$ 表示 v_i 到 v_j 的长度为 m 的路的数目。 $\blacksquare$

例 7-7 对图 7-13 的图 G，求结点 v_3 到结点 v_4 长度为 3 和 4 的路数。

解 因为

$$A(G)^2 = \begin{bmatrix} 0 & 0 & 1 & 1 \\ 2 & 2 & 0 & 1 \\ 1 & 2 & 1 & 1 \\ 0 & 1 & 1 & 1 \end{bmatrix}, \quad A(G)^3 = \begin{bmatrix} 2 & 2 & 0 & 1 \\ 1 & 3 & 2 & 2 \\ 2 & 3 & 2 & 3 \\ 2 & 2 & 1 & 2 \end{bmatrix}, \quad A(G)^4 = \begin{bmatrix} 1 & 3 & 2 & 2 \\ 4 & 5 & 3 & 5 \\ 5 & 7 & 3 & 5 \\ 3 & 5 & 2 & 3 \end{bmatrix}$$

可见，v_3 到 v_4 有 3 条长度为 3 的路，有 5 条长度为 4 的路。 $\blacksquare$

通常，我们并不关心由结点 v_i 到结点 v_j 有什么样的路，而仅是关心是否可由 v_i 到达 v_j。

[定义 7-19] 若 $G = <V, E>$ 为简单图，$V = \{v_1, v_2, \cdots, v_n\}$，则称 $P(G) = [p_{ij}]_{n \times n}$ 为 G 的可达矩阵（reachable matrix），其中

$$p_{ij} = \begin{cases} 1, & v_i \text{可达} v_j \\ 0, & \text{否则} \end{cases}$$

显然，为了求可达矩阵，可以先计算 $B = \sum_{k=1}^{n} A(G)^k$，再将 B 中所有非零元素置为 1 即为 $P(G)$。或者，将计算中的加法和乘法都换成逻辑加法和乘法，可直接求出可达矩阵 $P(G) = \bigvee_{k=1}^{n} A(G)^k$。

可达矩阵恰好是关系的传递闭包的关系矩阵，经典的快速计算方法是采用 4.4 节中讨论的 Warshall 算法。

例如，图 7-13 的图 G 的可达矩阵为

$$P(G) = \bigvee_{k=1}^{n} A(G)^k = \begin{bmatrix} 1 & 1 & 1 & 1 \\ 1 & 1 & 1 & 1 \\ 1 & 1 & 1 & 1 \\ 1 & 1 & 1 & 1 \end{bmatrix}$$

这说明 G 是一个强连通图。

任何一个结点到自身的可达性存在两种处理方法，我们认为有环可达，否则不可达。存在另一种方法认为任何结点到自身总是可达的，与环的有无无关。此时，总有 $p_{ii}=1$，$1 \leqslant i \leqslant n$。

7.3.2　关联矩阵

关联矩阵是一种用结点和边之间的关系表示图的方法。

[定义 7-20] 对图 $G=<V,E>$，$V=\{v_1,v_2,\cdots,v_n\}$，$E=\{e_1,e_2,\cdots,e_m\}$，称 $M(G)=[m_{ij}]_{n \times m}$ 为关联矩阵（incidence matrix）或完全关联矩阵。若 G 为无向图，则

$$m_{ij}=\begin{cases}1, & v_i \text{关联} e_j \\ 0, & \text{否则}\end{cases}$$

若 G 为有向图，则

$$m_{ij}=\begin{cases}1, & v_i \text{为} e_j \text{的起点} \\ -1, & v_i \text{为} e_j \text{的终点} \\ 0, & v_i \text{与} e_j \text{不关联}\end{cases}$$

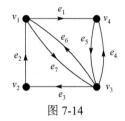

图 7-14

例 7-8　写出图 7-14 所示的图 G 的关联矩阵。

解　关联矩阵为

$$M(G)=\begin{bmatrix} 1 & -1 & 0 & 0 & 0 & -1 & 1 \\ 0 & 1 & -1 & 0 & 0 & 0 & 0 \\ 0 & 0 & 1 & 1 & -1 & 1 & -1 \\ -1 & 0 & 0 & -1 & 1 & 0 & 0 \end{bmatrix}$$

■

对于无向图的关联矩阵，有

(1) 因每条边关联 2 个结点（环的两个端点重合），故各列元素和为 2，即 $\sum_{i=1}^{n} m_{ij}=2$。

(2) 各行元素和等于结点的度，即 $\sum_{j=1}^{m} m_{ij}=\mathrm{d}(v_i)$。

对于有向图的关联矩阵，有

(1) 由于每条边贡献一个出度和入度，故各列元素和及所有元素和都为 0，即

$$\sum_{i=1}^{n} m_{ij}=0, j=1,2,\cdots,m，\quad \sum_{j=1}^{m}\sum_{i=1}^{n} m_{ij}=0$$

(2) 第 i 行中 1 的个数为 v_i 的出度，-1 的个数为 v_i 的入度，$i=1,2,\cdots,n$。

习题导引

思考与练习 7.3

7-15　写出图 7-15 中图 G 的邻接矩阵 A，并计算从 v_1 到 v_4 长度为 2 和 4 的通路数。

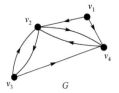

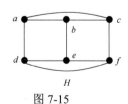

图 7-15

7-16　写出图 7-15 中图 H 的关联矩阵。

7-17　写出图 7-15 中图 K 的邻接矩阵，并计算：

　　(a) 从 v_1 到 v_4 的长度为 1～4 的通路数。

　　(b) 从 v_1 到自身的长度为 1～4 的回路数。

　　(c) 长度为 4 的回路总数和非回路通路总数。

　　(d) 可达矩阵。

7-18　*编写程序，计算任意两结点间指定长度的通路数。

7.4　几种特殊的图

7.4.1　二部图

很多应用中的对象可以按性质不同分组，同组的对象之间没有关联，即关联仅发生在不同组的对象之间。例如，工人的任务分配、学生的课程选择和课程的教室安排等均属此类。对这些问题的抽象结果形成了一类特殊的图模型，即二部图模型。

1. 二部图的定义及匹配

[定义 7-21] 若无向图 $G=<V,E>$ 的结点集 V 可分为两个不相交的子集 V_1 和 V_2，对 $\forall(u,v)\in E$，有 $u\in V_1$，$v\in V_2$，则称 G 为二部图（bigraph、或偶图、二分图）。

二部图可记为 $G=<V_1,V_2,E>$。如果 V_1 中每个结点都与 V_2 中的所有结点邻接，则称为完全二部图，记为 $K_{|V_1|,|V_2|}$。

图 7-16 显示了 1 个普通二部图 G，2 个完全二部图 $K_{2,3}$ 和 $K_{3,3}$。

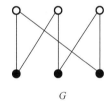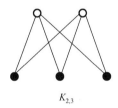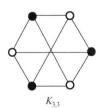

G　　　　　　　$K_{2,3}$　　　　　　　$K_{3,3}$　　　　　　　$K_{3,3}$

图 7-16

下述定理给出了二部图的判别方法。

[定理 7-10] 无向图 $G=<V,E>$ 是二部图，当且仅当 G 的所有回路长度为偶数。

证明　必要性。若 $v_1v_2\cdots v_kv_1$ 是二部图 $G=<V_1,V_2,E>$ 的一条长度为 k 的回路，不妨设 $v_1\in V_1$。因 v_2 与 v_1 相邻，故 $v_2\in V_2$。同样，$v_3\in V_1$。以此类推，有

$$v_{2i+1}\in V_1，\quad v_{2i+2}\in V_2，\quad i\geq 0$$

故回路的长度必是偶数。

充分性。设 G 中的每条回路长度都是偶数。若 G 为零图，结论成立。这里假定 G 为连通图，否则可对每个连通分支证明。任取 $u\in V$，利用如下规则将结点分组：

$$V_1=\{v\in V\wedge d(u,v)\text{为偶数}\}，\quad V_2=\{v\in V\wedge d(u,v)\text{为奇数}\}$$

那么，$V_1\bigcap V_2=\varnothing$，$V_1\bigcup V_2=V$，且至少 $u\in V_1$，与 u 邻接的结点 $\in V_2$，即 $V_1\neq\varnothing$，$V_2\neq\varnothing$。此时，V_1 中的任意两结点均不相邻。

否则，不妨设 $v_i, v_j \in V_1$，二者相邻，即边 $(v_i, v_j) \in E$。记 u 到 v_i、u 到 v_j 的短程线分别为 C_1 和 C_2，那么，C_1、C_2 和边 (v_i, v_j) 构成经由 u、v_i 和 v_j 的回路，参见图 7-17，且长度为奇数，与题设矛盾。同理，V_2 的结点之间也不相邻。故 G 是二部图。　　　　■

图 7-18 中的 G_1 和 G_4 不是二部图，因为它们都含有长度为奇数的回路，而 G_2 和 G_3 是二部图。

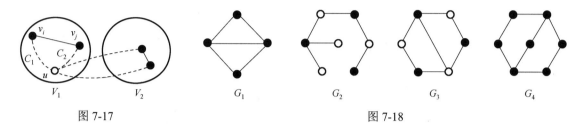

图 7-17　　　　　　　　　　　　　　　　　　　　图 7-18

二部图是一种应用广泛的图结构，匹配是其核心问题之一。

[定义 7-22] 在二部图 $G = <V_1, V_2, E>$ 中，$M \subseteq E$，若 M 的任意两条边均不相邻，则称 M 是 G 的一个匹配（matching，或边独立集、对集）。

$M = \varnothing$ 称为空匹配。若在 M 中增加任何新边都不再是匹配，称 M 是极大匹配。边数最多的极大匹配称为最大匹配。若 V_1（或 V_2）的每个结点都关联 M 的某条边，称 M 为从 V_1 到 V_2（或 V_2 到 V_1）的完全匹配。若 M 同时是从 V_1 到 V_2 和 V_2 到 V_1 的完全匹配，称其为完美匹配。

容易说明，完美匹配一定是最大匹配，反之不然。

例如，图 7-16 中各图 G、$K_{2,3}$ 和 $K_{3,3}$ 的最大匹配的边数分别为 3、2 和 3，且可以看出，最大匹配并不是唯一的。$K_{3,3}$ 的最大匹配也是完美匹配。

例 7-9　图 7-19(a) 和 (b) 粗实线确定的匹配是 $C = \{c_1, c_2, c_3\}$ 到 $S = \{s_1, s_2, s_3, s_4, s_5\}$ 的何种匹配？

解　C 的各结点都关联匹配中的边，故都是 C 到 S 的完全匹配。　　　　■

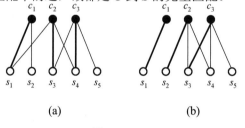

(a)　　　　　　　　　　　　　(b)

图 7-19

如果有一组教师和一组课程，每位教师都可以任意选择一门课程教授，那么，该问题可以用二部图来描述，且任意一个最大匹配就给出了一种所有教师能够承担最多门课程的具体方案。教师集到课程集的完全匹配是一种每位教师都任课的方案，课程集到教师集的完全匹配是每门课程都有教师讲授的方案，而二者的完美匹配则是所有教师和所有课程一一对应的方案。

[拓展] 二部图可以有效地解决如人员分配、教室排课以及各种网络模型中存在的问题。在人工神经网络中，输入层与隐含层、隐含层与隐含层之间也多为二部图结构[47-49]。

2. *求解最大匹配的匈牙利算法

[定义 7-23] 设 M 是二部图 $G = <V_1, V_2, E>$ 的匹配。M 中边的关联结点称为 M 匹配结点，其他结点称为非 M 匹配结点。M 中的边称为匹配边，其他边称为非匹配边。

若边集 Path 是 G 中一条连接两个非 M 匹配结点的路径（也是通路，因结点和边均不重复），

且非 M 匹配边和 M 匹配边在 Path 中交替出现，或无 M 匹配边，则称 Path 为相对于 M 的一条"增广路"。删除 M 的所有属于 Path 的边，代之以 Path 的所有非 M 匹配边，称为"对 Path 取反"。

由增广路的定义可以说明如下结论：

(1) Path 的路径长度必定为奇数，且首、末两条边都是非 M 匹配边，或仅是一条非 M 匹配边。

(2) Path 经过取反操作可以得到一个更大的匹配 M'（比原匹配 M 边数多 1）。

(3) M 为 G 的最大匹配当且仅当不存在相对于 M 的增广路。

于是，可以得到求解二部图最大匹配的快速算法（由匈牙利数学家 Edmonds 于 1965 年提出）：

(1) 置 M 为空；

(2) 找出一条增广路 Path，对 Path 取反，用获得的更大匹配 M' 代替 M；

(3) 重复操作(2)，直到找不出新的增广路。

例 7-10 利用上述算法求图 7-19(a)的一个最大匹配。

解 令 $M=\varnothing$。任取边 (c_1,s_1) 为增广路，取反并更新 M，有 $M=\{(c_1,s_1)\}$。因 $(s_2,c_1),(s_1,c_2)$ 为一条增广路，取反并更新 M，$M=\{(c_1,s_2),(c_2,s_1)\}$。又因 (c_3,s_4) 为一条增广路，取反加入 M，得

$$M=\{(c_1,s_2),(c_2,s_1),(c_3,s_4)\}$$

图中已不存在增广路，故最后得到的 M 就是图的最大匹配。∎

7.4.2 欧拉图

18 世纪中叶，东普鲁士的哥尼斯堡城（今俄罗斯的加里宁格勒）被一条贯穿全城的普雷格尔河分为 4 块，但可通过 7 座桥彼此相连，参见图 7-20(a)。当时该城的居民热衷于探讨这样一个游戏：从任何一块陆地出发，按什么路线可以经过每座桥一次且仅一次而回到原地？这就是著名的哥尼斯堡七桥问题。

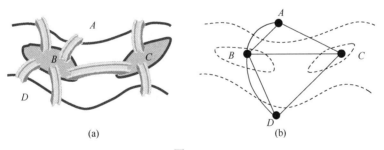

(a)　　　　　　　　(b)

图 7-20

1736 年，著名的瑞士数学家欧拉（Leonhard Eulerian）研究并给出了七桥问题的答案：无解，即不存在这样的路线。

欧拉将上述问题用一个抽象的图形来描述，其中的 4 块陆地分别用 4 个点表示，连接陆地之间的桥用连接两点的边表示，得到了图 7-20(b)所示的简化图。于是，该问题变成了：能否在图 G 中找到一条通过每条边一次且仅一次的回路？

[定义 7-24] 给定无孤立结点的无向图 G，G 中经过每条边一次且仅一次的通路（回路）称为欧拉路（欧拉回路）。具有欧拉回路的图称为欧拉图（Eulerian graph）。

[辨析] 尽管欧拉回路是欧拉路，但有欧拉路不能保证有欧拉回路，只有欧拉路而无欧拉回路的图也不能称为欧拉图。

可以这样判别一个图中是否含有欧拉路以及是否为欧拉图。

[定理 7-11] 无向图 G 具有一条欧拉路，当且仅当 G 是连通的，且有零个或两个奇数度结点。图 G 具有欧拉回路，当且仅当 G 连通且所有结点度数全为偶数。

证明 必要性。若 n 阶图 G 具有欧拉路，则有路 $v_1v_2\cdots v_l$ 经过每条边，$l \geq n$，v_i 可能重复。因为无孤立点，每结点至少连接一条边，故 $v_1v_2\cdots v_l$ 中一定包含了图的所有结点，可见 G 必然连通。由于每个非端点的结点 v_i 必在欧拉路中出现，而每次出现必关联两条边，故 $\mathrm{d}(v_i)$ 是偶数。可见，若 $v_1 = v_l$，则所有结点的度为偶数，否则，只有度 $\mathrm{d}(v_1)$ 和 $\mathrm{d}(v_l)$ 为奇数，其余结点的度均为偶数。

充分性。若 G 是连通的，且有零个或两个奇数度结点 v_1 和 v_l。无奇数度结点时，任选一个结点做 v_1。以 v_1 为起点，这样构造一条欧拉路或回路：

从 v_1 出发构造一条迹，即沿一关联边到达结点 v_2。因为 $\mathrm{d}(v_2)$ 为偶数，必可沿另一边到达 v_3。重复此过程，直到另一个奇数度结点 v_l 或 v_1，得到一条迹或闭迹 T_1。

若 T_1 通过 G 的所有边，则 T_1 就是欧拉路或欧拉回路。否则，T_1 中必存在结点 v_i 满足 $\mathrm{d}_{T_1}(v_i) < \mathrm{d}(v_i)$，这里的 $\mathrm{d}_{T_1}(v_i)$ 为 v_i 在子图 T_1 中的度。在 G 中去掉子图 T_1，从 v_i 出发按前述方法找到新的迹 T_2。

若组合 T_1 和 T_2 得到 G 则结束。否则，继续此过程直到得到最终的欧拉路。图 7-21 显示了构造欧拉路时的合并过程。　■

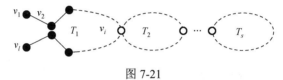

图 7-21

[辨析] 迹遵从前文定义，指边不重复的路。欧拉（回）路的构造就是利用小回路合并成最终（回）路的过程。

欧拉路和欧拉回路都可以推广到有向图中。

[定义 7-25] 给定无孤立结点的有向图 G，G 中经过每条边一次且仅一次的单向路（回路）称为单向欧拉路（欧拉回路）。具有单向欧拉回路的图称为（有向）欧拉图。

[定理 7-12] 有向图 G 具有一条单向欧拉回路，当且仅当 G 是连通的，且所有结点的入度等于出度。单向欧拉路只有两个结点除外，且其中一个出度比入度大 1，另一个入度比出度大 1。

例 7-11 判别图 7-22 的各图是否为欧拉图。

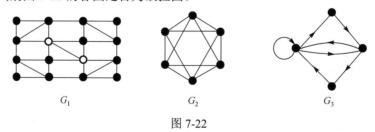

图 7-22

解 图 G_1 中只有 2 个奇数度结点，有欧拉路但无欧拉回路，不是欧拉图。G_2 和 G_3 都是欧拉图。　■

判别一个图 G 是否为欧拉图也就是一笔画问题，即笔不离纸，每条边只画一次而不许重复地将图一笔画出。

[拓展] 存在一个较有名的求欧拉路的算法称为 Fleury 算法[49]。

[拓展] 一个无向图（或有向图）的边可以赋予一组数值，表示边的长度，以代表实际长度、

费用和时间等。这种图称为带权图，且无向带权图也称为网络。

欧拉路仅关心是否有一条路，而在网络中有时更希望了解哪条欧拉路是最短的，这样的问题称为中国邮路问题[49]。

7.4.3 汉密尔顿图

1859 年，爱尔兰的威廉·汉密尔顿（William Hamiltonian）爵士发明了一个小游戏，在一个正十二面体的结点上标记 20 个城市，游戏的目的是沿十二面体的边寻找一条路能够通过每个城市仅一次，最后返回原地。汉密尔顿称此问题为周游世界问题，并做了肯定的回答。图 7-23 用序号给出了一条周游路线。

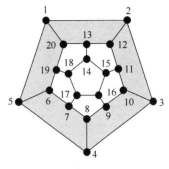

图 7-23

[定义 7-26] 通过图中每个结点一次且仅一次的路（回路）称为汉密尔顿路（汉密尔顿回路）。具有汉密尔顿回路的图称为汉密尔顿图（Hamiltonian graph）。规定平凡图为汉密尔顿图。

[辨析] 汉密尔顿回路是经过所有结点的最短回路。一条汉密尔顿路就是图的所有结点的一个全排列。

因为一个图中的平行边和环不影响是否存在汉密尔顿路和回路，故可以只考虑简单图。同时，汉密尔顿路的定义对无向图和有向图都适用。

与欧拉图不同，目前仍没有判别汉密尔顿图的充分必要条件，但可以分别给出充分条件和必要条件。

[定理 7-13] 在 n 阶简单图 G 中，若 G 的每对结点度数之和大于或等于 $n-1$，则 G 中存在汉密尔顿路。若 G 的每对结点的度数之和大于或等于 n，则 G 中存在汉密尔顿回路。　■

[拓展] 定理存在两种证法，包括反证法和构造性证法[49]。

此定理是充分而非必要的，即一个汉密尔顿图并非一定要满足定理的要求。例如，图 7-24 的 6 阶图 G_1 是汉密尔顿图，但两个结点的度数和为 $4<6-1$。

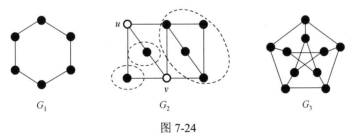

图 7-24

利用上述定理可以肯定一些特殊的图是汉密尔顿图：

(1) 若 n 阶（$n\geqslant3$）无向简单图 G 的最小度 $\delta(G)\geqslant n/2$，则 G 是汉密尔顿图。

(2) 完全图 K_n（$n\geqslant3$）和完全二部图 $K_{n,n}$（$n\geqslant2$）是汉密尔顿图。

下面的定义给出了必要条件，可以据此肯定一个图不是汉密尔顿图。

[定理 7-14] 若图 $G=<V,E>$ 是汉密尔顿图，则对结点集 V 的每个非空子集 S 均有 $W(G-S)\leqslant|S|$，其中的 $W(G-S)$ 是 $G-S$ 的连通分支数。

证明 设 C 是 G 的一条汉密尔顿回路，$S=\{s_1,s_2,\cdots,s_m\}$ 为 V 的非空子集。对 $\forall s_1\in S$，在 C 中删去 s_1 后的图 $G-\{s_1\}$ 仍连通，即 $W(C-\{s_1\})=1$。再删去 s_2 至多形成 2 个连通分支，即

$W(C-\{s_1,s_2\})\leqslant2$。利用归纳法可知，有

$$W(C-S)\leqslant|S|$$

由于 C 是 G 的生成子图，G 一般比 C 有更多的边，或者说 G 比 C 有更强的连通性，即 $W(G-S)\leqslant W(C-S)\leqslant|S|$。■

由定理可知，有割点的图一定不是汉密尔顿图。这是因为若 v 是图 G 的割点，则 $W(G-\{v\})=2$。

例 7-12　图 7-24 中的 G_2 不是汉密尔顿图，因为 $W(G-\{u,v\})=3$。■

此定理是必要但不是充分的，就是说，即使 $W(G-S)\leqslant|S|$ 成立也可能不是汉密尔顿图。例如，图 7-24 中的 G_3 满足此条件，但不是汉密尔顿图。此图称为彼得森（Petersen）图。

[拓展] 与中国邮路问题类似，在一个网络中经常要计算哪条汉密尔顿路是最短的，这样的问题称为巡回售货员问题或货郎担问题[49]。无论是欧拉路还是汉密尔顿路，并非不存在求解算法。例如，可以将所有边或结点进行全排列后逐个进行检验，这样的算法在边或结点很多时耗费时间巨大。因此，这些问题求解的核心是寻找效率更高的算法[49]。

思考与练习 7.4

习题导引

7-19　判断图 7-25 的图(a)和(b)是否为欧拉图。

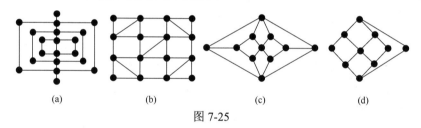

(a)　　　　　　(b)　　　　　　(c)　　　　　　(d)

图 7-25

7-20　判断图 7-25 的图(c)和(d)是否为汉密尔顿图。

7-21　对哪些 m 和 n，完全二部图 $K_{m,n}$ 中分别存在欧拉回路和欧拉路？

7-22　对哪些 n，完全图 K_n 中存在欧拉回路？

7-23　证明具有奇数个结点的二部图没有汉密尔顿回路。

7-24　设有 7 个人分别是 a、b、c、d、e、f、g，他们各擅长一些语言：

(a) a 会讲英语。　　　　　　　　　　(b) b 会讲英语和汉语。

(c) c 会讲英语、意大利语和俄语。　　(d) d 会讲日语和汉语。

(e) e 会讲德语和意大利语。　　　　　(f) f 会讲法语、日语和俄语。

(g) g 会讲法语和德语。

问可否从这 7 人中找出 7 名翻译，使每个人翻译一种不同的语言？

7-25　设有简单图 G，其结点数和边数为 $v\geqslant3$ 和 e，且 $e\geqslant\dbinom{v-1}{2}+2$，证明 G 是汉密尔顿图。

7-26　*编写程序，利用二部图最大匹配的匈牙利算法求二部图的最大匹配。

7.5 平 面 图

7.5.1 平面图与欧拉定理

1. 平面图

存在一些特殊的应用，如印刷电路板布线和管道设计等，在使用图建模时，通常希望图的边没有交叉，这样的图称为平面图。一般平面图仅指无向图。

[定义 7-27] 如果能把一个无向图 G 画在平面上，且任何两条边除了端点外没有其他交点，称 G 是平面图（plane graph）。

例如，图 7-26 中的 G_1 改画成 G_2 后可知其为平面图，而 $K_{3,3}$ 无论如何改造（如 G_3）总会有边交叉，不是平面图。

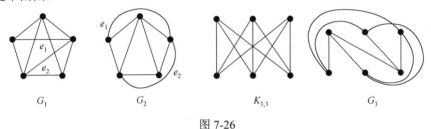

G_1 G_2 $K_{3,3}$ G_3

图 7-26

[辨析] 将一个图改画成平面图更体现了拓扑意义，可以随意重新安排结点的位置，或拉伸、弯曲任何一条边。

[定义 7-28] 设 G 是平面图，由 G 的边将 G 所在的平面划分为若干区域，各区域内不包含边和结点，则每个区域称为 G 的一个面（face）。面积有限的面称作有限面或内部面，面积无限的面称作无限面或外部面。

包围一个面的边构成回路，称为面的边界。面 r 的边界长度称为该面的次数，记作 $\deg(r)$。若两个面至少有一条公共边，则称其为邻接面。

例如，图 7-27 中的图共有 5 个面 r_0，r_1，r_2，r_3，r_4。其中，r_0 是无限面，r_4 由 4 条边围成，而 r_3 相当于由 5 条边所围成，即 $\deg(r_0)=3$，$\deg(r_1)=3$，$\deg(r_2)=3$，$\deg(r_3)=5$，$\deg(r_4)=4$。

面 r_3 有些特殊，它是这样围成的：从结点 c 开始，沿边 (c,d)、(d,e)、(e,f)、(f,e)、(e,c) 构成回路，形成该面。其中，特殊的边 (e,f) 正反各走一次。

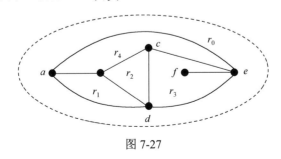

图 7-27

[辨析] 无向图仅有一个无限面。可以想象整个图包围在一个圆或矩形内，以免遗漏这个面。

若简单图的结点数 $v \geq 3$，且边数 $e \geq 3$，则对每个面 r 有 $\deg(r) \geq 3$，即除了特殊情况外，一个面至少由 3 条边围成。

平面图的边和面的次数有着非常简单的关系。

[定理 7-15] 任何一个有限平面图的面的次数之和等于其边数的 2 倍，即

$$\sum_{i=1}^{r}\deg(r_i)=2e$$

其中，r 和 e 分别为面数和边数。

证明 因为任何一条边，或者是两个面的公共边，或者在一个面中作为边界被计算 2 次（参见图 7-27 中的边 (e,f)），故面的次数之和等于其边数的 2 倍。 ∎

2. 欧拉定理

[定理 7-16] 设 G 是连通平面图，有 v 个结点，e 条边和 r 个面，则有如下欧拉公式：

$$v-e+r=2$$

此定理称为欧拉定理。若 G 是有 k 个连通分支的平面图，则推广的欧拉公式为

$$v-e+r=k+1$$

证明 对边采用归纳法。若 G 无边，即 G 为平凡图，则 $v=1$，$e=0$，$r=1$，结论成立。若 G 仅有一条边，则 $v=2$，$e=1$，$r=1$，结论也成立。

假定 G 有 e 条边时欧拉公式成立，$v-e+r=2$。

当 G 有 $e+1$ 条边时，新增的边只有图 7-28 所示的两种可能的加入方法。对于情况 1，图的结点数 v 和边数 e 各增 1，面数 r 不变，有

$$(v+1)-(e+1)+r=2$$

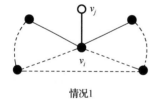
　　　　　　　　　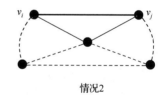

情况1　　　　　　　　　　　　　　　　　情况2

图 7-28

对于情况 2，图的结点数 v 未变，边数 e 和面数 r 各增 1，有

$$v-(e+1)+(r+1)=2$$

可见欧拉定理成立。

当 G 由 k 个连通分支组成时，对于每个连通分支，单独作为平面图看待时有

$$v_i-e_i+r_i=2$$

其中，v_i、e_i 和 r_i 为其结点数、边数和面数。于是，有

$$\sum_{i=1}^{k}(v_i-e_i+r_i)=2k=v-e+\sum_{i=1}^{k}r_i$$

由于每个连通分支有一个外部面，而合并后的图 G 只有一个外部面，即 $r=\sum_{i=1}^{k}r_i-(k-1)$，代入后即得到推广的欧拉公式。 ∎

[辨析] 欧拉公式源自有关空间中多面体性质的欧拉定理，其中的 v 是结点数，e 为棱数，r

为面数,两个定理的内容相同。

例 7-13 若 G 是一个有 v($v \geqslant 3$)个结点、e 条边的简单连通平面图,则有

$$e \leqslant 3v - 6$$

证明 记 G 的面数为 r。若 $v = 3$,$e = 2$,结论显然成立。若 $e \geqslant 3$,每个面的次数不小于 3。因为所有面的次数和为边数的 2 倍,即 $2e \geqslant 3r$。代入欧拉定理,有

$$2 = v - e + r \leqslant v - e + 2e / 3$$

整理后就是 $e \leqslant 3v - 6$。 ■

此结果可作为定理使用。有时,利用上述结果判定一个图不是平面图比欧拉定理更直接。

例 7-14 证明完全图 K_5 不是平面图。

证明 对于完全图 K_5,因为 $v = 5$,$e = \begin{pmatrix} 5 \\ 2 \end{pmatrix} = 10$,有 $3v - 6 = 9 < e$。故 K_5 不是平面图。 ■

例 7-15 证明完全二部图 $K_{3,3}$ 不是平面图。

证明 若完全二部图 $K_{3,3}$ 是平面图。因为 $K_{3,3}$ 的同一组结点不邻接,故每个面的次数不小于 4。因此,$2e \geqslant 4r$,即 $r \leqslant e / 2$。由欧拉定理,必有

$$2 = v - e + r \leqslant v - e + e / 2 = v - e / 2$$

即 $2v - 4 \geqslant e$。但由于 $v = 6$,$e = 9$,显然不满足此不等式。故 $K_{3,3}$ 不是平面图。 ■

[拓展] 利用欧拉定理否定平面图是有效的,但并没有简单的方法证明其是平面图。不过,存在一个可用的库拉托夫斯基(Kuratowski)定理[49]。

7.5.2 平面图着色

1852 年,英国的弗朗西斯·格思里(Francis Guthrie)提出了一个假设:每幅地图都可以用四种颜色着色,使得有共同边界的国家着上不同的颜色,这就是四色猜想。1880 年,肯普提出了一种能证明地图可用 5 种颜色着色的办法。1976 年,美国的两位数学家利用计算机完成了四色猜想的证明,进而将其命名为"四色定理"。

图的(结点)着色是指,若 G 为平面图,对 G 的每个结点都指定一种颜色,使得没有两个相邻结点被指定为相同颜色。

[定义 7-29] 若对图的结点着色的 k 种颜色选自一个有 k 种颜色的集合(不管 k 种颜色是否都用到),则称为图的结点 k 着色或 k 可着色。图 G 的结点着色所需要的最小颜色数称为 G 的色数,记作 $\chi(G)$(χ 音/kai/)。$\chi(G) = k$ 的图称为 k 色图。

[辨析] $\chi(G) = k$ 是指 G 是 k 可着色但不是 $k-1$ 可着色的。

[定理 7-17] 对于零图 G,有 $\chi(G) = 1$;对于任意二部图 G,有 $\chi(G) = 2$;对于 n 阶完全图 K_n,有 $\chi(K_n) = n$。 ■

目前,并没有简单的方法能够证明一个图 G 是否为 n 可着色的,但可以尝试用韦尔奇·鲍威尔(Welch Powell)方法进行着色:

(1) 将图 G 的结点按度数递减排序;

(2) 用颜色 1 对第一点着色,并按序对其后的与前面着色点不相邻的每点着相同颜色;

(3) 逐个用以后的颜色对尚未着色的点重复(2),直到所有点被着色。

例 7-16 利用韦尔奇·鲍威尔法对图 7-29 的图 G 着色并求 $\chi(G)$。

解 先对结点按度排序为

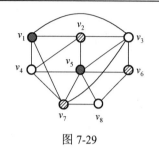

图 7-29

$$v_5，v_3，v_7，v_1，v_2，v_4，v_6，v_8$$

用颜色 1 对第一点 v_5 着色，并对与其不相邻的结点 v_1 着色。其次，用颜色 2 对 v_3 及其不相邻的 v_4 和 v_8 着色。最后，用颜色 3 对 v_7 及其不相邻的 v_2 和 v_6 着色，则所有结点均被着色。

由于 v_5、v_7 和 v_8 相互邻接，即 G 不能是 2 可着色的。因此，$\chi(G) = 3$。　　　　　■

图的色数可被用来解决某些实际问题。

例 7-17　某高校有 n 门选修课要进行期末考试,同一名学生一天至多只能参加一门课程考试,那么，如何利用图着色方法求期末考试需要的天数？

解　记选修课为结点集合 $V = \{v_1, v_2, \cdots, v_n\}$。构造简单图 $G = <V, E>$，使 $(v_i, v_j) \in E$ 当且仅当 v_i 和 v_j 被同一名学生选修。那么，图 G 的色数 $\chi(G)$ 就是所需的最少天数。　　　■

[定理 7-18]　对任意平面图 G，有 $\chi(G) \leqslant 4$。　　　　　■

此即"四色定理"，但尚无简单的证明方法。

[拓展] 地图的着色是针对区域的，为什么这里的讨论可以转换到对结点着色呢？原因是任何一个平面图都可以通过其对偶图将区域转换为结点，同时将结点转换为区域[3]。

思考与练习 7.5

习题导引

7-27　若一个 7 阶连通平面图有 6 个面，求图的边数。

7-28　若一个具有 3 个连通分支的平面图有 4 个面和 9 条边，求图的阶数。

7-29　若一个 n 阶连通平面图 G 有 m 条边，每个面的次数至少为 4，证明 $m \leqslant 2n - 4$。

7-30　若 v 阶连通平面图 G 有 e 条边，每个面的次数至少为 k（$k \geqslant 3$），证明 $e \leqslant k(v-2)/(k-2)$，并由此说明图 7-24 中的彼得森图是非平面图。

7-31　若简单连通平面图 G 的最小度 $\delta(G) \geqslant 3$，证明其边数不可能为 7。

7-32　求出图 7-30(a)中各图的色数。

7-33　利用韦尔奇·鲍威尔法对图 7-30(b)进行着色并求出其色数。

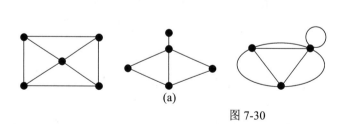
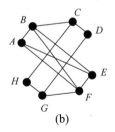

(a)

图 7-30

(b)

7-34　*编写程序，利用韦尔奇·鲍威尔法对图着色。

7.6　树

7.6.1　无向树

这里仅讨论无向图中的树。

[定义 7-30] 连通且无回路的图称为无向树，简称为树（tree）。树中度为 1 的结点称为叶（leaf，或树叶），度大于 1 的点称为分支点（internal vertice，或内点）。一棵树的结点个数称为树的阶数。

一个无回路的无向图，如果它的每个连通分支都是树则称为森林（forest）。

[定理 7-19] 给定有 v 个结点和 e 条边的图 $T =<V,E>$。以下关于树的定义等价：

(1) 无回路的连通图，即 G 是树。

(2) 无回路且 $e=v-1$。

(3) 连通且 $e=v-1$。

(4) 无回路，但增加一条新边将产生唯一一条回路。

(5) 连通，但删去任一边后不再连通。

(6) 每对结点之间有且仅有一条路。

证明 (1)⊢(2)。$v=2$ 时显然成立。假设 $v=k$ 时命题成立，当 $v=k+1$ 时，因为图连通且无回路，至少存在一个度为 1 的结点 $u \in V$。因为在删除 u（连同其邻接边）后的树中有 k 个结点，$e-1=k-1$ 成立。于是，有 $e=(k+1)-1=v-1$。

(2)⊢(3)。如果图不连通，则有 $s \geq 2$ 个连通且无回路的分支 $T_i =<V_i, E_i>$，$1 \leq i \leq s$。因为每个 T_i 都是树，有 $|E_i|=|V_i|-1$，故

$$e = \sum_{i=1}^{s} |E_i| = \sum_{i=1}^{s} |V_i| -s = v-s \neq v-1$$

这与题设矛盾。

(3)⊢(4)。$v=2$ 时，$e=v-1=1$，再增加一条边必产生回路，结论成立。

假设 $v=k$ 时命题成立。当 $v=k+1$ 时，因为图连通，无度为 0 的结点，故至少存在一个度为 1 的结点 $u \in V$。否则，若对每个 $v \in V$，有 $d(v) \geq 2$，由握手定理，有

$$e = (\sum d(v)) / 2 \geq v$$

与 $e=v-1$ 矛盾。

设与 u 邻接的结点为 v，删除 u 后的树为 T'。若在图中新加一条边 (a,b) 有 3 种情况：

(a) 与边 (u,v) 构成平行边，显然存在回路；

(b) 一个结点与 u 重合，另一结点与 T' 中的某结点 w 重合，因 v 与 w 连通，形成回路；

(c) 与 T' 内的两结点重合。因为 T' 有 k 个结点，由归纳法假定，必形成回路。参见图 7-31。

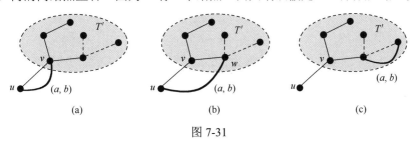

图 7-31

(4)⊢(5)。首先，T 必然是连通的，否则，在连通分支之间增加新边不会构成回路，与假设矛盾。其次，删除任一边一定不再连通，这是因为，若剩余部分仍连通，加上被删除的边就构成了回路，与无回路的题设矛盾。

(5)⊢(6)。因为连通，每对结点之间必然有路，但若某对结点之间有两条路就形成了回路，删去其中的一条边仍保持连通，与题设矛盾。

(6)⊢(1)。每对结点之间有路就是连通的定义。但如果存在回路，回路中的两结点之间就有两条以上的路，与题设矛盾。

[辨析] 这些定义是一些有关"什么是树？"的基本常识，练习在它们之间相互推证，可以帮助理解和掌握这些基本概念。

[辨析] 在 v 阶的图中，$v-1$ 是保证图连通的最少边数。

[定理 7-20] 任何非平凡树 $T=<V,E>$ 中至少有两片树叶。

证明 若至多有一片叶子，记 $|V|=v$，则至少有 $v-1$ 个结点的度均不小于 2。因此，由握手定理，有

$$e = \frac{\sum_{i=1}^{v} d(v_i)}{2} \geqslant \frac{2(v-1)+1}{2} = v-0.5 > v-1$$

与 $e=v-1$ 矛盾。

例 7-18 若树 T 有 2 度、3 度和 4 度的分支点各 1 个，问该树有几片叶子？

解 设树 T 的叶子数为 x，则 T 的阶数为 $x+3$。由树的定义知 T 的边数为 $x+3-1=x+2$。由握手定理，得

$$2+3+4+x = 2(x+2)$$

解得 $x=5$，即树 T 有 5 片叶子。

[辨析] 由于树的特殊性，分支点的状况在很大程度上决定了树的结构。

7.6.2　生成树

[定义 7-31] 若无向连通图 G 的生成子图 T 是树，则称 T 是 G 的生成树（spanning tree，或支撑树）。T 中的边称为树枝，G 的不在 T 中的边称为弦。T 的所有弦与其关联结点的集合称为 T 的余树或补。

例如，图 7-32 中的 T 是 G 的生成树，T' 是 T 的余树。图 G 有 5 条树枝，4 条弦。

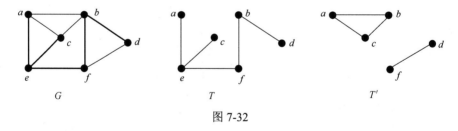

图 7-32

[定理 7-21] 任何连通图 G 至少有一棵生成树。

证明 若 G 无回路，则 G 本身就是树，也是其生成树。如果 G 中存在回路，则每次删除回路中的一条边，仍能保持图的连通性，直到不包含回路为止，得到树 T。因为 T 与 G 有相同的结点集，故是 G 的生成树。

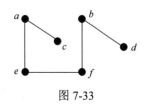

图 7-33

[辨析] 一个图的生成树可能不是唯一的，它与边的删除次序有关。例如，图 7-33 也是图 7-32 中图 G 的生成树，但与 T 不同，也不同构。

很明显，在一个具有 v 个结点，e 条边的图 G 中，任何一棵生成树恰好有 $v-1$ 条边（树枝），剩下的 $e-(v-1)=e-v+1$ 条边就是弦。

因为树中不能有回路，故一个回路与树的余树之间一定存在着交集。

例 7-19 证明一条回路与任何一棵生成树的余树至少有一条公共边。

证明 因为生成树与其余树是互补的，合并后构成原来的图。如果一个回路 L 与某个树 T 的余树没有公共边，则说明 L 完全包含在树 T 中，但这是不可能的，因为树不能有回路。 ∎

[定理 7-22] 任何边割集与任何生成树至少有一条公共边。

证明 因为在图 G 中删除一个边割集后，G 不再连通，更不能得到任何连通子图，包括生成树。因此，要得到生成树至少要保留边割集中的一条边。 ∎

如果我们把图想象为一个通信网络，那么，生成树说明了要保证通信畅通，至少要保留哪些线路，以及怎样组成连接关系。

[拓展] 如果希望找到一个具有最少边且覆盖整个图的子图就是生成树。因此，生成树给出了"遍历"一个图的完整路径。根据构造生成树的方式不同，可以产生"深度优先搜索"和"广度优先搜索"两种遍历图的方法[2]。

通常，建立一条连接线路总是要付出一定代价的，如金钱和时间消耗等，故人们更关心能够达到最小费用的生成树，即带权图的最小生成树。

[定义 7-32] 一个带权图是指图的每个边被赋予一个描述代价的数（通常为非负值，且被理解为边所关联的两个结点之间的距离），称为权值，而图的权是指所有边的权之和。无向带权图也称为网络。

[理解] 在一个无权图中，一条路径的长度是指其包含的边数，而在带权图中，路径的长度是其包含的边的权之和。如果视无权图中每边的权为 1，二者是一致的，都是带权图。

[定义 7-33] 在一个带权图 G 的所有生成树中，树权最小的生成树称为最小生成树（Minimum Spanning Tree，MST）。

以下是求最小生成树的 Kruskal（克鲁斯卡尔）算法。

[定理 7-23] 设图 $G = <V, E>$ 有 v 个结点，以下算法产生一个最小生成树 $T = <V, E_T>$：

(1) 令 $E_T = \varnothing$，选取权最小的边 e_1 加入 E_T，记边数 $i = 1$；

(2) 若 $i = v-1$ 结束，否则转(3)；

(3) 在 $E - E_T$ 中选择与 E_T 不构成回路且权最小的边 e_{i+1} 加入 E_T；

(4) $i = i+1$，转(2)。

此方法也称为避圈法。 ∎

Kruskal 算法是一个简单的循环，可以先将所有边按权的大小升序排列，再从前到后逐个判别。若一个边与已加入树中的边不构成回路则加入树，否则舍弃。选够 $v-1$ 条边结束。

例 7-20 求图 7-34 中的带权图 G 的最小生成树。

解 以下是构造最小生成树的过程：

(1) 先按权升序排列各边：

(v_1, v_2)，(v_2, v_5)，(v_1, v_5)，(v_2, v_4)，(v_2, v_3)，(v_3, v_4)，(v_1, v_4)，(v_4, v_5)

(2) 逐个选择边：

保留 (v_1, v_2)，保留 (v_2, v_5)，舍弃 (v_1, v_5)，保留 (v_2, v_4)，舍弃 (v_2, v_3)，保留 (v_3, v_4)，结束。

最后求得的最小生成树由图7-34中的实线边组成。 ∎

很明显，最小生成树不是唯一的，但树的权相同。

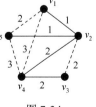

图 7-34

[拓展] Kruskal 算法是从边的角度计算最小生成树的，还有另一个比较著名的算法是 Prim 算法，该算法从点的角度计算最小生成树[50]。

7.6.3 *单源最短路径

除最小生成树外，另一个与带权图密切相关的经典问题是最短路径问题，即求出图中任意或指定两点 u 与 v 之间的最短距离。例如，将一个国家和地区的城市及城市间的公路抽象成图，边的权表示公路的里程，则两城市之间的最短路径给出了二者之间的最少里程。

解决此问题的一个著名算法是由 Dijkstra 在 1959 年给出的，能够计算出图中一个指定结点（单源）到其余各结点的最短路径。Dijkstra 算法依赖如下性质：

若 $P_{st}=v_s\cdots v_a\cdots v_b\cdots v_t$ 是从结点 v_s 到 v_t 的最短路径，v_a 和 v_b 是此路径上的两个中间结点，则 P_{ab} 必是从 v_a 到 v_b 的最短路径。

很容易验证上述性质。因为 $d(v_s,v_t)=d(v_s,v_a)+d(v_a,v_b)+d(v_b,v_t)$。若 P_{ab} 不是从 v_a 到 v_b 的最短路径，必定存在另一条从 v_a 到 v_b 的最短路径 P'_{ab}，其长度为 $d'(v_a,v_b)<d(v_a,v_b)$。若用此路径代替 P_{ab} 得到新路径 P'_{st}，其长度必小于 $d(v_s,v_t)$，与 P_{st} 是从 v_s 到 v_t 的最短路径矛盾。

设 $G=<V,E>$ 是一个带权有向（或无向）图，欲计算结点 v_0（称为源点）到其他各结点的最短路径。

Dijkstra 算法将图的结点分为 S 和 $U=V-S$ 两部分，分别代表已求出最优路径的结点集和未求出最优路径的结点集。初始时，$S=\{v_0\}$，即只有一个源点。算法每次从 U 中找出一个最短路径结点 v_m 移入 S，并更新 U 中 v_m 的所有邻接结点的最短路径，直到 $U=\varnothing$ 结束，更新方法是[7, 46]

$$d(0,t)\leftarrow \min_{v_t\in U\wedge t\neq m}\{d(0,t),d(0,m)+w(m,t)\}$$

式中，$d(a,b)$ 为结点 v_a 到 v_b 的最短路长度，$w(m,t)$ 为边 $<v_m,v_t>$ 的权。

图 7-35 解释了这种更新的过程和作用。

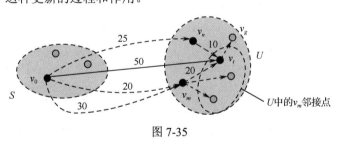

图 7-35

对于图中的状态，结点 v_m 是 U 中与 v_0 最短的路径，被移入 S。对 U 中 v_m 的所有邻接点，如 v_t，因为 $d(0,m)=20$，$w(m,t)=20$，$d(0,t)=50$，有 $d(0,m)+w(m,t)<d(0,t)$，故将 v_0 至 v_t 的最短路径更新为 $d(0,m)+w(m,t)=40$。

再次选择 U 中与 v_0 最短的路径是 v_n，因为 $d(0,n)+w(n,t)<d(0,t)$，故将 v_0 至 v_t 的最短路径更新为 $d(0,n)+w(n,t)=35$。对于 v_n 的邻接点 v_g 来说，如果 $v_0\cdots v_tv_g$ 是 v_0 到 v_g 之间的最短路径，则必然由 $v_0\cdots v_nv_t$ 构成，因为其是 v_0 到 v_t 之间的最短路径。

在此过程中记录下达到最小值的结点则可得到最短路径。

以下算法给出了 Dijkstra 算法的描述，其中，$N=|V|$，$W[N][N]$ 为权矩阵。若边 $<v_i,v_j>$ 存在，置 $W[i][j]$ 为其权，否则置 $W[i][j]$ 为 $+\infty$。算法中设置了最短路长数组 $D[N]$ 和最短路径数组 $P[N]$，$D[i]$ 用于记录 v_0 至 v_i 的最短距离，$P[i]$ 用于记录此最短路径上 v_i 的前一个结点。

```
初始化权矩阵 W;
初始化距离数组 D: 若边<v₀,vᵢ>存在, D[i]=W[0][i], 否则 D[i]=+∞;
初始化路径数组 P: 若边<v₀,vᵢ>存在, P[i]=0, 否则 P[i]=-1; /* 表示前无结点 */
S={vₛ};   U=V-S;
while(U≠∅){
    记 m=U 中使 D[i]值最小的结点 vᵢ;
    S=S∪{m};   U=U-{m};
    for(t=0; t<|U|; ++t){
        if(W[m][t]≠+∞ && D[m]+W[m][t]<D[t]){
            D[t]=D[m]+W[m][t];
            P[t]=m;
        }
    }
}
```

例如，对于图 7-36，有

$$W = \begin{vmatrix} 0 & 100 & 30 & +\infty & 10 \\ +\infty & 0 & +\infty & +\infty & +\infty \\ +\infty & 60 & 0 & 60 & +\infty \\ 0 & 10 & +\infty & 0 & +\infty \\ +\infty & +\infty & +\infty & 50 & 0 \end{vmatrix}$$

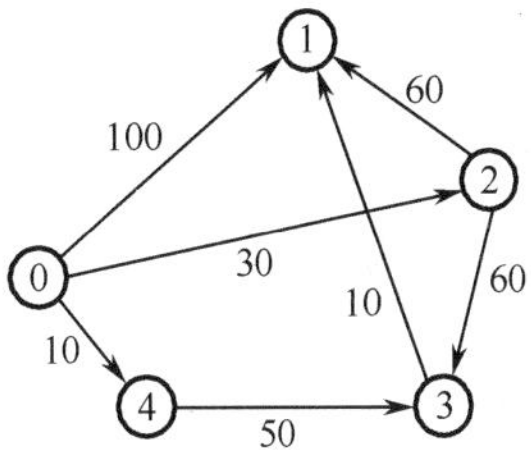

图 7-36

最短距离数组和最短路径数组分别为

$$D = (0,70,30,60,10) , \quad P = (0,3,0,0,0)$$

因为 $P[i]$ 保存着源点至 v_i 的最短路径上位于 v_i 的前一个结点。因此，源点至结点 v_i 的最短路径在 P 中形成一个链，从 $P[i]$ 逐渐查找直到值为 0 即可得到。例如，结点 0 至 3 的最短路径为 $P[3]=4$，$P[4]=0$。

Dijkstra 算法可用于网络中的路由，以找到一条最经济的数据包投递线路。

[拓展] 存在一种改进的 Floyd-Warshall 算法可以解决任意两点间的最短路径求解问题，还存在一些实用的算法可以解决负权图、关键路径及网络流等问题[50]。

[拓展] 图中一条边的权通常被理解为其所关联结点间的距离，即两物体在空间或时间上相距或间隔的长度，在统计和分类等问题中通常用距离来衡量两个样本的相似或相近程度。

结点间的距离 $d(u,v)$ 须满足如下性质：

(1) $d(u,v) \geq 0$，当且仅当 $u=v$ 时等号成立；

(2) $d(u,v) = d(v,u)$；

(3) $d(u,v) + d(v,w) \geq d(u,w)$，称为"三角不等式"。

因目的和限制不同，存在着多种对距离的理解和定义方法。

如果两个结点（物体、样本、点）用向量描述，分别记作 $u = (x_1, x_2, \cdots, x_n)$，$v = (y_1, y_2, \cdots, y_n)$，一种一般的距离定义方法称为闵可夫斯基距离（Minkowski distance，闵氏距离）

$$d(u,v) = \sqrt[p]{\sum_{i=1}^{n} |x_i - y_i|^p}$$

式中，p 是一个可变的参数，不同的 p 可构成不同的距离计算公式。

(1) $p=1$，曼哈顿距离（city block distance，城市街区距离，L_1-距离）

$$d(u,v) = \sum_{i=1}^{n} |x_i - y_i|$$

(2) $p=2$，欧氏距离（Euclidean distance，L_2-距离，欧几里得距离）

$$d(\boldsymbol{u},\boldsymbol{v})=\sqrt{\sum_{i=1}^{n}(x_i-y_i)^2}$$

(3) $p=+\infty$，切比雪夫距离（Chebyshev distance，L_∞-距离）

$$d(\boldsymbol{u},\boldsymbol{v})=\max_{1\leqslant i\leqslant n}|x_i-y_i|$$

还有标准化欧式距离、马氏距离、夹角余弦、海明距离等度量两个结点是否接近的方法。

7.6.4　根树

以下讨论有向图中的树。

1. 根树及其相关概念

[定义 7-34] 一个有向图，如果略去各边的方向后所得到的无向图是树，则称其为有向树（directed tree）。如果一棵非平凡的有向树中恰有一个结点的入度为 0，其余结点入度均为 1，则称为根树（rooted tree）。

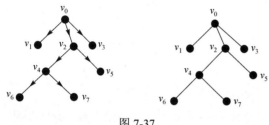

图 7-37

在根树中，入度为 0 的点称为树根（root）；入度为 1 且出度为 0 的点称为树叶；入度为 1 且出度大于 0 的点称为内点。内点和树根都是分支点。

例如，图 7-37 显示了一棵根树的原始画法和一般画法，其中，v_0 是树根，v_2 和 v_4 是内点，v_1、v_3、v_5、v_6 和 v_7 为树叶，v_0、v_2 和 v_4 是分支点。

[辨析] 通常，在绘图时根树总是向下方或向右方生长，故边的方向可以略去不画。

[定义 7-35] 在根树中，从树根到结点 v 的路的长度称为 v 的层数，记作 $l(v)$，有时也直接称为路径长度。树 T 中结点的最大层数称为树的深度或高度，记作 $h(T)$。对任意结点 a 和 b，若 $<a,b>\in T$，即 b 邻接到 a，称 b 是 a 的儿子，a 是 b 的父亲（或双亲）。若 a 和 b 的父亲相同，则称 a 和 b 是兄弟。若 $a\neq b$ 且 a 可达 b，称 a 是 b 的祖先，b 是 a 的后代（或后裔）。任何一个非根结点 a 及其后裔组成的子图是一棵以 a 为根的树，称为根子树。

显然，根树可以看作是一个家族。在图 7-37 的树中，根 v_0 的层数为 0，为所有结点的祖先。树高 $h(T)=3$。v_2 是 v_4 和 v_5 的父亲，v_6 和 v_7 是 v_4 的儿子，二者是兄弟，v_0、v_2 和 v_4 都是它们的祖先。

[辨析] 这些概念是树中的一些常见名词，也是必须了解的常识。不过，应注意各类文献在一些定义上存在差异。例如，本书中定义根的层次为 0，但也可定义为 1；本书中认为树的深度与高度含义相同，但也可以仅定义其为树深，并令树高 = 树深 +1。

[定义 7-36] 在根树中，如果每一层上的结点都规定了次序，则称为有序树。

[定义 7-37] 设 T 是一棵非平凡根树。

(1) 若每个分支点至多有 r 个儿子，则称 T 为 r 元树或 r 叉树。$r=2$ 时的 r 元树就是著名的二叉树。

(2) 若 T 的每个分支点恰好都有 r 个儿子，则称 T 为 r 元正则树。

(3) 若 r 元正则树 T 的所有树叶的层数均为树高 $h(T)$，则称其为 r 元完全正则树或满 r 叉树。

(4) 除最后一层外，每一层上的结点数均达到最大值，在最后一层上至多只缺少右边的若干

结点的 r 叉树称为完全 r 叉树。或者说，完全 r 叉树是可以缺少底层右边若干结点的满 r 叉树。

二叉树由于处理简单，在计算机领域的应用最为广泛，且任意一棵根树都可以转换为二叉树。

[辨析] r 元正则树也可以叙述为：每一个结点的出度都等于 r 或 0。在一些文献中，这种树就被称为完全 r 叉树，而本书中的完全 r 叉树指可能缺少底层右边结点的满 r 叉树。

图 7-38 给出了以上定义的各种 r 叉树（$r=2$）的示例。

有时，如果 T 是一棵 r 叉树，也将 r 称为 T 的阶数，此时的阶数不表示树的结点数目。

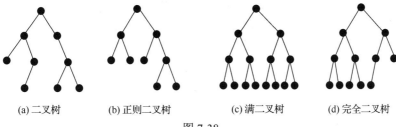

(a) 二叉树　　(b) 正则二叉树　　(c) 满二叉树　　(d) 完全二叉树

图 7-38

树为搜索、排序和编码等大量问题提供了非常有效的模型。例如，一般机构的组织结构图、软件系统的功能结构图是典型的树结构；一个 PDF 文件的书签按章节组织成一棵树，含有下级小节的章或节时都是分支点；计算机存储器中的文件是以目录方式组织的，文件或空目录是叶子，其他目录是分支点，整个文件系统为树的根；化学中的饱和碳氢化合物的分子可以用树来刻画，以便能轻易地区分两种分子是否异构等。

[拓展] 多数决策问题均采用树作为模型，以每次根据情况进行衡量并做出下一步决策，构成了一类重要的机器学习算法，称为决策树算法[51]。

2. 最优树

以下讨论二叉树中的典型问题，即求最优二叉树。

[定义 7-38] 若二叉树 T 有 t 片树叶 v_i，其层数为 $l(v_i)$，被赋予的权重为 w_i，$1\leqslant i\leqslant t$，称 $\mathrm{WPL}(T)=\sum_{i=1}^{t} w_i \cdot l(v_i)$ 为 T 的权（Weighted Path Length of tree）。所有具有 t 片叶子且权值相同的树中，权最小的二叉树称为最优二叉树。

例 7-21　求图 7-39 中的 3 棵二叉树的权。

解　3 棵树的叶子都带有相同的权 1、3、4、5、6，树的权分别是

$$\mathrm{WPL}(T_1) = (1+4+5)\times 2 + (3+6)\times 3 = 47$$

$$\mathrm{WPL}(T_2) = 3\times 1 + 4\times 2 + 5\times 3 + (1+6)\times 4 = 54$$

$$\mathrm{WPL}(T_3) = (6+3+5)\times 2 + (1+4)\times 3 = 43 \quad\blacksquare$$

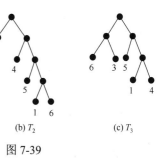

(a) T_1　　(b) T_2　　(c) T_3

图 7-39

实际上，它们都不是最优二叉树。

一种求最优二叉树的有效方法称为哈夫曼（Huffman）算法，以下算法给出了该算法的描述。

> 输入：给定实数权值 $w_i P$，$1\leqslant i\leqslant t$。
> 输出：最优二叉树。
> (1) 用每个实数 w_i 单独作为结点并组成一棵子树 T_i，记 $S = \{T_i | 1\leqslant i\leqslant t\}$；
> (2) 选择两棵根的权最小的子树 T_i 和 T_j 作为儿子构造一棵二叉树，其根的权为 T_i 和 T_j 的

> 根的权之和。将新的树加入 S，同时删除 T_i 和 T_j；
> 　　(3) 如果 $|S|=1$ 则输出并结束，否则转(2)。

例 7-22　求带权 1、3、4、5、6 的最优二叉树及其权。

解　图 7-40 给出了根据哈夫曼算法计算最优二叉树 T 的过程，其中的(d)为最优二叉树，权 $\text{WPL}(T)=42$。

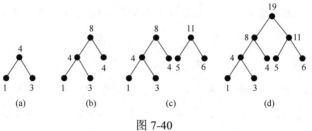

图 7-40

3．最优前缀码

利用 Huffman 算法构造的最优二叉树可以用来产生最优前缀码。

在计算机通信中，所有字符均需要用 0 和 1 组成的二进制串表示，称为编码。例如，字符 A、B、C、D 可分别用等长的串 00、01、10、11 表示。不过，在不同字符出现的频率不同时，采用不等长编码更为经济，但为了能够由一组编码串再切分出正确的字符编码（称为解码），需要采用前缀码的编码方式。

[定义 7-39] 对于一个 n 位符号串 $\alpha=\alpha_1\alpha_2\cdots\alpha_n$，符号串 α_1、$\alpha_1\alpha_2$、$\cdots$、$\alpha_1\alpha_2\cdots\alpha_{n-1}$ 称为 α 的长度为 1、2、$\cdots$、$n-1$ 的前缀。

若在一套编码方案（符号串集合）$\text{Code}=\{\beta_1,\beta_2,\cdots,\beta_m\}$ 中，任意两个符号串 β_i 和 β_j 互不为前缀，则称 Code 为前缀码。而只用 0、1 构成符号串时就是 2 元前缀码。

例如，$C_1=\{1,01,001,000\}$ 和 $C_2=\{00,10,11,011,0100,0101\}$ 是前缀码，而 $C_3=\{1,01,111,110\}$ 不是前缀码。

[辨析] 为什么不能互为前缀呢？至少能够确保正确地切分出字符的编码。例如，当有一串二进制码 1110111 传来时，用 C_1 可唯一切分为 1、1、1、01、1、1，但用 C_3 会产生多种可能的切分，如 1、110、111 和 111、01、1、1，我们不知道怎样切分才是正确的。

[定理 7-24] 对于任何一棵二叉树 T，只要将每个分支点的左儿子所在边标记 0，右儿子所在边标记 1（仅有一个儿子时 0、1 均可），则由根到所有叶子的路径上的边的标记组成的符号串集合构成前缀码。如果 T 是二叉正则树，则可产生唯一的 2 元前缀码。

例如，对于图 7-41(a)中的二叉树，依据标记产生前缀码 $\{00,10,11,010,0110,0111\}$。

如果知道了要传输符号的频率，可以利用这些频率作为权，用哈夫曼算法求出最优二叉树，再生成对应的前缀码。这样的前缀码可以使传输的二进制位最省，故称为"最佳前缀码"。

例 7-23　已知一次通信中采用 0～7 共 8 个字符，对应出现的频率为 30%、20%、15%、10%、10%、5%、5%、5%，求传输这些字符的最佳前缀码。

解　利用频率的整数部分作为权，依据哈夫曼算法求得最优二叉树，再依据定理 7-24 进行编码，得到 0～7 各字符对应的最优前缀码编码串为 01、11、001、100、101、0001、00000、00001。参见图 7-41(b)。

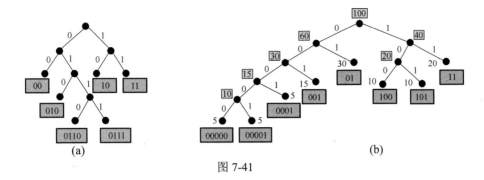

图 7-41

思考与练习 7.6

7-35 观察图 7-42(a)中的根树，找出下述结点或值：

(a) 根结点。　　　　　　　　　　　(b) 分支结点。

(c) 叶结点。　　　　　　　　　　　(d) 内点。

(e) 各结点的层。　　　　　　　　　(f) 各结点的父结点。

(g) 各结点的子结点。　　　　　　　(h) 树高。

(i) 所有子树。

7-36 证明满二叉树的结点个数必为奇数。

7-37 证明满二叉树的边的总数为 $2(n-1)$，其中的 n 为树叶数。

7-38 证明 n 阶满二叉树的树叶数目为 $(n+1)/2$。

7-39 证明 n 阶完全二叉树的树高为 $\lfloor \log_2 n \rfloor$，$\lfloor x \rfloor$ 表示不超过 x 的最大整数。

7-40 求高为 h 的 r 元完全正则树的树叶数和分支点数。

7-41 利用 Kruskal 算法求图 7-42(b)的最小生成树。

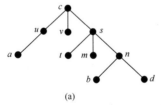

(a)　　　　　　　　　　　　　　　(b)

图 7-42

7-42 给定权 1、4、9、16、25、36、49、61、81、100，构造一棵最优二叉树。

7-43 说明下述符号串集合中哪些是前缀码。

(a) {0,10,110,1111}　　　　　　　(b) {1,01,001,000}

(c) {1,11,101,001,0011}　　　　　(d) {b,c,aa,ac,aba,abb,abc}

(e) {b,c,a,aa,ac,abc,abb,aba}

7-44 设 7 个字符在一次通信中出现的频率为 a：35%、b：20%、c：15%、d：10%、e：10%、f：5%、g：5%，求传输这些字符的最佳前缀码。

7-45 *编写程序，利用 Kruskal 算法求最小生成树。

7-46 *编写程序，利用 Dijkstra 算法求单源最短路径。

7-47 *编写程序，根据指定字符集和出现的频率生成最佳前缀码。

第8章 初等数论基础

数论也称为算术，是一个以整数性质及其关系为研究对象的古老数学分支。因研究方法和内容不同，大体上可以将数论分为初等数论和高等数论。初等数论采用初等方法对整数性质展开研究，以寻找素数通项公式为主线，形成了整除、同余和连分数等理论，以及著名的"四大定理"：威尔逊（Wilson）定理、欧拉（Euler）定理、中国剩余定理和费马（Fermat）小定理。尽管数论在早期的古典密码学和代数方程求解等问题的研究中发挥了作用，但如今受到关注的原因是其在现代密码学、代数编码、信号处理及组合数学等计算机相关领域的广泛应用。数论现已成为为计算机和网络系统提供安全的一种基本工具。

数论的研究对象是整数集 $\mathbf{Z}$ 或自然数集 $\mathbf{N}$。很多初等数学中遇到的问题都属于数论的研究范畴，如勾股定理、整数除法、素数的个数与性质、斐波那契数列、同余以及椭圆方程等。一般问题可以通过大量实例进行观察，再予以归纳和猜测，进而证实某种结果的存在。

例如，熟知的勾股定理的实质是问：两个平方数的和还能是平方数吗？答案是肯定的：
$$3^2+4^2=5^2$$
满足此性质的三个数（称为毕达哥拉斯三元组）还有很多，例如：
$$5^2+12^2=13^2，8^2+15^2=17^2，28^2+45^2=53^2$$
一个自然产生的问题是：存在无穷组平方数满足勾股定理吗？答案也是肯定的。若(a,b,c)满足勾股定理 $a^2+b^2=c^2$，对任意整数 d，显然 (da,db,dc) 也满足定理：
$$(da)^2+(db)^2=d^2a^2+d^2b^2=d^2(a^2+b^2)=d^2c^2=(dc)^2$$
立方数、4次方数以及对一般的 n，$n\geq3$，有类似上述结果吗？17世纪，法国数学家费马提出，不存在非零整数 a、b、c 使得 $a^n+b^n=c^n$，此即费马猜想。直到1994年，怀尔斯证明了此猜想的正确性，故"$a^n+b^n=c^n$ 在 $n\geq3$ 时无非零整数解"成为费马（大）定理。

从一般现象进行观察分析，总结和推测普遍性的结论，再证实结论的真实性是最重要和一般的研究方法，也是引入上述示例的原因。出于一般性了解和应用目的，本章仅介绍一些易于理解的初等数论基础知识，深入研究可参考专门的数论和密码学方面的书籍。

[辨析] 0可以归为自然数也可以不归入，本书的自然数集 $\mathbf{N}$ 包括0。

8.1 整数除法与素数

8.1.1 整数除法与整除

一个整数被另一个整数除，商可能是或不是整数，在仅考虑整数性质时，将相除的结果归结为商和余数。

[定义8-1] 设 a 和 b 为整数且 $a\neq0$。若存在一对整数 q 和 r，满足 $0\leq r<|a|$，使得
$$b=qa+r$$
称 a 是除数或除法的模，b 是**被除数**，q 是商，r 是余数，且记作
$$q=b\operatorname{div}a，r=b\bmod a$$
若 $r=0$，即 $b=qa$，则称 a 整除 b，记作 $a|b$，也称 a 为 b 的因数、因子或约数，b 为 a 的

倍数。否则，称为 a 不整除 b，记作 $a \nmid b$。

若 $b = qa$ 且 $q \neq \pm 1$，则称 a 为 b 的真因数或真约数，1 和 b 称为 b 的平凡因数。

例如，$15 = 3 \times 4 + 3$，表示 4 除 15 的商为 3，余数为 3。$-9 = -3 \times 4 + 3$，表示 4 除 -9 的商为 -3，余数为 3。$12 = 3 \times 4$ 表明 $4 \mid 12$，即 4 整除 12，或者说 12 是 4 的倍数。

很明显，$a \mid b$ 当且仅当 $r = b \bmod a = 0$，当且仅当存在整数 q，使得 $b = qa$。

[辨析] 可以证明 $b = qa + r$ 中的 q 和 r 存在且唯一，一般称此式为"整数除法"或"带余除法"。对于正整数 a 和 b，至少，可以反复地在 b 中减去 a 直到所剩的差小于 a 为止，就得到了 q 和 r。

[辨析] 注意定义中的余数 $r = b - a \lfloor b/a \rfloor \geqslant 0$。但是，很多语言或软件如 C、Java、Excel 等并不遵循此定义，其余数可能为负值，即 $r = b - a \lceil b/a \rceil$。这里的函数 $\lfloor x \rfloor$ 和 $\lceil x \rceil$ 分别表示取不大于 x 的最大整数和不小于 x 的最小整数。

整数的 $b = qa$ 和 $b = qa + r$ 表示形式非常有用，可用于验证大多数简单的性质。在群和循环群的一些结果的证明部分曾多次用到。

[定理 8-1] 设 $a \neq 0$、b 和 c 为整数，有

(1) $a \mid b \Leftrightarrow -a \mid b \Leftrightarrow a \mid -b \Leftrightarrow |a| \mid |b|$。

(2) 若 $a \mid b$ 且 $b \mid c$，则 $a \mid c$，即满足传递性。

(3) 若 $a \mid b$ 且 $a \mid c$，则 $a \mid (mb + nc)$，$m, n \in \mathbf{Z}$，即 b 和 c 的共同因子是二者线性组合的因子。

(4) 若 $b \neq 0$ 且 $a \mid b$，则 $|a| \leqslant |b|$，即非零整数仅有有限个（不超过 $|b|$）因子。

(5) 若 $m \neq 0$ 且 $a \mid b$，则 $a \mid b \Leftrightarrow ma \mid mb$。

(6) 若 $a \mid b$ 且 $b \mid a$，则 $a = \pm b$。

证明　仅证明(3)和(6)。(3) 因 $a \mid b$ 和 $a \mid c$，有整数 s 和 t，使 $b = sa$，$c = ta$。于是，有

$$mb + nc = m(sa) + n(ta) = (ms + nt)a$$

故 $a \mid (mb + nc)$。

(6) 由 $a \mid b$ 且 $b \mid a$，有整数 s 和 t，使 $b = sa$，$a = tb$。于是，有 $b = sa = stb$，得

$$st = 1$$

因 s、t 均为整数，故 $s = t = 1$ 或 $s = t = -1$，即 $a = \pm b$。　■

[辨析] "|"表示能除尽或者整除而非除法，若作为运算符对待，其优先级低于算术运算，即 $-a \mid b = (-a) \mid b$，$a \mid mb = a \mid (mb)$，甚至 $a \mid mb + nc = a \mid (mb + nc)$。

例 8-1　若 $b = 2a - 1$，且 $b \mid 2n$，则 $b \mid n$。

证明　由 $b = 2a - 1$，有 $bn = 2an - n$，即 $n = 2an - bn$。因为 $b \mid 2n$，有 $b \mid 2an$，又因 $b \mid bn$，故 $b \mid (2an - bn)$，即 $b \mid n$。　■

[辨析] 由 $b = 2a - 1$ 说明 b 是奇数，$2n$ 为偶数且是 b 的倍数，故 n 必是 b 的倍数。

8.1.2　素数与合数

[定义 8-2] 若有整数 $p > 1$，且 p 只有 1 和 p 这两个正因数，称 p 为素数（质数，prime number）。大于 1 但不是素数的正整数称为合数（composite number）。

[辨析] p 是合数当且仅当存在整数 a，$1 < a < p$，使得 $a \mid p$。

例如，7 是素数，它仅能被 1 和 7 整除；8 是合数，因其包含因子 2。除了 2 是素数以外，所有偶数都是合数。

由定义可知，正整数分为 1、素数和合数三类。

[定理 8-2] 若 n 为大于 1 的整数，则 n 的大于 1 的最小因数 p 必是素数。

证明　若 n 为素数，令 $p = n$ 即得结论。否则，n 是合数。若其最小因数 p 是合数，有整数 a，

$1<a<p$，使得 $a \mid p$，故 $a \mid n$，即 a 是 n 的因数，与 p 是最小因数假定矛盾，故 p 必是素数。■

一个整数的素数因数也简称为素因数或素因子。由定理的证明可知，合数必有素因子，即对于合数 a，必有素数 p，使得 $p \mid a$。

例 8-2　若 a、b 为整数，p 为素数且 $p \mid ab$，则必有 $p \mid a$ 或者 $p \mid b$。

证明　若 $p \nmid a$ 且 $p \nmid b$。因为有整数 s、t 和 r_a、r_b，使得

$$a = sp + r_a, \quad b = tp + r_b, \quad 0 < r_a < p, \quad 0 < r_b < p$$

于是，有

$$ab = (stp + sr_b + tr_a)p + r_a r_b$$

因为 $p \mid ab$，故 $p \mid r_a r_b$。可见，p 必是合数，这与 p 是素数矛盾。■

上述结果中对 p 为素数的要求是必须的，否则，结论可能不真。例如，$6 \mid 4 \times 9$，但 $6 \mid 4$ 和 $6 \mid 9$ 均不成立。

由此例可以得到一个一般性的结论。

[定理 8-3]　若 p 为素数且 $p \mid a_1 a_2 \cdots a_m$，则必存在 i，$1 \leq i \leq m$，使得 $p \mid a_i$。反之，若对所有的 $1 \leq i \leq m$，$p \nmid a_i$，则当 p 为素数时，必有 $p \nmid a_1 a_2 \cdots a_m$。■

[定理 8-4]　每个大于 1 的整数 n 都可以写成若干个素因子的乘积。此定理称为算术基本定理。

证明　n 为素数时结论显然成立。否则，n 是合数。由定理 8-2，记 p_1 为其最小素因子，有 $n = p_1 a$，且 $a > 1$。同样，记 p_2 为 a 的最小素因子，有 $n = p_1 p_2 b$。如此反复，直到 b 是素数为止，得到素因子序列 $p_1, p_2, \cdots, p_m$，使 $n = p_1 p_2 \cdots p_m$，合并相同的因子后可记为

$$n = p_1^{n_1} p_2^{n_2} \cdots p_s^{n_s}$$

其中，素因子各不相同，n_i 为 p_i 的重复数。■

事实上，如果将这些素因子按非递减次序排列，此分解方式是唯一的，称为整数的素因子分解式。

[辨析]　算术基本定理说明，素数是构成整数的基本构件。

例如，$50 = 2 \times 5 \times 5 = 2 \times 5^2$，$999 = 3 \times 3 \times 3 \times 37 = 3^3 \times 37$，$641 = 641$ 分别说明了整数 50、999 和 641 的素因子分解式。

如何找到一个整数的素因子呢？一种简单的方法是试除法。例如，对于整数 $n = 10$，可以用不超过 10 的素数（2、3、5、7）试除 10，如果能整除就找到了一个素因子。我们还可以利用下述结果进一步减小试除的范围。

[定理 8-5]　若整数 $n > 1$ 可以分解为 s 个素因子的乘积，则必有一个素因子不超过 $\sqrt[s]{n}$。特别地，若 $s = 2$，必有一个素因子小于或等于 $\sqrt{n}$。

证明　若所有素因子均大于 $\sqrt[s]{n}$，则它们的乘积将大于 n，故此结论是显然的。■

定理说明，一般情况下，寻找 n 的因数可以仅对不超过 $\lfloor \sqrt{n} \rfloor$ 的素数进行试除。如果找不到不超过 $\lfloor \sqrt{n} \rfloor$ 的素因子，则说明 n 是素数。

例 8-3　对 $n = 101$，因为 $\lfloor \sqrt{101} \rfloor = 10$，不超过 10 的素数只有 2、3、5、7，且它们都不能整除 101，说明 101 是素数。■

例 8-4　找出 444 的素因子分解式。

解　令 $n = 444$，从 $p = 2$ 开始用素数不断试除 n。若 p 为一个因数，则令 $n = n / p$，再重复此测试。否则，令 $p = 3$，进行下一个素数的试除测试，直到结束。过程如下：

测试 $p = 2$。因 $2 \mid 444$，找到一个素因子 2。令 $n = 444 / 2 = 222$，重新对 $p = 2$ 测试，因 $2 \mid 222$，

得到素因子 2。令 $n = 222/2 = 111$。2 已不能整除 111。

测试 $p = 3$。因 $3|111$，找到一个素因子 3。令 $n = 111/3 = 37$。3 已不能整除 37。

测试 $p = 5$，不能整除 37。由于 5 是不超过 $\sqrt{37}$ 的最大素数，测试结束，得到分解式为：

$$444 = 2^2 \times 3 \times 37$$

对于一个大整数，这种试除测试的效率仍是很低的。

对于 100 以内的合数，因为其素因子不超过 10，即必包括 2、3、5、7 中的某个因数。因此，只要删去 1，再删去 2、3、5、7 的倍数，就得到了所有素数。这种方法称为埃拉托斯特尼筛选法（sieve of Eratosthenes）。

[定理 8-6] 存在无限多个素数。

证明 若只有有限多个素数 $p_1, p_2, \cdots, p_m$。令

$$n = p_1 p_2 \cdots p_m + 1$$

显然，n 必为合数，否则与只有 m 个素数矛盾。于是，有素数 p，使得 $p|n$。因为假定不存在新的素数，故 p 必与某个 p_j 相同，即 $p|p_1 p_2 \cdots p_m$。因此，$p|(n - p_1 p_2 \cdots p_m)$，即 $p|1$，故 $p = 1$，这与 p 是素数（>1）矛盾。

尽管定理说明了素数是无限多的，但目前对素数的了解并不多，也没有统一的素数构造公式，人们仍不断追求发现更大的素数。研究发现，$2^p - 1$（p 是素数）中存在很多素数（称此形式的素数为梅森（Marin Mersenne）素数），且近 300 年来发现的大素数多为梅森素数。同时，还存在着判别 $2^p - 1$ 是否为素数的快速算法，且有一个专门致力于寻找新梅森素数的国际合作项目 GIMPS。

对于素数的分布问题，现已证明，若 a、b 没有共同因子，则每个 $ak + b$ 形式的级数中都有无穷多个素数。此外，还存在着一个与素数有关的著名未解难题，即"哥德巴赫猜想"：每个大于 2 的整数都可表示为两个素数之和，如 $3 = 1 + 2$，$4 = 2 + 2$，$9 = 2 + 7$ 等。

8.1.3 最大公约数与最小公倍数

1. 公约数与公倍数

[定义 8-3] 对不全为 0 的整数 a、b 和整数 d，若 $d|a$ 且 $d|b$，称 d 是 a 和 b 的公约数（公因子、公因数）。最大的公约数称为最大公约数（greatest common divisor），记作 $\gcd(a,b)$，简记为 (a,b)。

例如，$\gcd(18,24) = (18,24) = 6$，$(6,0) = 6$，$(9,8) = 1$。对任意的整数 n，有 $\gcd(1,n) = 1$。

[定义 8-4] 设 a、b 是非零整数，若有整数 m，使得 $a|m$ 且 $b|m$，称 m 是 a 和 b 的公倍数。最小的正公倍数称为最小公倍数（lowest common multiple），记作 $\text{lcm}(a,b)$，简记为 $[a,b]$。

例如，18 和 24 的公倍数有 72、144 和 288 等，但 $\text{lcm}(18,24) = 72$。对任意的整数 n，有 $\text{lcm}(1,n) = n$。

很明显，上述定义可直接推广到序列 $a_1, a_2, \cdots, a_m$（$m \geq 2$）的最大公约数和最小公倍数。

[辨析] 通常，我们仅对正整数的正公约数和公倍数感兴趣，而最小公倍数定义中直接增加了对正公倍数的要求。

[定理 8-7] 最小公倍数和最大公约数存在如下性质：

(1) 若 $a|m$ 且 $b|m$，则 $\text{lcm}(a,b)|m$。

(2) 若 $d|a$ 且 $d|b$，则 $d|\gcd(a,b)$。

证明 (1) 记 $\ell = \text{lcm}(a,b)$。若 $m = q\ell + r$，$0 \leq r < \ell$，则 $r = m - q \times \ell$。

因 $a|m$ 且 $b|m$，同时，$a|\ell$ 且 $b|\ell$，故 $a|r$ 且 $b|r$。

由于 ℓ 是最小的公倍数，故必有 $r=0$，结论成立。

(2) 记 $g=\gcd(a,b)$，$m=\mathrm{lcm}(d,g)$，则 $m\geqslant g$。若 $m=g$，因 $d|m$ 而知 $d|g$。否则，$m>g$。由 $d|a$ 且 $g|a$，根据式(1)，有 $m|a$。

同理，$m|b$。这说明 m 是 a 和 b 的公约数，与 g 是最大公约数矛盾。   ∎

例如，$\gcd(18,24)=6$，18 和 24 的公约数包括 1、2、3、6，它们都整除 6。$\mathrm{lcm}(5,6)=30$，60、90 等都是 5 和 6 的公倍数，都是 30 的倍数。

[辨析] 上述结果的含义是，公倍数一定是最小公倍数的倍数，公约数一定是最大公约数的约数（最大公约数一定是公约数的倍数）。

为了计算最大公约数和最小公倍数，可以利用整数的素因子分解。若

$$a = p_1^{a_1} p_2^{a_2} \cdots p_s^{a_s}, \quad b = p_1^{b_1} p_2^{b_2} \cdots p_s^{b_s}$$

其中，$p_1,p_2,\cdots,p_s$ 是 a、b 素因子分解式中包含的所有不同素因子，$a_1,a_2,\cdots,a_s$ 和 $b_1,b_2,\cdots,b_s$ 为对应因子的重复次数，在不含某因子时置其重复次数为 0，则有

$$\gcd(a,b) = p_1^{\min(a_1,b_1)} p_2^{\min(a_2,b_2)} \cdots p_s^{\min(a_s,b_s)}$$

$$\mathrm{lcm}(a,b) = p_1^{\max(a_1,b_1)} p_2^{\max(a_2,b_2)} \cdots p_s^{\max(a_s,b_s)}$$

例 8-5 求 60 与 350 的最大公约数和最小公倍数。

解 60 和 350 的素因子分解式为

$$60 = 2^2 \times 3 \times 5, \quad 350 = 2 \times 5^2 \times 7$$

重新表示成所有不同素因子的积为

$$60 = 2^2 \times 3 \times 5 \times 7^0, \quad 350 = 2 \times 3^0 \times 5^2 \times 7$$

于是，有

$$\gcd(60,350) = 2^{\min(2,1)} \times 3^{\min(1,0)} \times 5^{\min(1,2)} \times 7^{\min(0,1)} = 2 \times 3^0 \times 5 \times 7^0 = 10$$

$$\mathrm{lcm}(60,350) = 2^{\max(2,1)} \times 3^{\max(1,0)} \times 5^{\max(1,2)} \times 7^{\max(0,1)} = 2^2 \times 3^1 \times 5^2 \times 7^1 = 2100 \qquad ∎$$

2. 欧几里得算法（辗转相除法）

利用整数的素因子分解式计算最大公约数和最小公倍数效率低，常用的有效方法为欧几里得（Euclid）算法，即辗转相除法。该方法基于如下结果。

[定理 8-8] 若有带余除法 $b=qa+r$，$0\leqslant r<|a|$，则 $\gcd(b,a)=\gcd(a,r)$。   ∎

依据上述结果得到的欧几里得算法为：将计算 b 和 a 的最大公约数转换为求除数 a 和余数 r 的最大公约数。重复此过程，直到 r 为 0。最后一个非 0 余数 a 就是所求的最大公约数。欧几里得算法（辗转相除法）描述如下：

```
int gcd(int b, int a)
{
   while(a≠0)
   {
    r = b%a;                    /* r 为 b 除以 a 的余数 */
    b = a;                      /* 置 b 为上次的除数 a */
    a = r;                      /* 置 a 为 b 除以 a 的余数 */
   }
   return b;
}
```

例 8-6　求 55 和 20 的最大公约数 $\gcd(55,20)$。

解　根据欧几里得算法计算 55 和 20 的最大公约数，过程如下

$$55 = 2 \times 20 + 15，\quad 20 = 1 \times 15 + 5，\quad 15 = 3 \times 5 + 0$$

因此，$\gcd(55,20) = 5$。

从算法运行过程看，如果 $b < a$，第一次除法恰好交换了 b 与 a 的值。

3．gcd 的线性组合表示

关于最大公约数的一个有用的结论是 $\gcd(a,b)$ 可由 a 和 b 的线性组合表示出来。

[定理 8-9] 若 a 和 b 为正整数，则存在整数 s 和 t，使得 $\gcd(a,b) = sa + tb$。此定理称为贝祖定理（Bezouts identity）。整数 s 和 t 称为贝祖系数，可通过辗转相除及逐步回代得到。

例 8-7　求 $\gcd(78,30)$ 的线性组合表示。

解　先用辗转相除计算 $\gcd(78,30)$（右侧是用于回代时对余数的变形表示）：

$$
\begin{aligned}
78 &= 2 \times 30 + 18 &&\Leftrightarrow 18 = 78 - 2 \times 30 \\
30 &= 1 \times 18 + 12 &&\Leftrightarrow 12 = 30 - 1 \times 18 \\
18 &= 1 \times 12 + 6 &&\Leftrightarrow 6 = 18 - 1 \times 12 \\
12 &= 2 \times 6 + 0
\end{aligned}
$$

由此得 $\gcd(78,30) = 6$。再将右侧的余数表达式按相反次序逐个代入前一个表达式得

$$
\begin{aligned}
\gcd(78,30) = 6 &=_{(替代6)} 18 - 1 \times 12 \\
&=_{(替代12)} 18 - 1 \times (30 - 1 \times 18) = 2 \times 18 - 30 \\
&=_{(替代18)} 2 \times (78 - 2 \times 30) - 30 = 2 \times 78 - 5 \times 30
\end{aligned}
$$

[辨析] 上述示例的计算过程也隐含说明了定理 8-8 和 8-9 的证明过程。

gcd 与 lcm 之间存在一种简单的关系，已知其中一个可算出另一个。

[定理 8-10] 对于正整数 a 和 b，有 $\operatorname{lcm}(a,b) = ab / \gcd(a,b)$。

证明　记 $\ell = \operatorname{lcm}(a,b)$，$g = \gcd(a,b)$。

由贝祖定理，存在整数 s 和 t，使得 $g = sa + tb$。于是，有

$$\ell g = \ell sa + \ell tb$$

因为 $a \mid \ell$，知 $ab \mid \ell b$。又由 $b \mid \ell$，知 $ab \mid \ell a$，故 $ab \mid \ell g$，得 $ab \leqslant \ell g$。

因为 $g \mid a$，知 $b \mid ab / g$。又由 $g \mid b$，知 $a \mid ab / g$。这说明 ab / g 是 a 和 b 的公倍数。于是，$ab / g \geqslant \ell$，即 $ab \geqslant \ell g$。因此，$ab = \ell g$。结论成立。

[定义 8-5] 对整数 a 和 b，若 $(a,b) = 1$，称 a 与 b 是互素或互质的。一般地，若

$$(a_1, a_2, \cdots, a_m) = 1$$

称为 $a_1, a_2, \cdots, a_m$ 是互素的或两两互素的。

例如，5 与 12 互素，3、4、5、11 互素，而 6 和 9 不是互素的。

[辨析] 互素与素数无关，两数互素是指二者的最大公约数为 1，并非要求其本身是素数。例如，$(9,8) = 1$ 中的 9 与 8 都非素数，但二者互素。

[定理 8-11] 整数 a 和 b 互素当且仅当存在整数 s 和 t，使得 $sa + tb = 1$。

证明　由定理 8-9 可知必要性成立。

若存在整数 s 和 t，使得 $sa + tb = 1$。对于任何 a 和 b 的公约数 d，必有

$$d \mid (sa + tb)$$

即 $d \mid 1$，故 $d = 1$，即 a 和 b 互素。

[定理 8-12] 设 a、b、c、d 为正整数，有

(1) 若 $a\,|\,bc$ 且 a 与 b 互素，则 $a\,|\,c$。

(2) 若 $a\,|\,c$，$b\,|\,c$ 且 a 与 b 互素，则 $ab\,|\,c$。

(3) 若 a 与 b 互素且 $c\,|\,a$，则 c 与 b 互素。

证明　因 a 与 b 互素，存在整数 s 和 t，使得 $sa+tb=1$。于是，有 $csa+ctb=c$。

(1) 因为 $a\,|\,ca$，且 $a\,|\,bc$，故 $a\,|\,(csa+ctb)$，即 $a\,|\,c$。

(2) 因为 $b\,|\,c$，故 $ab\,|\,ac$，即 $ab\,|\,csa$。类似地，$ab\,|\,ctb$，故 $ab\,|\,c$。

(3) 记 $g=\gcd(c,b)$，有 $g\,|\,c$，$g\,|\,b$。因为 $c\,|\,a$，故 $g\,|\,a$，即 g 是 a 与 b 的公因子，故 $g\,|\,\gcd(a,b)$。因为 $\gcd(a,b)=1$，故 $g=1$。 ■

思考与练习 8.1

习题导引

8-1　求下列各式的商和余数。

    (a) 19 除以 7　　　　　　(b) 3 除以 5　　　　　　(c) 0 除以 17

    (d) –111 除以 11　　　　(e) –1 除以 13　　　　　(f) 4 除以 1

8-2　判断下列整数是否为素数。

    (a) 21　　　　　　　　(b) 71　　　　　　　(c) 143　　　　　　(d) 101

8-3　求出下列整数的素因子分解式。

    (a) 88　　　　　　　　(b) 729　　　　　　(c) 909090　　　　　(d) 10 !

8-4　对整数 $a>1$ 和 $m>1$，若 m 是奇数，证明 a^m+1 是合数。

8-5　若 $s\,|\,(10a-b)$，且 $s\,|\,(10c-d)$，证明 $s\,|\,(ad-bc)$，其中的各量均为整数。

8-6　若正整数 a 可表示为十进制形式 $a_na_{n-1}\cdots a_1$。证明：若 $9\,|\,(a_n+a_{n-1}+\cdots+a_1)$，则 $9\,|\,a$。

8-7　若整数 a、b、c、d 满足 $(a-c)\,|\,(ab+cd)$，则 $(a-c)\,|\,(ad+bc)$。

8-8　若 a 为正整数，则有

    (a)　$3\,|\,a(a+1)(a+2)$　　　　　　　　(b)　$6\,|\,a(a-1)(2a-1)$

8-9　一个正整数称为完全数，如果它等于除自身外的所有正真因子（不包括本身在内的因子）之和。若 2^p-1 是素数，证明 $2^{p-1}(2^p-1)$ 是完全数。

8-10　若 $2^m\pm1$ 是素数，则 m 为素数。

8-11　若 a 与 b 互素，证明：

    (a)　$(a+b,a-b)\leqslant 2$　　　　　　　　(b)　$(ab,a+b)=1$

8-12　求 $(45,75)$、$(323,211)$ 和 $(2^2\times3^3\times5^5,\,2^5\times3^3\times5^2)$，并给出它们的线性组合表示。

8.2　同余与同余方程

8.2.1　模算术与同余

有时，我们只关心一个整数除以另一个正整数的余数。例如，40 小时后是几点、10 天后是星期几等，其实质是计算 40 除以 24 和 10 除以 7 的余数。由定义 8-1，在整数除法中，b 除以 a 的余数被记作 $b\bmod a$。

[定义 8-6] 设 m 为正整数，对整数 a 和 b，若 $m\,|\,(a-b)$，称 a 与 b 模 m 同余，或 a 模 m 同余于 b，记作 $a\equiv b(\bmod m)$。若 a 与 b 模 m 不同余则记作 $a\not\equiv b(\bmod m)$。一般称 $a\equiv b(\bmod m)$ 为同

余式，m 是其模。

所有与 a 同余的整数集合称为 a 的同余类（剩余类），记作 $[a]_m$，也可简记作 $[a]$。

定义中的 $m\mid(a-b)$ 也可以描述为 "a 与 b 除以 m 的余数相同"。

[辨析] $a\equiv b(\bmod m)$ 表示 a 与 b 模 m 同余，即 a 与 b 除以 m 的余数相同，而 $a=b\bmod m$ 表示 a 等于 b 除以 m 的余数。

作为命题，$a\bmod m=b\bmod m$ 与 $a\equiv b\bmod m$ 是等价的。$m\mid a$ 也等同于 $a\equiv 0(\bmod m)$。

显然，对任意的整数 a、b 和 $m\geqslant 1$，若 $m\mid b$，则 $a\bmod m=(b+a)\bmod m$。

例 8-8　对正整数 m 和 n，有

(1) $(a\bmod m\times b\bmod m)\bmod m=ab\bmod m$。

(2) $a\equiv b(\bmod m)$ 当且仅当存在整数 s，使得 $a=b+sm$。

(3) 若 $a\equiv b(\bmod m)$，$a\equiv b(\bmod n)$ 且 m 与 n 互素，则 $a\equiv b(\bmod mn)$。

证明　(1) 若 $a\bmod m=r_a$，$b\bmod m=r_b$。由带余除法，有整数 s、t 和 r_a、r_b，$0\leqslant r_a<a$，$0\leqslant r_b<b$，使

$$a=sm+r_a,\quad b=tm+r_b$$

因此，有

$$ab\bmod m=((smt+r_at+r_bs)m+r_ar_b)\bmod m=r_ar_b\bmod m=(a\bmod m\times b\bmod m)\bmod m$$

(2) $a\equiv b(\bmod m)\Leftrightarrow m\mid(a-b)\Leftrightarrow\exists s(a-b=sm)\Leftrightarrow\exists s(a=b+sm)$。

(3) 由条件知，$m\mid(a-b)$，$n\mid(a-b)$。因 $(m,n)=1$，故 $a-b$ 一定是 mn 的倍数。　■

式(2)说明，a 和 b 模 m 同余等价于二者相差 m 的整数倍。例如，

$$16\equiv 11\equiv 6(\bmod 5),\quad 16=6+2\times 5=11+1\times 5$$

通常，模的加法和乘法运算称为模算术或同余算术。下述定理说明，同余加法和乘法都是保同余（即保持同余性）的。

[定理 8-13]　若 $a\equiv b(\bmod m)$，$c\equiv d(\bmod m)$，则

$$a\pm c\equiv(b\pm d)(\bmod m),\quad ac\equiv bd(\bmod m),\quad a^k\equiv b^k(\bmod m)$$

其中的 k 为非负整数。

证明　由已知，有整数 s 和 t，使得 $a=b+sm$，$c=d+tm$。于是，有

$$a+c=b+d+(s+t)m$$
$$ac=bd+(sc+bt+stm)m$$
$$a^k=(b+sm)^k=b^k+\sum_{i=1}^{k}\binom{k}{i}b^{k-i}(sm)^i=b^k+m\sum_{i=1}^{k}\binom{k}{i}b^{k-i}s^im^{i-1}$$

故结论成立。　■

[辨析] 例 8-8 中的(1)是 $ac\equiv bd(\bmod m)$ 的特例。

同余运算满足如下性质。

[定理 8-14]　对于整数 a、b、m 和 d，有

(1) 若 $d\geqslant 1$，$d\mid m$，且 $a\equiv b(\bmod m)$，则 $a\equiv b(\bmod d)$。

(2) 若 $d\geqslant 1$，且 $a\equiv b(\bmod m)$，则 $da\equiv db(\bmod dm)$。

(3) 若 $\gcd(d,m)=1$，则 $a\equiv b(\bmod m)$ 当且仅当 $da\equiv db(\bmod m)$。

证明　仅证明(3)。$\gcd(d,m)=1$ 说明 d 与 m 无公因子。因此，有

$$a\equiv b(\bmod m)\Leftrightarrow m\mid(a-b)\underset{(d\text{与}m\text{无公因子})}{\Leftrightarrow}m\mid d(a-b)\Leftrightarrow da\equiv db(\bmod m)$$　■

显然，同余关系具有自反性、对称性和传递性，即同余关系是等价关系。因此，a 的同余类

也是等价类。如同第 4 章的讨论，模 m 同余关系将整数集 $\mathbf{Z}$ 划分为由同余类组成的商集：

$$\mathbf{Z}_m = \{[0],[1],\cdots,[m-1]\}$$

定义 $\mathbf{Z}_m$ 上的同余类加法 $\oplus_m$ 和乘法 $\otimes_m$ 如下（可简记为 $\oplus$ 和 $\otimes$）：

$$[a]\oplus_m[b] = [(a+b)\bmod m]$$

$$[a]\otimes_m[b] = [(ab)\bmod m]$$

由定理 8-13 易知，$[a]\oplus_m[b]=[a+b]$，$[a]\otimes_m[b]=[ab]$。这里的同余类加法和乘法的本质就是模算术。

[辨析] 同余类算术运算也可用 $\mathbf{N}_m = \{0,1,\cdots,m-1\}$ 及定义于集合上的模 m 加法 $+_m$ 和乘法 $\times_m$ 表示：

$$a +_m b = (a+b)\bmod m$$

$$a \times_m b = (ab)\bmod m$$

甚至可以将 $\mathbf{N}_m$ 记作 $\mathbf{Z}_m$，因为运算性质是相同的。

8.2.2　一次同余方程及方程组

1. 一次同余方程

对整数 a、c 和 $m>1$，称下述方程为一次同余方程或线性同余方程：

$$ax \equiv c(\bmod m)$$

使方程成立的整数 x 称作方程的解。

一次同余方程不一定有解。例如，因为 $6-1=5$ 是奇数，而 4 是偶数，$4\nmid(6-1)$，故方程 $6x\equiv 1(\bmod 4)$ 必无解。

[定理 8-15] 一次同余方程 $ax\equiv c(\bmod m)$ 有解的充分必要条件是 $\gcd(a,m)\mid c$。

证明　记 $g=\gcd(a,m)$。

若 x 是方程的解，则有整数 s 使 $ax=c+sm$，即 $c=ax-sm$。因为 $g\mid a$ 且 $g\mid m$，故 $g\mid c$。

若 $g\mid c$，有 $\tilde{c}$ 使 $c=g\tilde{c}$。由 $\gcd(a,m)$ 的定义，有整数 $\tilde{a}$ 和 $\tilde{m}$ 使 $a=g\tilde{a}$，$m=g\tilde{m}$，且 $\tilde{a}$ 和 $\tilde{m}$ 必然也互素的。由定理 8-11，有整数 s 和 t 使 $s\tilde{a}+t\tilde{m}=1$。两边同乘以 $c=g\tilde{c}$，有

$$g\tilde{c}s\tilde{a}+g\tilde{c}t\tilde{m}=c$$

重新组合，有

$$(g\tilde{a})(\tilde{c}s)+(\tilde{c}t)(g\tilde{m})=c，\quad 即\ a\tilde{c}s=c-\tilde{c}tm$$

故 $x=\tilde{c}s$ 就是方程的解。结论成立。　∎

若 $\tilde{x}$ 是同余方程的解，即 $\tilde{x}$ 满足等式 $a\tilde{x}=c+sm$，其中，s 为某个整数。那么，对任意整数 k，有

$$a(\tilde{x}+km)=c+(s+ak)m$$

说明 $\tilde{x}+km$ 也是方程的解。换言之，同余类 $[\tilde{x}]_m$ 中的任何元素都是方程的解，故可将方程的解记作 $x\equiv\tilde{x}(\bmod m)$。如果 m 较小，只需要对 $\{0,1,\cdots,m-2,m-1\}$ 中的元素进行试探，即可找出方程的解。

例 8-9　求同余方程 $6x\equiv 3(\bmod 9)$ 的解。

解　由 $\gcd(6,9)=3$，且 $\gcd(6,9)\mid 3$，说明方程有解。对 $\{0,1,\cdots,7,8\}$ 中的元素进行试探，满足的等式有

$$6\times 2\equiv 3(\bmod 9)，\quad 6\times 5\equiv 3(\bmod 9)，\quad 6\times 8\equiv 3(\bmod 9)$$

说明 $[2]_9$、$[5]_9$ 和 $[8]_9$ 中的整数都是方程的解。　　　　　　　　　　　　　　　■

　　上述讨论说明，$\gcd(a,m)\,|\,c$ 是使方程存在解的前提，但要保证解的唯一性，还需要更严格的条件。

　　[定义 8-7] 对于整数 a、b 和 m，若 $ab \equiv 1(\bmod m)$，称 b 是 a 的模 m 的逆（模 m 逆），记作 $a^{-1}(\bmod m)$，也可简记为 a^{-1}。

　　[定理 8-16] 对于整数 a 和 m，$m>1$，则 a 的模 m 逆存在当且仅当 a 与 m 互素，且逆是唯一的，即任意两个逆模 m 同余。

　　证明　显然，a 的模 m 逆就是方程 $ax \equiv 1(\bmod m)$ 的解。于是，有

$$a \text{ 的模 } m \text{ 逆存在} \Leftrightarrow \text{方程 } ax \equiv 1(\bmod m) \text{ 有解}$$
$$\Leftrightarrow_{(\text{定理8-14})} \gcd(a,m)\,|\,1 \Leftrightarrow a \text{ 与 } m \text{ 互素}$$

若 b_1 和 b_2 都是 a 的模 m 的逆，则 $ab_1 \equiv 1(\bmod m)$，$ab_2 \equiv 1(\bmod m)$。因同余加法是保同余的，有

$$a \times (b_1 - b_2) \equiv 0(\bmod m) \equiv a \times 0(\bmod m)$$

由定理 8-14(3)，有 $b_1 - b_2 \equiv 0(\bmod m)$，即 $b_1 \equiv b_2(\bmod m)$。　　　　　　　■

　　[辨析] 若 a 与 m 互素，即 $\gcd(a,m)=1$。对任意的整数 c，有 $\gcd(a,m)\,|\,c$，从而保证方程 $ax \equiv c(\bmod m)$ 有解，即 $\gcd(a,m)=1$ 是比 $\gcd(a,m)\,|\,c$ 更严格的条件。

　　例 8-10　求同余方程 $7x \equiv 3(\bmod 9)$ 的解。

　　解　先用欧几里得算法计算并证明 $\gcd(7,9)=1$

$$7 = 0 \times 9 + 7$$
$$9 = 1 \times 7 + 2$$
$$7 = 3 \times 2 + 1，\text{最后的非零余数 } 1$$
$$2 = 2 \times 1 + 0$$

因为最后的非零余数为 1，说明 $\gcd(7,9)=1$。

　　其次，反向使用上述步骤，利用除数和被除数的线性组合消除余数，得到贝祖系数，进而得到 7 的逆：

$$\gcd(7,9) = 1 = 7 - 3 \times 2 = 7 - 3 \times (9 - 1 \times 7) = 4 \times 7 - 3 \times 9$$

由 $4 \times 7 = 3 \times 9 + 1$，即 $(7 \times 4)(\bmod 9) = 1$，说明 4 是 7 的模 9 的逆。

　　再用逆求解方程。在同余方程两端同乘以 4，有

$$4 \times 7x \equiv 4 \times 3(\bmod 9)$$

因为 $4 \times 7(\bmod 9) = 1$，$4 \times 3(\bmod 9) = 3$，得

$$x \equiv 3(\bmod 9)$$

说明，$[3]_9$ 中的整数都是此同余方程的解。　　　　　　　　　　　　　　　　　■

2．一次同余方程组与中国剩余定理

　　一次同余方程组问题一般都通过中国南北朝时期（公元 1 世纪）的著名数学著作《孙子算经》中的物不知数问题（现称为孙子问题或孙子谜题）引入：有物不知其数，三三数余二，五五数余三，七七数余二，问物几何？

　　如果用 x 表示所求数量，孙子谜题可描述成如下同余方程组：

$$\begin{cases} x \equiv 2(\bmod 3) \\ x \equiv 3(\bmod 5) \\ x \equiv 2(\bmod 7) \end{cases}$$

　　[定理 8-17] 若大于 1 的正整数 $m_1, m_2, \cdots, m_n$ 两两互素，$a_1, a_2, \cdots, a_n$ 为任意整数，则一次同余

方程组

$$\begin{cases} x \equiv a_1 \pmod{m_1} \\ x \equiv a_2 \pmod{m_2} \\ \cdots \\ x \equiv a_n \pmod{m_n} \end{cases}$$

有模 $m = m_1 m_2 \cdots m_n$ 下的唯一整数解，即存在一个 $0 \leqslant x < m$ 的整数解 x，其他解都与 x 模 m 同余。此定理称为中国剩余定理或孙子定理。

证明　首先构造一个满足方程组的解。对 $k = 1, 2, \cdots, n$，令 M_k 是除 m_k 之外的所有模数的乘积

$$M_k = m / m_k$$

因为 $m_1, m_2, \cdots, m_n$ 两两互素，对所有 $i \neq k$，m_i 与 m_k 没有大于 1 的公因子，故 $\gcd(m_k, M_k) = 1$。因此，M_k 有模 m_k 的逆，记作 y_k，有

$$M_k y_k \equiv 1 \pmod{m_k}$$

以下说明 $x = a_1 M_1 y_1 + a_2 M_2 y_2 + \cdots + a_n M_n y_n$ 就是方程组的解。

因为对所有 $i \neq k$，有 $M_i \equiv 0 \pmod{m_k}$，于是，有

$$x \bmod m_k = (a_k M_k y_k) \bmod m_k = a_k \bmod m_k \times (M_k y_k) \bmod m_k = a_k \bmod m_k$$

即

$$x \equiv a_k M_k y_k \equiv a_k \pmod{m_k}$$

结论成立。唯一性证明略。∎

例 8-11　求解孙子问题的同余方程组的整数解。

解　先令 $m = 3 \times 5 \times 7 = 105$，$M_1 = m / 3 = 35$，$M_2 = m / 5 = 21$，$M_3 = m / 7 = 15$。

其次，利用例 8-10 方法求出各 M_k 的逆。此例较简单，因为

$$35 \times 2 \equiv 2 \times 2 \equiv 1 \pmod{3}，\quad 21 \times 1 \equiv 1 \pmod{5}，\quad 15 \times 1 \equiv 1 \pmod{7}$$

知 M_1 的模 3 的逆、M_2 的模 5 的逆、M_3 的模 7 的逆分别是 $y_1 = 2$、$y_2 = 1$、$y_3 = 1$。于是，得到方程组的一个解为：

$$x = a_1 M_1 y_1 + a_2 M_2 y_2 + a_3 M_3 y_3 = 2 \times 35 \times 2 + 3 \times 21 \times 1 + 2 \times 15 \times 1 = 233$$

因此，方程组的解是

$$x \equiv 233 \equiv 23 \pmod{3}$$

方程组的最小解为 23。∎

[拓展] 大整数算术是一种非常耗时的运算，中国剩余定理为其提供了一种有效的算法：先选定一组模数 m_i，将两个大整数 x 和 y 用模分组表示，再进行模算术运算，最后通过解同余方程组恢复结果的值[2,9]。

思考与练习 8.2

习题导引

8-13　证明：对任意整数 a、b 和 $m \geqslant 1$，若 $m \mid b$，则 $a \bmod m = (b + a) \bmod m$。

8-14　若 a、b、m 为正整数，且 $m \geqslant 2$，$a \equiv b \pmod{m}$，则 $(a, m) = (b, m)$。

8-15　对非零整数 a、b 和整数 m，若 $m > |a| + |b|$，$a \equiv b \pmod{m}$，则 $a = b$。

8-16　对下列每对互素的整数 a 和 m，找出 a 模 m 的逆。

(a)　$a = 2, m = 17$ 　　　　　　　　　　(b)　$a = 19, m = 141$

(c)　$a = 55, m = 89$ 　　　　　　　　　　(d)　$a = 200, m = 1001$

8-17 解下列同余方程。

  (a) $4x \equiv 5(\bmod 9)$ (b) $19x \equiv 4(\bmod 141)$

8-18 解下列同余方程组。

  (a) $\begin{cases} x \equiv 2(\bmod 7) \\ x \equiv 2(\bmod 8) \\ x \equiv 3(\bmod 9) \end{cases}$ (b) $\begin{cases} x \equiv 6(\bmod 35) \\ x \equiv 11(\bmod 55) \\ x \equiv 2(\bmod 33) \end{cases}$

8-19 若 p 为素数，$a_1, a_2, \cdots, a_n$ 为整数，证明：

$$(a_1 + a_2 + \cdots + a_n)^p \equiv (a_1^p + a_2^p + \cdots + a_n^p)(\bmod p)$$

8.3 费马小定理与欧拉定理

8.3.1 费马小定理

[定理 8-18] 若 p 是素数，且 $a \not\equiv 0(\bmod p)$，则

$$a^{p-1} \equiv 1(\bmod p)$$

此定理称为费马小定理。

证明 首先，在定理的假定下，数列 $a \bmod p, 2a \bmod p, \cdots, (p-1)a \bmod p$ 与 $1, 2, \cdots, p-1$ 相同（次序可能不同）。这是因为，对任意的 $1 \leqslant i \neq k \leqslant p-1$，若

$$ia \equiv ka(\bmod p)$$

那么，$p \mid (i-k)a$。由 $a \not\equiv 0(\bmod p)$，知 $p \nmid a$，且因 p 是素数，必有 $p \mid (i-k)$。但因 $|i-k| < p-1$，$i-k \neq 0$，这是不可能的。可见，数列中的任何两个元素都不相同，且均非 0。因此，必与 $1, 2, \cdots, p-1$ 相同。

其次，因为

$$(a \bmod p \times 2a \bmod p \times \cdots \times (p-1)a \bmod p) \bmod p = (1 \times 2 \times \cdots \times (p-1)) \bmod p$$

即

$$(a \times 2a \times \cdots \times (p-1)a) \equiv (1 \times 2 \times \cdots \times (p-1))(\bmod p)$$

由于 $a \times 2a \times \cdots \times (p-1)a = a^{p-1}(1 \times 2 \times \cdots \times (p-1))$，在同余式中消去 $1 \times 2 \times \cdots \times (p-1)$ 即得结论。∎

利用费马小定理可以在不提供任何因子分解信息的情况下，肯定某个数是合数。例如，由定理知，必有 $7^{100} \bmod 101 = 1$，即 $7^{100} - 1$ 是一个合数而非素数。若直接验证，需要先计算出 $7^{100} - 1$，而这是一个 187 位的整数，计算量是巨大的。

还可以利用费马小定理简化计算。例如，为计算 $2^{35} \bmod 7$，可先分解此整数：

$$2^{35} = 2^{6 \times 5 + 5} = (2^6)^5 \times 2^5$$

因为 $2^6 \equiv 1(\bmod 7)$，故 $2^{35} \bmod 7 \equiv 1^5 \times 2^5 \bmod 7 \equiv 32 \bmod 7 = 4$。

例 8-12 求解同余方程 $x^{103} \equiv 4(\bmod 11)$。

解 显然，$x \not\equiv 0(\bmod 11)$。由费马小定理，有

$$x^{10} \equiv 1(\bmod 11)$$

因此，$x^{100} \equiv 1(\bmod 11)$，原方程等价于 $x^3 \equiv 4(\bmod 11)$。对 $1, 2, \cdots, 10$ 这些数进行试探可知，$x = 5$ 是方程的解，从而 $[5]_{11}$ 中的整数都是方程的解。 ∎

例 8-13 证明 $199 \mid \sum\limits_{i=1}^{200} i^{198}$ 。

证明 因为 199 是素数，对所有的 i，$1 \leqslant i < 199$，$i \not\equiv 0 (\bmod 199)$，故 $i^{198} \equiv 1 (\bmod 199)$。显然，$199^{199} \equiv 0 (\bmod 199)$，由 $200 = 199 + 1$ 知 $200^{198} \equiv 1 (\bmod 199)$。因此，有

$$\sum_{i=1}^{200} i^{198} \equiv \overbrace{1 + 1 + \cdots + 1}^{198\text{个}} + 0 + 1 \equiv 199 \equiv 0 (\bmod 199)$$

结论成立。　　　　　　　　　　　　　　　　　　　　　　　　　　　　　■

费马小定理给出了一种处理大整数的有效手段。

8.3.2 *欧拉函数与欧拉定理

费马小定理成立的前提是 p 为素数，且 $a \not\equiv 0 (\bmod p)$，此条件也可换成 a 与 p 互素。如果 p 不是素数，定理将不再成立。例如，$5^5 \equiv 5 (\bmod 6) \not\equiv 1 (\bmod 6)$。不过，可以猜测，有一个与 m 相关的整数 $\varphi(m)$ 可代替 $p-1$ 使等式成立。

[定理 8-19] 若 m 与 a 互素，即 $\gcd(a, m) = 1$，则

$$a^{\varphi(m)} \equiv 1 (\bmod m)$$

其中，$\varphi(m)$ 是 $1, 2, \cdots, m-1$ 中所有与 m 互素的整数个数。此定理称为欧拉定理，函数 φ 称为欧拉函数。

证明 令 $b_1, b_2, \cdots, b_{\varphi(m)}$ 是 $1, 2, \cdots, m-1$ 中所有与 m 互素的整数：

$$0 < b_1 < b_2 < \cdots < b_{\varphi(m)} < m$$

首先，如果 b 与 m 互素，由 $\gcd(a, m) = 1$，每个 $b_i a$ 也必与 m 互素。因为 $b_1, b_2, \cdots, b_{\varphi(m)}$ 包含了所有与 m 互素的整数，因此，每个 $b_i a \bmod m$ 必然是 $b_1, b_2, \cdots, b_{\varphi(m)}$ 中的一个。

其次，数列 $b_1 a \bmod m, b_2 a \bmod m, \cdots, b_{\varphi(m)} a \bmod m$ 必然与 $b_1, b_2, \cdots, b_{\varphi(m)}$ 相同（次序可能不同）。这是因为，对任意的 $1 \leqslant i \neq k \leqslant \varphi(m)$，若

$$b_i a \equiv b_k a (\bmod m)$$

那么，$m \mid (b_i - b_k) a$。由 $\gcd(a, m) = 1$，必有 $m \mid (b_i - b_k)$。但因 $|b_i - b_k| < m-1$，$b_i - b_k \neq 0$，这是不可能的。可见，数列中的任何两个元素都不相同，且均非 0。因此，必与 $b_1, b_2, \cdots, b_{\varphi(m)}$ 相同。于是，有

$$(b_1 a \bmod m \times b_2 a \bmod m \times \cdots \times b_{\varphi(m)} a \bmod m) \bmod m = (b_1 \times b_2 \times \cdots \times b_{\varphi(m)}) \bmod m$$

即

$$b_1 a \times b_2 a \times \cdots \times b_{\varphi(m)} a \equiv (b_1 \times b_2 \times \cdots \times b_{\varphi(m)}) (\bmod m)$$

由于 $b_1 a \times b_2 a \times \cdots \times b_{\varphi(m)} a = a^{\varphi(m)} (b_1 \times b_2 \times \cdots b_{\varphi(m)})$，在同余式中消去 $b_1 \times b_2 \times \cdots b_{\varphi(m)}$ 即得结论。　　■

[辨析] 欧拉定理的证明与费马小定理几乎完全一样，前者的内涵比后者更为一般。因此，通常将费马小定理看作欧拉定理的特例。当 p 为素数时，$1, 2, \cdots, p-1$ 就是与 p 互素的全部素数。

8.3.3 *RSA 密码系统原理

信息加密是保护信息的一种重要手段，其目的是为了使信息能从传送方传递给接收方时，通过伪装而不被外人知晓。通常，传送方要将信息做某种变换，称为加密或密码编制。接收方对密文进行分析和解密。

信息加密的方法很多，一般分为古典密码学和现代密码学。古典加密方法主要包括移位加密

和仿射变换加密。例如，对 26 个英文字母进行 k 位移位加密就是指按如下公式对任意字母 p（明文）进行变换，以得到密文 c

$$c = (p+k) \bmod 26$$

这里的 k 就是秘钥。仿射变换通常利用一个秘钥对信息进行加密。这样的秘钥称为私钥（只有自己知道的解密秘钥），接收方需要得到发送方的私钥才能解密信息，即双方需要共享私钥。一旦私钥泄露，密文很容易被解密。此类系统称为私钥密码系统。

古典密码系统均属私钥密码系统，通常也比较脆弱。现代私钥密码系统的典型代表是 AES（Advanced Encryption Standard，美国高级加密标准），符合此标准的密码系统复杂且被认为能很好地抵御密码分析。

现代网络通信中普遍使用的一种密码系统是 RSA，与私钥系统不同，这是 20 世纪 70 年代由麻省理工学院发明的公钥密码系统。公钥密码系统的基本工作方式是，信息接收方利用私钥生成一个公钥并将其发送给信息发送方，由发送方使用公钥对信息加密并将密文传送给接收方，接收方再用私钥对密文解密。由于使用公钥加密信息后不能用公钥解密，因此，公钥可以是众所周知的。参见图 8-1。

公钥
私钥

图 8-1

这种方法避免了通信双方需要持有相同的秘钥，能够解密的私钥只掌握在解密者手里。

RSA 公钥密码系统是欧拉定理（费马小定理）的直接应用。

1. RSA 加密

接收方任意选取两个大素数 p 和 q，计算 $n = pq$，$\omega(n) = (p-1)(q-1)$。再随机选择一个小于 $\omega(n)$ 的整数 e，使 $(e, \omega(n)) = 1$，并计算 d，使 $ed \equiv 1 \bmod (\omega(n))$。将 (n, e) 作为公钥发送给发送方，$(p, q, \omega(n), d)$ 作为私钥保存（$\omega(n)$ 和 d 可由公钥和 p、q 计算出来）。

接收方收到公钥 (n, e) 后，首先将信息做等长分组，使每组明文 m 都是整数且满足 $0 < m < n$，按如下方式计算密文，并将其公开传递给接收方：

$$c = m^e \bmod n$$

例 8-14 若明文由 A～Z 的 26 个字母组成的单词构成。选取 $p = 43$，$q = 59$，$e = 13$，利用 RSA 密码系统对信息 STOP 加密。

解 首先，计算 $n = pq = 2537$，$\omega(n) = (p-1)(q-1) = 2436$，可知 $\gcd(13, 2436) = 1$。

其次，将 A～J 和 K～Z 均表示为 00～09 和 10～25 的两位整数，则 STOP 转换为 18191415。按 4 位对其分组（最大值为 2525，$2525 < n = 2537$）：

$$1819 \quad 1415$$

利用 $c = m^e \bmod n$ 对其加密，得到密文：

$$1819^{13} \bmod 2537 = 2081, \quad 1415^{13} \bmod 2537 = 2182$$

加密后的密文为 2081 和 2182。　■

2. RSA 解密

对于 RSA 加密的密文，接收方可利用私钥按如下方式解密

$$m = c^d \bmod n$$

事实上，d 就是 e 的模 $\omega(n)$ 逆（因 $(e,\omega(n))=1$，故 d 必存在）。由 $ed \equiv 1 \bmod (\omega(n))$，故存在整数 k 使 $ed = 1 + k\omega(n)$。于是，有

$$c^d \equiv (m^e \bmod n)^d \equiv m^{ed} \equiv m^{1+k\omega(n)} (\bmod n)$$

若 $(m,n)=1$，则 $m \not\equiv 0(\bmod p)$，且 $m \not\equiv 0(\bmod q)$。由费马小定理知，有

$$m^{p-1} \equiv 1(\bmod p)，\quad m^{q-1} \equiv 1(\bmod q)$$

因此，有

$$c^d \equiv m \times (m^{p-1})^{k(q-1)} \equiv m \times 1 \equiv m(\bmod p)$$
$$c^d \equiv m \times (m^{q-1})^{k(p-1)} \equiv m \times 1 \equiv m(\bmod q)$$

由 $(p,q)=1$，得 $c^d \equiv m(\bmod pq) \equiv c^d \bmod n$。因加密时的分组保证了 $m < n$。因此，$c^d \bmod n = m \bmod n = m$ 就是明文。

$(m,n) \neq 1$ 的情况十分罕见，且此情况下也可证明结论成立。

[拓展] 对 $(m,n) \neq 1$，即 m 与 n 不互素情况下的证明可参见文献[9]。

例 8-15　若收到利用例 8-14 的 RSA 密码加密的密文 0981 0461，计算其明文。

解　先计算出 $e = 13$ 的模 $\omega(n)$ 逆 $d = 937$，按公式 $m = c^d \bmod n$ 解密出明文：

$$0981^{937} \bmod 2537 = 0704，\quad 0461^{937} \bmod 2537 = 1115$$

再将明文 07041115 按 2 位分组对应到字母为 HELP。　　　　　　　　　　　　■

之所以 RSA 系统可以作为公钥加密系统，其原因在于"大整数因子分解的困难性"。已知两个大素数 p 和 q，可以迅速找到一个与 $(p-1)(q-1)$ 互素的整数 e，以及 e 的模 $(p-1)(q-1)$ 逆 d，从而形成公钥。但是，为了解密，需要由 $n = pq$ 再分解出适合的素数因子 p 和 q。由于缺乏有效算法，当 n 达到 400 位时，可能需要数十亿年才能将其分解出来。

[拓展] 例 8-15 中隐藏着一个问题，类似 0981^{937} 等都是很大的整数。那么，对于大的整数 x 和 m，$x \bmod m$ 容易求吗？尽管求一个一般的大整数的模非常耗时，但对于其中的特殊问题"模指数运算"却存在着快速算法，即可以利用算法迅速求出 $a^n \bmod m$ 的值[2]。

思考与练习 8.3

知识导图
初等数论基础

习题导引

8-20　利用费马小定理计算 $7^{121} \bmod 13$ 和 $23^{1002} \bmod 41$。

8-21　若 p 是素数且 $p \nmid a$，证明 a^{p-2} 是 a 模 p 的逆。

8-22　若 p、q 为不同的奇素数，且 $a^{p-1} \equiv 1(\bmod p)$，$a^{q-1} \equiv 1(\bmod q)$，则 $a^{pq} \equiv a(\bmod pq)$。

8-23　利用文中示例的 RSA 密码系统加密明文 FAST，再予以解密。

8-24　*编制程序，利用文中示例的 RSA 密码系统实现文本的加密和解密。

附录A　符号索引

符号	含义	符号	含义
1、**T**、**true**	真	**N**	自然数集
0、**F**、**false**	假	**Q**	有理数集
$\neg$	否定	**C**	复数集
$\wedge$	合取，交运算（取下确界）	**R**$^+$	正实数
$\vee$	析取，并运算（取上确界）	**Z**$^+$、**I**$^+$	正整数集
$\underline{\vee}$	不可兼析取	**Q**$^+$	正有理数集
$\rightarrow$	条件	**Q**$^-$	负有理数集
$\leftrightarrow$	双条件	$\varnothing$	空集
$\xrightarrow{c}$	条件否定	U、E	全集
$\uparrow$	与非	$\mathscr{P}(A)$、2^A	集合 A 的幂集
$\downarrow$	或非	$A \cap B$	集合 A 与 B 的交
$\Leftrightarrow$	（逻辑）等价	$A \cup B$	集合 A 与 B 的并
$\Rightarrow$	蕴含	$A - B$	集合 A 与 B 的差
P	前提引入规则	$A \oplus B$	集合 A 与 B 的对称差
T	等价与蕴含规则	$\sim A$、$\overline{A}$	集合 A 的余集
CP	CP 规则	$\cap A$	集合 A 的广义交
A^*	命题公式 A 的对偶式（命题）	$\cup A$	集合 A 的广义并
$H_1, H_2, \cdots, H_n \Rightarrow C$	有效推理形式	$<x, y>$	序偶、二元组
$P \vdash Q$	由 P 逻辑推证 Q	$<x_1, x_2, \cdots, x_n>$	n 元组
$\mathscr{D}$	论域（个体域）	$A_1 \times A_2 \times \cdots \times A_n$	笛卡儿积
$\forall$	全称量词	R	关系
$\exists$	存在量词	xRy、$<x, y> \in R$	x 与 y 有关系 R
US、UI、$\forall-$	全称指定（消去）规则	$A \times B$	集合 A 到 B 的全关系（笛卡儿积）
UG、$\forall+$	全称推广（产生）规则	I_A	集合 A 上的恒等关系（函数）
ES、EI、$\exists-$	存在指定（消去）规则	M_R	关系矩阵
EG、$\exists+$	存在推广（产生）规则	G_R	关系图
$x \in A$	x 属于集合 A	R^{-1}、R^C	关系 R 的逆
$x \notin A$	x 不属于集合 A	$R \circ S$	关系 R 与 S 的复合
$A \subseteq B$	集合 A 包含于 B	$r(R)$	关系 R 的自反闭包
$A = B$	集合 A 等于 B	$s(R)$	关系 R 的对称闭包
$A \subset B$	集合 A 是 B 的真子集	$t(R)$	关系 R 的传递闭包
$\|A\|$	有限集 A 的元素个数	$\bigcup\limits_{k=1}^{\infty} R^k$	
R	实数集	R^m	关系 R 的 m 次幂
Z、**I**	整数集	$[a]_R$	a 生成的 R 等价类
$m \mid n$	m 整除 n	S_n	n 元对称群
$x \bmod k$	x 除以 k 的余数	aH，Ha	H 的左、右陪集
$x \equiv y \pmod{m}$	x 与 y 模 m 同余	$<L, \vee, \wedge>$	格 L 诱导的代数系统
A/R	商集	$\overline{a}$	a 的补元
$<A, \preccurlyeq>$	偏序集，格	$^-$	取补运算

续表

符号	含义	符号	含义
$x \preccurlyeq y$	$<x,y> \in$ 偏序关系 $\preccurlyeq$	$<B, \vee, \wedge, ^-, 0, 1>$	布尔代数
$x \prec y$	$x \preccurlyeq y$ 且 $x \neq y$	$G = <V, E>$	图
COV(A)	盖住集	$<u, v>$	有向边
LUB、 $\sup\{x, y\}$	上确界	(u, v)	无向边
GLB、 $\inf\{x, y\}$	下确界	d(v)	结点 v 的度
$\gcd(x, y)$、 (x, y)	x 与 y 的最大公约数	d$^+$(v)	结点 v 的出度
$\mathrm{lcm}(x, y)$、 $[x, y]$	x 与 y 的最小公倍数	d$^-$(v)	结点 v 的入度
$\mathrm{dom}\, f$、 $\mathrm{dom}(f)$	前域，定义域	$\Delta(G)$	最大度
$\mathrm{ran}\, f$、 $\mathrm{ran}(f)$	值域	$\Delta^+(G)$， $\Delta^-(G)$	最大出度，最小出度
$\mathrm{fld}\, f$、 $\mathrm{fld}(f)$、 $\mathrm{FLD}(f)$	域	$\delta(G)$	最小度
$f: X \to Y$	函数（映射）	$\delta^+(G)$， $\delta^-(G)$	最大入度，最小入度
Y^X	X 到 Y 的所有函数集合	K_n	n 阶无向完全图
$f(X)$、 R_f	f 的像集	$\bar{G}$	G 的补图
f^{-1}	函数 f 的逆（反函数）	$G_1 \cong G_2$	图同构
$g \circ f$	函数 f 与 g 的复合	$W(G)$	G 的连通分支数
card A、$|A|$、 $K[A]$、 $\overline{\overline{A}}$	集合 A 的基数	$d(u, v)$	结点 u 和 v 之间的距离
$|A| = |B|$、 $A \sim B$	集合 A 与 B 等势	$\kappa(G)$	G 的（点）连通度
$\aleph_0$	$\mathbf{N}$ 的基数（阿列夫零）	$\lambda(G)$	G 的边连通度
$\aleph$、 C	$\mathbf{R}$ 的基数（阿列夫）	$K_{m,n}$	完全二部图
$\mathbf{Z}_m$	$\{[0], [1], \cdots, [m-1]\}$	deg(r)	面 r 的次数
$\mathbf{N}_m$	$\{0, 1, \cdots, m-1\}$	$\chi(G)$	G 的着色数
$x +_k y$	$(x + y) \bmod k$	$b = qa + r$	a 的整数除法
$x \times_k y$	$(x \times y) \bmod k$	$a \nmid b$	a 不整除 b
$x \oplus_k y$	$[(x + y) \bmod k]$	$(a_1, a_2, \cdots, a_m) = 1$	$a_1, a_2, \cdots, a_m$ （两两）互素
$x \oplus_k y$	$[(x \times y) \bmod k]$	$a^{-1} \pmod m$	a 的模 m 逆
$A \cong B$	代数系统 A 与 B 同构	$\varphi(m)$	欧拉函数
$\sigma\tau$、 $\sigma \circ \tau$	置换 τ 与 σ 复合（乘积）		

参 考 文 献

[1] 牛连强, 冯海文, 侯春光. C 语言程序设计——面向工程应用实践. 2 版[M]. 北京: 电子工业出版社, 2017.

[2] Rosen K H. 离散数学及其应用[M]. 徐六通, 杨娟, 吴斌, 译. 7 版. 北京: 机械工业出版社, 2014.

[3] 左孝凌, 李为鑑, 刘永才. 离散数学[M]. 上海: 上海科学技术文献出版社, 1982.

[4] 邓辉文. 离散数学[M]. 北京: 清华大学出版社, 2006.

[5] 张清华, 蒲兴成, 尹邦勇, 等. 离散数学[M]. 北京: 机械工业出版社, 2010.

[6] 石纯一, 王家. 数理逻辑与集合论[M]. 北京: 清华大学出版社, 2000.

[7] Garnier R, Taylor J. Discrete Mathematicsfor New Technology[M]. 2nd Ed. London: Institute of Physics Publishing, 2002.

[8] 陈光喜, 丁宣浩, 古天龙. 离散数学[M]. 北京: 电子工业出版社, 2008.

[9] 屈婉玲, 耿素云, 张立昂. 离散数学[M]. 2 版. 北京: 清华大学出版社, 2008.

[10] 王树禾. 离散数学引论[M]. 北京: 中国科技大学出版社, 2001.

[11] 乔维声. 离散数学[M]. 3 版. 西安: 西安电子科技大学出版社, 2004.

[12] 杨洪圣, 张英杰, 陈义明. 离散数学[M]. 北京: 科学出版社, 2011.

[13] 徐小萍. 命题逻辑演绎推理在日常生活中的应用[J]. 襄樊学院学报, 2007, 28(11): 13-16.

[14] 王文龙. 命题逻辑在判断推理中的应用[J]. 计算机教育, 2014, (24):89-93.

[15] 牛连强, 陈欣, 邓金鹏. 小议离散数学课程中的应用示例与教学[J]. 高等理科教育, 2008, (3): 35-38.

[16] 张微. 数理逻辑中谓词逻辑推理错误的分析[J]. 合肥学院学报, 2012, 22(4): 1-7.

[17] 赵卯生. 对谓词逻辑在人工智能科学中应用的分析[J]. 山西高等学校社会科学学报, 2001, 13(2): 67-69.

[18] 王万良. 人工智能及其应用[M]. 北京: 高等教育出版社, 2008.

[19] 崔屹. 图像处理与分析——数学形态学方法及应用[M]. 科学出版社, 2002.

[20] 黄海龙, 王宏, 李微. 一种基于数学形态学的签名真伪鉴别方法[J]. 东北大学学报(自然科学版), 2011, 32(6): 854-858.

[21] 李杰, 彭月英, 元昌安, 等. 基于数学形态学细化算法的图像边缘细化[J]. 计算机应用, 2012, 32(2):514-516, 520.

[22] 王珊, 陈红. 数据库系统原理[M]. 北京: 清华大学出版社, 2003.

[23] 分类与聚类的区别. https://blog.csdn.net/Nicholem/article/details/73771023, 2018.

[24] 牛月, 吴美云, 罗嘉悦, 等. 等价关系及其应用[J]. 高师理科学刊, 2015, 35(2): 22-25.

[25] 王燕. 基于等价关系的关联规则挖掘算法研究[J]. 计算机工程与应用, 2006, 42(8): 187-189.

[26] 李克润, 周贤善. 等价关系在计算机科学中的应用研究[J]. 长江大学学报(自科版), 2004, 1(2/3): 33-35.

[27] Patton, R. 软件测试[M]. 张小松, 王钰, 曹跃, 等译. 2 版. 北京: 机械工业出版社, 2003.

[28] 丁树良, 罗芬. 由偏序关系的可达阵导出 Hasse 图的有效算法——兼谈其在认知诊断中的作用[J]. 江西师范大学学报(自然科学版), 2013, 37(5): 441-444.

[29] 邹又姣, 冉占军, 王晓峰. 偏序关系哈斯图的一种求解方法[J]. 高等数学研究, 2013, 16(1): 55-57.

[30] 李信巧, 周生明. 集合的基数与元素个数[J]. 广西师范大学学报(自然科学版), 2000, 18(1): 28-31.

[31] 千溪. 谈谈集合的基数[J]. 数学通报，1979, (2): 22-28.

[32] 邓明立. 置换群概念的历史演变[J]. 自然辩证法研究，1995, 11(1): 14-19, 28.

[33] 包芳勋，付夕联，张玉峰，等. 群的概念及思想方法[J]. 曲阜师范大学学报，1994, 20(4): 101-106.

[34] 曹建秋，黄英. 用置换群解决信息加密问题的探索[J]. 重庆交通学院学报, 2001, 20(S): 131-132.

[35] Brualdi R A. 组合数学[M]. 冯速，译. 北京：机械工业出版社，2012.

[36] 陈欣，牛连强，李兆明. 由划分、等价关系到陪集与 Lagrange 定理——离散数学中几个相关概念教学方法刍议[J]. 高等理科教育，2014, (6): 50-54.

[37] 李尚志. 抽象代数的人间烟火[C]. 大学数学课程报告论坛论文集：2009，北京：高等教育出版社，2010.

[38] 冯克勤. 有限域及其应用[M]. 大连：大连理工大学出版社，2011.

[39] 李超，杜绍平，梁昊. 有限域的算术软件及其编码密码应用[J]. 计算机应用与软件，2000, (5): 36-40.

[40] 祁永谨. 布尔代数及其应用简介[J]. 数学教学研究，1982, (1): 37-48.

[41] 祁永谨. 布尔代数及其应用简介(续)[J]. 数学教学研究，1982, (2): 42-51.

[42] 宋晓奎，李秀平. 二部图的匹配的简单应用[J]. 邢台学院学报，2012, 27(4): 169-170.

[43] 许小满，孙雨耕，杨山，等. 超图理论及其应用[J]. 电子学报，1994, 22(8): 65-71.

[44] 夏箐，刘真，胡越琦，等. 基于超图的骨生物数据可视化[J]. 计算机辅助设计与图形学学报, 2011, 23(12): 2041-2024.

[45] 卢鹏丽，贾春旭，沈万里. 基于二部图的公共交通网络模型[J]. 计算机工程，2012, 38(3): 265-266, 269.

[46] 王耀宣，叶俊民，陈静汝，等. 一种基于二分图故障检测模型的软件故障定位方法研究[J]. 计算机科学, 2013, 40(6): 160-163.

[47] 卜月华. 图论及其应用[M]. 南京：东南大学出版社，2002.

[48] Weiss M A. 数据结构与算法分析：C 语言描述(原书第 2 版)[M]. 冯舜玺，译. 北京：机械工业出版社，2004.

[49] 周志华. 机器学习[M]. 北京：清华大学出版社，2016.